2판

가족관계

문혁준 · 양성은 · 김혜금 · 천희영 · 권영인 · 조한숙

창지사

머리말

현대 사회의 급격한 변화로 인해 사회 전반에 걸쳐 많은 변화가 일어나고 있으나 가족은 시대를 떠나 개인에게 발달과 성장의 필수적인 환경으로 가족 고유의 문화를 형성하며 지속되어 왔다. 특히 가족 구성원 간의 인간관계를 의미하는 가족관계는 출생과 더불어 부모와의 관계를 최초로 형성하고 인간생활의 기초를 이루며 가족 구성원들 간의 권리와 의무 그리고 기대되는 모든 행위의 유형이 포함되는 특성을 지닌다.

학자들마다 가족의 기능이나 범위에 대한 주장이 다르나 일반적으로 가족이란 한 쌍의 부부를 중심으로 혈연관계에 있는 사람들이 가족의식을 갖고 가계를 공동으로 영위해 가는 가장 친밀한 최소 단위의 집단으로 정의하고 있다. 즉, 가족의 구성에서 다른 생활공동체와 달리 부부관계를 기초로 하여 부모와 자녀, 형제자매 등 소수의 근친자를 주요한 구성원으로 하는 집단으로 설명하고 있으며, 성과 세대와 연령층이 다르고 적어도 남녀 한 쌍이 부부관계를 맺는 것을 필수조건으로 하는 생활집단은 가족 이외에는 찾아볼 수 없다. 특히 우리나라는 유교 전통사회에서부터 내려오는 혈연집단의 중요성 때문에 세계 어떤 다른 나라보다도 가족 간의 긴밀성과 친밀성을 중요시해 왔다.

한편 현대 사회에서는 비전통적인 가족을 포괄적으로 규정할 수 있도록 가족에 대한 정의가 확대되고 있는 추세다. 한부모가족, 동거가족, 미혼모부자가족, 공동체가족, 무자녀가족, 이혼가족, 재혼가족, 조손가족, 결혼이민자가족, 기러기가족, 동성애가족 등 다양한 형태의 가족이 출현하고 있어서 획일적 형태보다는 가족의 다양성이 부각되고 있다. 특히 가족의 개념을 어떻게 규정하는가 그리고 어떤 가족 개념에 의거하여 정책이 형성되는가에 따라 다양한 형태의 가족들이 경험하는 현실은 현저히 달라질 수 있기 때문에 가족에 대한 정의는 매우 중요하다.

가족관계는 가족 관련 전공의 기본적인 교과목이며 보육교사 자격 취득을 위한 필수과목이기도 하다. 따라서 어느 한 영역을 깊이 있게 치중하지 않고 가족에 관한 모든 영역을 포괄하여 집필하고자 하였다.

또한 대학에서 가족학, 아동학, 유아교육학, 보육학, 아동복지학, 심리학, 사회복지학을 전공하는 학생이 교재로 사용할 뿐만 아니라 현장에서 아동을 포함한 가족을 이해하고자 하는 일반인에게 유용한 지침서로 사용할 수 있도록 내용을 계획하였다.

이 책은 최근의 이론과 자료를 중심으로 Part 1. 가족관계학의 기초, Part 2. 가족관계의 이해, Part 3. 가족의 변화와 적응, Part 4. 실제적 가족 개입으로 구성되어 있으며 가족관계는 방대한 내용이지만 한 학기 강의계획에 맞춰 12개의 Chapter로 목차를 구성하였다.

본서의 초판을 내고 수년이 흐른 지금, 변화된 법령과 자료들을 보완하여 제2판을 발행하게 되었다. 이후로도 부족한 부분을 계속 보완해 나갈 것을 약속드리며 격려와 충고를 부탁드린다.

마지막으로 어려운 여건에서도 기꺼이 출판을 맡아 수고해 주신 창지사의 노고에 진심으로 감사드린다.

2020년 9월

저자 일동

차 례

Part 1. 가족관계학의 기초

Chapter 1 가족에 대한 이해 • 15

Chapter 6 형제자매 관계 • 131

Chapter 7 친족관계 • 153

Part 3. 가족의 변화와 적응

Chapter 8 일과 가족 • 181

Chapter 9 노인과 가족 • 213

Part 1

가족관계학의 기초

Part 1은 가족관계학의 기초를 세우기 위해 'Chapter 1. 가족에 대한 이해'와 'Chapter 2. 가족학 이론'으로 구성된다. 일상으로의 가족을 넘어서서 사회 과학적 접근을 통해 가족을 규정하고 분석하는 시도를 할 것이다. 또한 가족이라는 현상을 설명하는 다양한 이론들을 고찰하고 비교하는 과정을 통해 가족에 대한 심층적 이해를 도모할 것이다.

Chapter 1

가족에 대한 이해

본 장에서는 가족을 학문적으로 개념화한 후, 가족이 지닌 특성과 기능을 고찰할 것이다. 또한 가족을 설명하는 다양한 사회 과학적 관점들을 비교해 볼 것이다. 끝으로 현대 사회의 가족이 구조적 · 기능적 가치관 측면에서 어떻게 변화하고 있는지 살펴볼 것이다.

1. 가족의 개념

가족의 정의로 대표적인 것이 Murdock과 Burgess의 전통적 정의이다. Murdock(1949)은 '가족은 공동의 거주와 경제적 협력을 하며 생식을 특성으로 하는 사회집단으로 부부와 그들의 자녀(양자)로 구성된 집단' 으로 정의하며 핵가족을 중심으로 한 기능론적 입장의 가족을 설명하였다. 이에 비해 Burgess(1926)는 '가족은 상호작용하는 인격체들의 통일체로서 각자의 역할을 수행하면서 구성원 간의 상호작용과 의사교환을 통해 공통의 문화를 창조 · 유지해 가는 집단' 이라고 정의하여 가족의 유대관계를 강조하였다.

이러한 전통적 정의는 사회의 변화와 함께 수정이 필요하게 되었다. 전통적인 가족 정의가 현대 사회의 가족 변화를 포괄하지 못하므로 최근에는 가족의 범위를 규정하지 않고 가족을 정의하려는 시도가 계속되고 있다. Schultz(1977)도『The changing family』라는 저서를 통해 '가족이란 하나의 복잡한 변수로서 생물학적 요구에 기인하는 보편적 구조도 아니며 종교적 또는 문화적 신조에 기반을 둔 보편적 규범의 이념일 수도 없다' 라고 지적한 바 있다(이효재, 1983, 재인용).

Olson과 DeFrain(1999)은 '가족은 두 명 이상으로 구성되고 애정과 친밀감을 바탕으로 서로 헌신하고 자원과 가치관을 공유하며 함께 의사결정에 참여하는 특성을 지닌 집단' 으로 보았다. 이는 혈연, 혼인, 입양이라는 기본적 가족 구성 요건 외에 심리적 특성을 반영하는 현대적 가족 정의를 시사한다. 특히 가족 구성원 간의 친밀감에 대한 욕구는 현대 사회에서도 여전히 중요하며 사회적 통합을 위해서도 강조되는 특성이다. 가족은 구성원들에게 격려, 위로, 애정을 제공하여 심리적 안정감을 충족시키는 사회적 제도이다.

미국의 Census Bureau(2010)에서는 '가족을 출생, 혼인, 입양에 의해 맺어지며 한 집에 동거하는 두 명 이상의 사람들(a group of two or more people who reside together and who are related by birth, marriage, or adoption)' 로 정의한다. 반면 가구(household)는 보다 포괄적으로 개념 지어 '일정 거주지에 함께 동거하는 모든 사람들(a household includes all of the people who occupy a housing unit as their usual place of residence)' 로 본다(http://2010.census.gov/2010 census). 미국 Census Bureau가 가구와 가족을 구분하고는 있지만, 여전히 물리적 거주를 함께 하는 것을 가족 형성의 주요 요소로 간주하고 있음을 알 수 있다.

국내 학자들의 가족 개념은 주로 가족 구조에 초점을 두었다. 김두헌(1969)은 '가족은 일반적으로 영속적 결합에 의한 부부와 거기에서 생긴 자녀로 된 생활공동체' 라고 하였고, 최재석(1982)은 '가족은 가례를 공동으로 하는 친족집단' 이라고 하였다. 이광규(1992)는 '동거동재의 생활 공동체이며 가옥, 가격(家格), 가풍(家風)을 포함하는 폭넓은 개념으로서의 문화집단' 임을 강조했다. 이러한 국내 학자들의 정의에는 유교적 특성이 반영되어 있다고 평가할 수 있다.

국립국어원의 표준국어대사전(https://stdict.korean.go.kr)은 가족을 '주로 부부를 중심으로 한, 친족관계에 있는 사람들의 집단 또는 그 구성원, 혼인, 혈연, 입양 등으로 이루어진다.' 고 정의한다. 한편 건강가정기본법 제3조에서는 '가족이라 함은 혼인 · 혈연 · 입양으로 이루어진 사회의 기본 단위를 말한다' 고 정의하고, '가정이라 함은 가족 구성원이 생계 또는 주거를 함께하는 생활 공동체로서 구성원의 일상적인 부양 · 양육 · 보호 · 교육 등이 이루어지는 생활 단위를 말한다' 라고 정의하고 있다. 이와 같이 현행법은 가족과 가정을 구별하여 정의하면서 가족의 기능을 구체화하여 가정으로 개념화하고 있다.

가족에 대한 현대적 정의에서 중요한 것은 다양성에 대한 논의이다. 사회가 급변하면서 혈연, 혼인, 입양 외의 방식으로 가족이 형성되고 있다. 예를 들면 무자녀가족, 입양가족, 한부모가족, 사실혼동거가족, 재혼을 통한 재결합가족, 동성애가족, 공동체가족 등을 주목해야 한다. 이들은 '혼인한 남녀와 그들의 혈연자녀' 로 구성되지 않았지만, 가족의 본질적인 기능을 수행하는 새로운 구조의 가족들이다. 따라서 '가족(the family)' 이라는 획일적 정의가 아닌 다양한 삶의 형태를 포괄하는 '가족들(families)' 로 정의하는 것이 필요하다.

표 1-1 다양한 가족에 대한 논의

※ 다음 각 사례가 가족인지 아닌지 판단하고 가족으로 규정하는 또는 규정하지 않는 기준에 대해 논의하십시오.

( ) 1. 아버지+어머니+아들(6세)+딸(4세)
( ) 2. 아버지(85세)+어머니(80세)+미혼 아들(53세)
( ) 3. 한국인 아버지+필리핀 어머니+아들(5세)
( ) 4. 남편(47세)+아내(41세)-자녀 출산 계획 없음
( ) 5. 남자 대학생+여자 대학생=동거 중
( ) 6. 어머니+아들(7세)+딸(5세)
( ) 7. 아버지+어머니+입양한 딸(5세)
( ) 8. 할아버지+할머니+손자(6세)
( ) 9. 비혼 여성(47세)+강아지

( ) 10. 게이 남성+게이 남성=동거 중
( ) 11. 아버지+계모+아들(7세)
( ) 12. 아버지(한국 거주)+〈어머니+아들(14세)=미국 거주〉
( ) 13. 아버지+어머니+아들(35세)+며느리(33세)+손자(7세)

2. 가족의 특성

가족은 하나의 집단으로서 다양한 구조적 특성을 지니며 구성원들 간에는 생물학적이고 사회적인 특성을 갖는다. 이러한 가족의 특성은 그 가족이 속한 맥락의 사회화 과정을 통해서 얻어지는 산물이라 볼 수 있다. 구체적인 가족의 특성은 다음과 같다.

첫째, 가족은 일차적 집단(primary group)이다. 일차적 집단이란 말은 Cooley에 의해 명명되었다. 일차적 집단은 구성원 상호 간의 친밀한 관계를 바탕으로 그 내부에 개인성(personality)이나 태도(attitude)가 형성되는 기본적인 역할을 수행한다. 또한 이들은 대면적 결합관계에 있는 것이 특징이다. 그 결과, 이들 구성원 상호 간에는 '우리라는 감정(we-feeling)'이 발생하여 강한 일체감을 유지한다. 이는 Tönnis가 사용한 공동 사회 또는 희생 사회(gemeinschaft) 개념과 연결되는데, 이러한 집단은 구성원 상호 간의 애정과 이해를 기반으로 외부적인 어떤 장애나 분리에도 분열되지 않는 본질적인 결합관계를 갖는다(유영주 · 김순옥 · 김경신, 2008, 재인용).

둘째, 가족은 폐쇄적 집단(closed group)이다. 폐쇄적 집단이란 구성원이 되기 위한 자격의 획득이나 포기가 용이하지 않은 집단을 의미한다. 즉, 가족의 일원이 되기 위해서는 근친자이어야 하고, 또 이것을 거부하고자 해도 혈연으로 맺어진 이상 가족관계를 포기할 수 없는 폐쇄성이 있다. 가족이 지닌 폐쇄적 특성은 지속성과도 연결된다. 가족은 대부분의 다른 사회집단보다 상당히 장기간 존재한다. 물론 가족관계가 지속적으로 이루어지지 않을 수 있는데, 이혼이나 사망 등의 가족해체를 통하여 관계가 단절되는 경우도 있다. 그러나 사람들은 일반적으로 일생을 통하여 일정한 형태로 자신의 가족이 존속되리라고 생각한다.

셋째, 가족은 형식적 집단(formal group)이다. 형식적 집단이란 객관적 조직과 특정한 습관적 절차 체계를 갖고 이것에 의하여 행동이 통제되는 집단이다. 즉, 집단 내에서 어떤 지위에 있느냐에 따라서 개인의 특성과는 관계없이 그 지위에 대한 역할 행동이 요구된다. 가족은 결혼의 법적 절차에 의하여 부부관계가 성립되므로 이러한 면에서는 형식적이고 제도적인 집단이다. 결혼 그 자체가 법에 의한 권리와 의무를 포함하고 법적으로 가족관계를 구성하게 되는 것이다. 이에 따라 가족 구성원은 일정한 권리와 의무를 가지게 된다.

3. 가족의 기능

가족의 기능이란 가족이 수행하는 역할을 의미한다. 가족의 기능은 가족의 구조나 형태와는 다른 개념이다. 예를 들어 가족의 구조에 따라 양부모가족과 한부모가족으로 나눌 수 있다. 하지만 두 가족 모두 자녀 양육이라는 기능을 수행해야 한다.

가족의 기능은 가족이 그 구성원들에게 제공하는 기능과 가족 외부의 사회에 기여하는 기능으로 나누어 볼 수 있다. 예를 들어 가족은 부부의 성적 욕구를 충족시키는 내부적 기능을 수행하는 동시에 가족 외적으로는 성적 문란을 통제하는 기능을 수행한다.

가족의 기능은 그 가족이 속한 사회적 · 경제적 · 정치적 · 문화적 변화에 따라 영향을 받는다. 또한 가족이 지닌 고유의 기능이었던 것들이 시대적 변화에 따라 약화되기도 하고 강화되기도 한다. 예를 들어 유교를 바탕으로 했던 엄격한 가부장 사회에서는 확대가족의 구조 안에서 노부모를 부양하는 것이 개별 가족이 수행해야 하는 중요한 기능이었다. 그러나 현대 사회에 들어와 유교적인 효의 가치가 희석되고 핵가족화가 진행되면서 노부모 부양의 기능이 개별 가족에서 국가의 사회보장제도로 이전되는 양상을 보이고 있다.

가족의 기능이 지닌 다양한 측면을 고려하여, 본 장에서는 가족의 경제적 기능, 사회적 지위 부여의 기능, 성적 욕구 충족 및 통제의 기능, 자녀 출산 · 양육 · 사회화의 기능, 보호 및 돌봄의 기능, 애정적 기능, 휴식 및 오락의 기능을 고찰해 보겠다. 본 장은 김희성 외(2009)와 문혁준 외(2010)를 참고하여 재구성하였다.

1) 경제적 기능

가족의 경제적 기능은 가족 내적으로 수행하는 생산 및 소비 기능과 가족 외부인 사회에 노동력을 제공하는 기능으로 구분할 수 있다. 과거 농경 사회에서 가족은 생산의 주체인 동시에 소비의 주체였다. 그러나 현대 사회는 산업화를 통해 공적 영역인 직장과 사적 영역인 가족을 분리하였고 가족은 더 이상 생산현장이 아니라 사회에 노동력을 제공하고 그 대가로 임금을 받아 필요한 상품을 구매하는 소비 주체로 부상하였다.

현대 산업 사회의 가족은 소비공동체로서 한정된 수입으로 전체 가족 구성원의 욕구를 충족시킬 수 있는 합리적인 재정 관리를 중요시하게 되었다. 경제적 공동체라는 가족의 기능 측면에서 가족원들은 합법적으로 재산을 공유하며 자원을 공평하게 향유하고 노동을 분담해야 할 법적 · 사회적 기대를 지닌다.

2) 사회적 지위 부여의 기능

가족은 구성원들에게 다양한 사회적 지위를 부여한다. 예를 들어 전통 사회에서는 가족이 속한 계급이 양반인지 천민인지에 따라 개인의 신분이 정해졌다. 현대 사회에서는 가족이 속한 사회 경제적 계층에 따라 그 개인이 기초생활 수급대상이 될 수도 있고 중산층으로 분류될 수도 있다.

한편 가족의 각 구성원들은 출생 순위나 성별에 따라 가족 내에서 다른 지위를 획득하게 된다. 장남인지 막내인지 또는 딸인지 아들인지에 따라 가족 내 지위와 권력에 차이가 생기는 것이다. 가족이 속한 사회 경제적 지위 및 가족 내 지위는 개인의 심리적 특성, 사회적 관계, 성취 등에 영향을 미칠 수 있다.

3) 성적 욕구 충족 및 통제의 기능

모든 사회는 개인의 성적 욕구를 충족시키기 위한 제도를 가지고 있다. 가족의 가장 기본적 기능 중 하나가 혼인을 통해 성인 남녀의 성적 욕구를 합법적으로 충족시키는 것이다.

가족 내에서 부부의 성적 욕구 충족을 인정한다는 것은 가족 외부에서 성적 욕구를 해소하는 것은 바람직하지 않은 것으로 간주하겠다는 의미를 지닌다. 이는 가족을 통해 성적 무질서를 통제하려는 사회적 합의를 반영한다. 결혼은 개인에게 성욕을 합법적으로 충족시키는 기회를 마련해 주는 것이지만 성관계의 해방을 의미하는 것이 아니라 성관계를 규제하고 통제하는 공인된 사회적 방법이라고 볼 수 있다(유영주 외, 2008). 즉, 가족은 부부로 인정된 성인 남녀의 성적 욕구를 충족시키는 기능을 하지만, 동시에 매춘이나 혼외정사를 부정적인 것으로 배격하여 사회의 성적 무질서를 통제한다.

4) 자녀 출산 · 양육 · 사회화의 기능

가족은 사회를 유지하기 위해 필요한 새로운 구성원을 출산하여 보충한다. 또한 부모는 아동이 성인이 되기까지 필요한 의식주를 제공하고 양육할 의무를 지니며 아동의 인지적 · 도덕적 발달에 대한 책임이 있다. 자녀 교육의 기능이 학교로 이관되었지만, 자녀를 사회화하는 기능은 아직까지 가족에게 남아 있다. 가족은 자녀가 사회에 적응하기 위해 필요한 주요 가치, 관습, 규범 등을 가르친다. 가족은 자녀의 인격 형성에 막대한 영향을 주며 성숙한 사회인이 되기 위한 기본 자질을 길러내는 주요한 기능을 수행한다.

5) 보호 및 돌봄의 기능

가족은 구성원을 보호하고 돌보는 기능을 수행한다. 돌봄 기능의 일차대상은 가족 내 아동과 노인이다. 그 밖에도 질병이나 사고로 일상적 기능을 수행하지 못하는 구성원이 발생하면 가족이 이들을 돌보게 된다. 어린이집, 노인복지시설, 의료기관 등의 발달로 가족 내 돌봄 기능이 과거에 비해 약화되었지만, 아직까지 가족 구성원을 돌보는 일차적 책임은 가족에게 있다.

6) 애정적 기능

일반적으로 가족은 서로 사랑하는 남녀의 혼인을 기반으로 시작된다. 부부는 애정을 갖고 자녀를 양육하며 노부모의 정서적 욕구를 충족시키고자 노력한다. 가족은 구성원들에게 사랑, 이해, 격려, 신뢰, 친밀감 등을 제공하고 서로를 수용하며 지지하는 기능을 수행한다. 현대의 가족은 제도적 가족에서 우애적 가족으로 변화하였고, 이에 따라 가족의 애정적 기능이 더욱 중요시되고 있다. 또한 경쟁이 심화된 현대 사회에서 가족이 제공하는 애정적 기능은 개인의 심리적 안정과 건강을 위해 강조되고 있다.

7) 휴식 및 오락의 기능

공적 영역과 사적 영역의 구분이 명확한 현대 사회에서 가정은 구성원들이 긴장과 스트레스를 풀고 휴식을 취하며 새로운 에너지를 재충전하는 장소로 여겨진다. 가족 구성원들은 함께 여가와 오락을 즐기면서 가족 내 응집력을 강화하고 가족의 다른 기능들을 더 잘 수행할 수 있게 된다. 여가를 함께 하면서 부부관계 및 부모-자녀 관계의 친밀감을 높이고 자연스럽게 자녀를 사회화시키는 것이 가능하다.

4. 가족을 보는 관점

본 장에서는 가족을 보는 보수적 관점, 자유주의적 관점, 여성학적 관점에 대해 설명한다. 보수주의자들은 양부모가족의 회복을 강조하며 자유주의자들은 더 많은 직업 제공을 통한 가족 경제의 안정성을 강조한다. 여성주의자들은 일과 가족의 균형을 위한 제도적 변화에 초점을 맞춘다. 세 가지 관점은 서로 배타적이라기보다는 가족을 바라보는 상호 보완적 시각을 제공한다고 볼 수 있다.

1) 보수적 관점

보수적 관점은 가족을 시민 사회의 가장 기본적인 단위로 간주하며, 이에 따라 가족에 대한 사회적 개입을 강조한다. 가족에 대한 정의도 전통적 견해를 고수하여, '결혼, 혈연, 혹은 입양에 의해 형성되는 사회적 관계' 로 이해한다. 보수적 관점에서 보면, 가족은 자녀의 출산, 양육, 사회화, 교육을 수행하며 문화의 세대 간 전수에 이바지한다. 또한 성적 배타성을 유지하며 경제적 공동체로 기능하고 집단으로서의 정체성을 갖고 정서적 지지와 유대를 공유한다.

보수적 관점은 사적 영역과 공적 영역에 대한 엄격한 분리를 기본으로 한다. 이에 따라, 가족을 공적 영역인 사회로부터 분리된 자족적이고 자립적인 사적 영역으로 인식한다(정현숙, 2004). 사회적 변화를 주도하는 적극적 주체로 가족을 보기보다는 사회적 변화에 영향을 받는 수동적 객체로 보는 경향이 강하다. 또한 가족 내부 각 구성원들의 자율성이나 권리에 대해 강조하지 않는다.

보수적 관점은 가족문제를 각 가족의 책임으로 진단하기 때문에 이를 해결하는 데도 각 가족의 역할을 강조한다. 따라서 전통적인 집단적 가족주의를 강조하며 이혼보다는 결혼의 안정성을 높이기 위한 다양한 접근을 가족문제의 해결책으로 제시한다.

2) 자유주의적 관점

자유주의적 관점은 부모가 안정된 수입과 직업을 바탕으로 아동의 인지적 · 정서적 발달을 도모하고 은퇴 후에도 경제적 기반이 확보된 가족을 이상적으로 본다. 가족에게 영향을 미치는 시장경제 체제에 주목하면서 경제적 구조 변화가 성 역할을 변화시키고 가족의 다양한 관계에도 영향을 준다고 가정한다.

자유주의적 관점은 경제적 구조 변화로 인해 가족이 새로운 도전에 직면하는데, 이를 이겨내도록 지원하는 사회적 체계가 부족하여 어려움을 겪는다고 본다. 구체적으로 자녀 양육의 고비용화와 직업 불안정성이 높아지면서 맞벌이에 대한 요구는 증가하나 이에 상응하는 제도가 부족한 점을 지적한다. 따라서 정부 주도의 안전망 확충을 가족문제의 해결책으로 보고 맞벌이가족을 지원함으로써 빈곤을 감소시키고자 한다(정현숙, 2007).

3) 여성학적 관점

여성학적 관점은 여성의 종속적 지위와 관련된 문제해결을 통해 평등한 가족관계를 구축하고 아동을 건강하게 키울 수 있는 환경을 만드는 데 초점을 둔다. 특히 여성의 자율성이 확보된 돌봄의 가치를 강조하며 삶의 질과 인간관계에 높은 가치를 두는 대안적 정책에 주목한다(정현숙, 2007). 또한 가족 구성원의 복지를 증진하고 건강한 다음 세대를 키우기 위해 친밀하고 지지적인 비혈연적 집단의 중요성을 강조한다.

여성학적 관점에서는 지역 공동체의 상실을 가족문제의 원인으로 본다. 즉, 지역 사회 및 직장이 가족을 지원하기보다는 지나친 경쟁과 긴장을 유발하며 자녀들은 과도한 역할을 수행하는 부모로부터 충분한 관심과 보호를 받지 못한다는 것이다. 그러므로 가족문제를 해결하기 위해서는 지역 사회 공동체를 활성화하는 것이 중요하다. 건강한 시민 사회가 가족과 개인의 복지를 증진시키며 경제적 번영과 민주적 국가를 만들기 때문에 지역 사회를 기반으로 하는 사회적 지원망 구축이 필요하다.

5. 현대 사회와 가족

우리나라는 1960년 이후 활발히 전개된 산업화에 의해 정치 · 경제 · 문화 · 종교 · 교육 등 다방면에서 단기간에 대대적인 변화를 겪었다. 압축적 근대화로 인해 전통적 가치와 서구의 근대적 가치가 혼재한다는 점은 한국의 대표적 특징이다. 즉, 서구 사회가 봉건적 가치관을 버리고 근대적 가치관으로 이행하는 점진적 근대화를 겪었다면 한국은 봉건주의가 팽배한 상태에서 갑작스럽게 근대적 가치가 유입됨으로써 대립되는 가치, 제도, 규범 등이 아직까지도 혼란스럽게 공존하고 있다.

압축적 근대화로 인한 한국 사회의 특징은 가족의 구조, 기능, 그리고 가치관에도 반영되고 있다. 근대화로 인한 산업화와 도시화는 봉건적인 가부장적 가족제도를 민주적 가족으로 바꾸는 데 크게 기여하였다. 또한 핵가족화와 출산율 저하로 인한 소규모화, 비전통적 가족 구조의 확산으로 인한 다양화, 평등주의와 개인주의가 강화된 가족 가치관의 변화 등이 나타나고 있다. 하지만 부모의 자녀 양육에 대한 책임 회피, 자녀의 노부모 부양의무 소홀, 세대 간의 단절, 이혼의 증가와 같은 가족문제가 대두되기도 하였다. 본 장에서는 현대 사회의 가족이 겪는 구조적 변화, 기능적 변화, 그리고 가족 가치관의 변화를 고찰하고자 한다.

1) 가족의 구조적 변화

현대가족의 구조적 변화에서 가장 대표적인 것이 가족 규모의 축소인데, 이는 가구원의 수적 감소를 의미한다. 통계청(2018)이 매 5년마다 실시하는 '2017 인구·주택 총조사'에 따르면, 가구당 평균 가족원 수가 2000년에 3.12명에서 2010년 2.69명으로 줄다가 2017년에는 2.47명으로 떨어졌다. 가족의 소규모화는 핵가족화와 소자녀화에 기인한다. 구체적으로 살펴보면, 우리나라의 주된 가구 유형은 2005년 이전에는 4인 가구였으나, 2010년에는 2인 가구, 2015년 이후로는 1인 가구로 변경되었다(통계청, 2018). 통계청(2018)에서 전국 25,843 표본가구 내 상주하는 만 13세 이상 가구원 약 39,000명을 대상으로 발표한 '2018 사회조사'에서도 부모가 자녀와 동거하는 경우(27.1%)가 부모만 따로 살고 있는 경우(69.5%)보다 훨씬 낮게 나타났다.

가족의 소규모화에 영향을 미치는 또 다른 원인은 자녀 수의 감소에 있다. 통계청(2020)의 '2019년 11월 인구동향'에 따르면, 2019년 11월에 출생아 수는 23,819명으로 전년동월 대비 1,482명(5.9%) 감소하였다. 현재 한국의 출산율은 OECD 국가 중 최저 수준인 것으로 나타난다. 산업화 사회에서는 소규모 가족이 대규모 가족에 비해 유리하기 때문에 정부 주도하에 적극적인 가족계획 정책이 실시되었다. 정부의 인구 억제 정책은 성공을 거두어 이상적 자녀 수에 대한 규범을 바꾸고 실제 합계 출산율이 급격히 감소하여 가족규모를 단기간에 축소시켰다. 하지만 이제는 인구의 감소를 우려하는 수준이 되었고 청년층의 감소로 인한 노동력 부족과 노인 부양 부담의 증가가 심각한 쟁점으로 떠올랐다.

현대가족의 구조적 변화에서 주목해야 할 또 다른 것은 다양한 가족 구조가 등장하고 있다는 점이다. 이혼에 대한 허용적 태도가 확산되면서 이혼을 통한 한부모가족이 증가하고 있으며, 다시 재혼하는 재구성가족도 꾸준히 늘고 있다. 또한 결혼 후 자녀를 출산하지 않는 자발적 무자녀가족도 등장하고 있다. 이러한 변화는 자녀와 초혼 양부모로 구성된 전통적 가족이 더 이상 유일한 가족의 형태가 아님을 시사한다.

이는 통계로도 나타나는데, 통계청(2018)의 '2017년 인구 · 주택 총조사'에 따르면, 가구 구조 형태가 '부모와 미혼 자녀'로 구성된 전통 핵가족에서 '부부'만 살거나 '한부모와 자녀' 가족, 나 홀로 사는 1인 가구 중심의 소핵가족으로 옮겨가고 있다. 구체적으로 우리나라의 1인 가구 비율은 28.6%(5,619,000가구)로 전년 대비 27.9%에서 0.7%p 증가하였다. 1인 가구 중에서 70세 이상 18.0%, 30대가 17.2%, 20대 17.1% 순으로 높게 나타났다. 주목할 것은 1인 가구의 인구 구성 측면에서 45세 이상 남성 1인가구의 지속적 증가가 나타난다는 점이다(통계청, 2018). 이러한 가족의 구조적 변화는 학력 상승, 취업, 생활 편의, 결혼에 대한 가치관 변화 등으로 초혼 연령이 상승하고 혼인율이 감소하면서 젊은 독신 세대가 늘고 고령화 및 이혼 증가 등으로 고령 독신이 늘어나기 때문으로 분석된다.

2) 가족의 기능적 변화

한국 가족의 기능은 전통적 유교사상과 서구적 민주주의의 충돌로 인해 독특한 면을 지닌다. 또한 급격한 사회적 변화를 개별 가족이 따라가지 못하는 문제가 야기되기도 한다(문혁준 외, 2010).

먼저, 산업화로 인해 가족과 일터가 물리적으로 분리되면서 가족의 생산 기능은 약화되고 소비 기능은 강화되었다. 가족이 소비주체가 됨으로써 가족의 소득 정도에 따라 가족생활 만족도가 직접 영향을 받게 되며 제한된 소득으로 어떻게 현명한 소비생활을 하느냐가 쟁점으로 부각되었다. 한편 직장 및 노동의 중요성이 강조되면서 가족 구성원 간의 유대관계를 맺기 위한 시간이 감소하는 경향이 있다. 가족의 휴식 및 오락의 기능이 중요시되는 것에 비해 가족친화적 노동환경이 조성되지 못한 점은 문제로 지적된다.

둘째, 현대 사회에서 결혼이 개인의 선택으로 간주되면서 가족의 성적 욕구 통제 기능은 약화되고 있다. 피임 방법의 발전, 성생활의 자유, 향락 산업 및 성 관련 서비스업의 발달 등은 가족의 성적 통제 기능을 약화시키고 있다. 동시에 부부간 성생활의 만족이 결혼생활의 만족도를 좌우하는 주요 요인으로 부각되었다.

셋째, 자녀의 출산 · 양육 · 사회화가 현대가족에게 점점 더 큰 부담이 되면서 이를 회피하거나 다른 기관으로 전가시키는 경향이 증가하고 있다. 한국 사회의 낮은 출산율과 자발적 무자녀가족의 증가가 이를 반영한다. 특히 조부모세대의 지원을 받기 힘든 핵가족이 맞벌이를 하는 경우가 증가하면서 자녀의 양육 및 사회화는 전문적인 보육기관으로 이전되는 추세이다. 또한 새로운 지식의 급격한 유입으로 학교나 학원 같은 전문기관의 중요성이 대두되면서 자녀의 인성 및 윤리 교육의 주체였던 가족의 교육 기능은 감퇴되고 있다.

넷째, 가족은 노인과 환자를 돌보는 기능을 수행해야 한다. 특히 평균 수명의 연장으로 가족의 돌봄 기능은 그 중요성이 증가하고 있다. 그러나 현대가족은 노약자를 돌볼 인적 및 경제적 자원이 불충분하다. 노인들의 가족에 대한 의존도는 아직까지 높은 반면, 노부모세대를 부양할 자원은 부족한 상황에서 가족 내 세대 간 갈등이 심화될 수 있다.

다섯째, 현대 사회의 과도한 경쟁 속에서 심리적 안정과 정서적 지지를 공급하는 휴식처로서 가족의 애정적 기능이 강조되고 있다. 가족 구성원 간의 애정, 상호신뢰와 수용, 가족 공동의 목표 달성을 위한 협동, 소속감과 만족감 등 가족의 고전적 기능은 현대 사회에서도 여전히 유효하다고 할 수 있다.

3) 가족 가치관의 변화

전통 사회에서는 가족 공동체를 개인보다 우선시했기 때문에 각 개인의 독립성과 자율성은 제한되었다. 그러나 산업화 이후 집단보다는 개인의 능력이 중요시되고 민주주의에 입각한 자유와 평등의 가치가 확산되면서 가족 가치관도 변화되었다. 이러한 변화는 부모–자녀 관계 및 부부관계에도 변화를 가져왔다(문혁준 외, 2010).

먼저, 부모–자녀 관계에서 효와 장유유서(長幼有序) 규범이 희석되면서 가족 내 부모의 권위는 급격히 약화되었고 자녀의 순종도 더 이상 강요되지 않는다. 이러한 변화의 긍정적 측면은 세대 간의 친밀성이 강화된 점이다. 하지만 개인주의가 지나치게 강조되면서 노부모에 대한 자녀세대의 돌봄 기능이 약화되어 노인 부양이 쟁점화되고 있다.

전통적 유교 사회에서 부부관계는 부부유별(夫婦有別)과 남존여비(男尊女卑)를 바탕으로 하는 불평등한 관계였다. 가장은 남성이 되는 것이 원칙이었고 가장에게는 조상에 대한 제사권, 가산의 관리, 가족의 부양, 자녀의 교육, 혼인, 징계 등에 관한 광범위한 권한과 의무가 부여되었다. 여성에게는 삼종지도(三從之道)와 여필종부(女必從夫)의 가르침이 엄격하게 강조되었다. 반면 현대 부부관계는 역할 분담과 권력 구조의 변화로 평등한 부부관계로 바뀌어 가고 있다. 과거의 가부장적 가족제도에서 남성에게 주어졌던 의사결정권이 최근에는 부부 공동결정 유형으로 변화되고 있다. 특히 여성의 경제 활동 참여율이 증가하면서 여성의 가족 내 발언권이 강화되고 있다.

현대 사회에서는 개인이 가족을 위해 존재하는 것이 아니라 가족이 개인을 위해 존재한다는 가치관이 확산되었다. 가족 구성원 간의 희생도 전통적 가족관계와 비교해 감소하였다. 가족의 안정성보다는 개인의 가족 만족도가 점차 중요시되어가고 있다. 가족이 위기에 직면하게 되면 공동의 노력으로 해결하기보다는 개인주의에 입각하여 행동할 가능성도 증가하였다. 부모–자녀 관계에서 부양에 대한 갈등이 증가하거나 부부관계에서 이혼이 증가하는 것이 대표적인 현상이다.

구체적으로 통계청(2018)에서 전국 25,843 표본가구를 대상으로 발표한 '2018 사회조사' 를 주목할 필요가 있다. 이 자료에 따르면 13세 이상 인구 중 부모의 노후 생계는 '가족과 정부와 사회가 돌보아야 한다.' 는 견해를 피력한 경우가 48.3%로 가장 높고, '가족(자녀, 며느리, 사위)이 돌보아야 한다.' 는 견해가 26.7%이며, '부모 스스로 해결해야 한다.' 는 견해도 19.4%로 나타났다. 부모 부양의 책임을 사회로 돌린 것이나 부모 스스로가 노후를 책임져야 한다는 견해가 19.4%나 나온 것은 변화하는 부모 부양에 대한 의식을 반영하는 것이라고 하겠다. 또한 이혼을 '해서는 안 된다.' 라고 생각하는 비율은 33.2%로 과거에 비해 감소하였고 '할 수도 있고 하지 않을 수도 있다.' 가 46.3%로 절반 가까이 나타났으며 '이유가 있으면 하는 것이 좋다.' 가 16.7%로 나타나 이혼에 대한 생각이 변하고 있음이 나타났다. 즉, 가족 가치관의 변화에 따라 가족원의 역할, 의무, 책임 등도 변화되는 것으로 보인다.

Chapter 2

가족학 이론

가족에 대한 연구는 다양한 학문 분야에서 각기 다른 전통을 가지고 시작되었다. 가족 연구가 갖는 다학제적인 성격으로 인해 가족 이론도 다양한 학문 분야의 접근을 응용하고 통합시켜 발전되었다. 가족 이론은 가족이라는 현상을 설명하는 다양한 명제들을 도출한 후 이 명제들 간에 어떠한 관련성이 있는지 분석하여 논리적이고 체계적으로 구성해 놓은 것으로 개념화할 수 있다. 본 장에서는 대표적인 가족 이론으로 구조기능주의 이론, 상징적 상호작용 이론, 갈등 이론, 사회적 교환 이론, 가족 발달 이론, 가족 체계 이론, 여성주의 이론을 고찰할 것이다.

1. 구조기능주의 이론

구조기능주의 이론은 가족이 수행하는 기능이 무엇인지를 분석하며, 특히 가족과 사회가 어떻게 관련되는지를 설명하는 데 초점을 둔 거시적 이론이다. 구조기능주의 이론의 출발은 사회를 하나의 유기체와 동일시하는 것이다. 즉, 사회는 인간의 신체처럼 상호 의존된 여러 부분으로 구성된 하나의 안정된 체계이며, 이를 구성하는 각 부분을 하위 체계라고 부른다. 하위 체계에는 가족, 정부, 경제기관, 교육제도, 종교규범 등과 같은 주요 제도가 포함되며, 각각의 하위 체계는 사회를 유지하기 위해 상호 협력하며 맡은바 고유의 기능을 수행한다.

구조기능주의 이론은 각 하위 체계가 얼마나 기능적으로 역할을 수행하는가를 평가한다. 구조기능주의 이론에 따르면, 전체 사회의 균형을 유지하고 사회집단의 목표 달성에 도움이 되는 현상은 순기능적이며, 그와 반대인 경우는 역기능적이다. 순기능과 역기능은 체계 전체뿐만 아니라 각 하위 체계에 미치는 긍정적 · 부정적 영향이나 결과도 포함한다(정현숙 · 유계숙, 2001).

가족도 사회를 구성하는 하나의 하위 체계로서 사회에 이바지하는 특정한 기능을 수행하며, 동시에 가족 구성원들을 위한 기능을 수행해야 한다. 구조기능주의 이론은 가족이 사회와 개인에 대해 어떤 기능을 하며 사회와 어떻게 연계되어 있는지를 설명하는 데 초점을 둔다. 구체적으로 가족은 개별 구성원들에게 기본적인 지위를 할당하고 가족 구성원들이 사회에 적응하고 이바지할 수 있도록 사회화시킨다. 또한 사회에 대해서는 노동력을 재생산하며 가족원을 통제하는 기관으로서의 기능을 수행한다.

구조기능주의 이론은 사회가 가장 잘 기능하고 유지되기 위해 가족의 구조와 기능이 어떻게 변화했고 변화되어야 하는지를 분석한다(문혁준 외, 2010). 이에 따라, 구조기능주의 이론에서는 다양한 가족 형태 중에서도 핵가족을 기본 단위로 본다. 대표적 학자인 Parsons는 산업화의 요구에 가장 적합한 가족 형태는 핵가족제도라고 주장하였다(김태현 외, 2004, 재인용). 핵가족 내에서 아버지가 도구적 역할을 수행하고, 어머니는 표현적 역할을 수행하는 것이 기능적이라고 보았다. 도구적 역할이란 가족을 부양하기 위해 성취 지향적이고 경제적 활동에 몰입하는 역할이며 표현적 역할이란 가족 구성원의 욕구를 충족시키고 정서적 표현을 수용하며 가족원의 관계가 잘 유지되도록 조정하는 역할이다. 한편 Goode도 산업화가 진행될수록 부부가족(conjugal type)의 형태가 증가한다고 보고, 이 가족 형태의 주요 특징은 일상생활에서 광범위한 친인척이 상대적으로 배제되는 것이라고 하였다(김태현 외, 2004, 재인용).

구조기능주의 이론은 가족과 전체 사회와의 관계, 그리고 가족과 가족 구성원들과의 관계를 분석하는 데 유용하다. 그러나 구조기능주의 이론이 지닌 보수성과 성차별적 측면은 비판을 받아왔다. 특히 성별에 따라 남성이 도구적 역할을 수행하고 여성은 표현적 역할을 수행하는 것이 바람직하다는 주장은 직장 노동과 가사 노동의 가치를 다르게 평가하는 자본주의 사회에서 양성 불평등을 초래할 수 있는 위험이 있다. 또한 구조기능주의 이론은 사회의 질서, 화합, 공동 목표 등을 지나치게 강조하면서 사회적 변화, 도전, 갈등을 간과했다는 한계를 지닌다.

2. 상징적 상호작용 이론

상징적 상호작용 이론은 국가, 제도, 계급 등 거시적 구조의 본질에는 사람들 사이의 상징적인 상호작용이 있다고 주장한다. 즉, 거시적 구조 자체가 중요하다기보다는 이러한 구조에 대해 사람들이 사회적 교류를 통해 형성하는 심리적 정의, 상징, 의미가 중요하다는 것이다. 인간의 행동 역시 서로 간의 사회적 상호작용에 의해 결정된다.

상징적 상호작용 이론의 배경에는 몇 가지 기본적 가정이 있는데, 이를 김희성 외(2009)를 참고하여 다음과 같이 정리할 수 있다. 첫째, 인간은 상징을 창조하고 조작할 수 있는 존재이다. 즉, 인간은 추상적이고 정교한 언어적 · 비언어적 상징체계들을 통하여 의사소통 할 수 있는 능력이 있다. 또한 개념화 · 상징화 · 가치화 · 내면화 등의 정신작용을 통해 외부의 객관적 자극에 주관적으로 반응할 수 있다. 인간의 행동은 단순히 외부적 자극에 대한 기계적 반응이 아니라 창조적 혹은 선택적으로 이루어지는 것이다.

둘째, 인간의 정신적 능력은 자신이 타인으로부터 어떠한 기대를 받고 있으며,

어떠한 사회적 역할을 수행해야 하는지 인식하는 것을 가능하게 한다. 역할이란 특정한 사회적 지위를 차지하고 있는 사람에게 적용되는 공유된 규범이다. 역할을 수행하는 사람은 사회화를 통해 어떤 행동을 해야 하는지 학습하고 주변에 상호작용하는 타인들은 앞으로 어떤 행동이 나타날지 예견함으로써 사회적 상호작용의 규칙이 유지된다. 한편 정체성이란 역할에 대한 개인의 주관적 의미를 뜻한다. 예를 들어 가장의 지위를 차지한 남성은 생계 부양자 역할을 수행하리라는 사회적 기대를 인지하며 가장으로서 자신의 정체성을 구축한다.

셋째, 상징은 사회적 상호작용을 통해 그 의미가 창출된다. 인간은 타인과의 상호작용을 통하여 어떤 사물이나 행위에 대한 의미를 학습하게 된다. 예를 들어 한국에서는 윗사람에게 허리를 굽혀 인사하는 행위를 예의바른 것으로 간주하였지만 미국에서 허리를 굽혀 인사하는 행위는 일반적인 인사법이 아니다. 중세 유럽에서 존경이나 복종의 의미로 손등에 키스를 하였으나, 우리의 고려나 조선 시대에는 절을 하는 것이 일반적인 인사법이었다. 즉, 인간은 자신이 속한 사회의 구성원들과 상호작용을 통해 특정 행위, 사건, 사물 등에 대한 의미를 획득하며 사회적 · 역사적 맥락이 달라지면 이러한 의미는 변화될 수 있다.

넷째, 인간은 상황에 대해 주관적 해석을 하며 해석에 따라 행동이 달라진다. 상징적 상호작용 이론은 개인이 특정한 상황에 처하여 이를 어떻게 인지하고 해석하는가에 관심을 두며 개인이 선택적으로 반응하는 주관적 입장에서 사회현상을 파악하고자 한다.

다섯째, 인간의 자아개념은 선천적인 것이 아니라 사회적 상호작용을 통하여 형성된다. 아동은 가족 안에서 부모 및 형제와 상호작용하면서 자아개념을 형성하고, 타인이 어떻게 자신을 평가하는지 지속적으로 반성하면서 자아개념을 수정해 간다.

이러한 가정을 바탕으로 상징적 상호작용 이론은 다음 문제들에 관심이 있다. 첫째, 개인이 사회화를 통해 자신이 속한 사회 조직의 가치관, 규범, 태도 등을 어떻게 획득하는가에 관심을 가진다. 둘째, 이러한 사회화 과정이 개인의 지속적 행동 양상의 조직체인 인격 형성에 어떻게 영향을 미치는지를 분석한다.

가족학에 적용된 상징적 상호작용 이론은 가족 구성원 간의 미시적 상호작용에 초점을 두었다. 상호작용론적 입장에서 가족이란 소규모의 집단으로서 대면접촉을 통한 지속적 상호작용을 하며 상호 돌봄과 관심을 바탕으로 친밀감을 공고히 하는 집단으로 규정된다. 대표적인 상징적 상호작용 이론가인 Burgess(1926)는 가족을 '상호작용하는 인격체들의 결합' 이라고 정의한 바 있다. 상징적 상호작용은 이성교제, 배우자 선택, 결혼생활에의 적응 등 가족학 분야의 다양한 주제에 적용되어 왔다. 또한 가족 과정이나 변화에 초점을 둔 가족 상담 분야에도 영향을 미치며 발전되어 왔다(정현숙 · 유계숙, 2001).

한편 상징적 상호작용 이론은 가족의 내적인 과정에 중점을 두기 때문에 가족에 영향을 미치는 거시적 측면을 간과한 한계를 지닌다. 정치, 경제, 사회 구조 등이 가족에게 어떻게 영향을 미치며 가족이 어떻게 이에 대처하는지에 대한 설명이 부족하다. 또한 상징적 상호작용 이론은 가족 내에 존재하는 권력관계나 갈등에 대해 충분히 설명하지 못한다는 비판을 받는다. 가족 구성원 사이에 갈등이 초래될 때 의사소통만으로는 해결되지 않는 경우가 많고, 더 큰 권력을 지닌 가족원에 의해 의사결정이 이루어지는 경우가 빈번하기 때문이다.

3. 갈등 이론

Marx 및 Simmel로부터 시작된 갈등 이론은 사회적 갈등을 과소 평가한 기능주의에 반대하며 생겨났다. 갈등 이론은 인간이 자기중심적이며 타인의 욕구보다는 자신의 욕구를 우선으로 추구한다는 전제에서 출발한다. 인간의 근본적 속성에 반해 사회는 구성원 모두에게 충분한 자원을 갖고 있지 못하다. 그러므로 각 개인은 희소한 자원을 획득하기 위하여 지속적으로 경쟁해야만 한다. 서로 다른 목적,

가치, 관심을 지닌 개인들이 불충분한 자원을 더 많이 확보하기 위해 상호작용을 하는 과정에서 갈등은 불가피하게 된다. 인간의 기본적 속성과 제한된 사회자원 때문에 갈등이란 피할 수 없고 당연하며 자연스러운 것이 된다(문혁준 외, 2010).

갈등 이론에서는 갈등이 나쁜 것이라기보다는 사회적 진보를 위해 필요한 것으로 전제한다. 갈등 발생의 원인은 불평등이며 사회 체계는 갈등을 통해 재조직되고, 이것이 또 다른 순환적인 사회 변동을 일으킨다. 갈등과 변화는 사회적 제도들이 개선되기 위한 필수 과정이라고 본다.

갈등 이론의 주요 개념으로 갈등, 경쟁, 자원, 합의, 동의, 협상과 교섭 등이 있다. 구체적으로 갈등이란 개인 또는 집단 간에 희소한 자원이나 상반된 목표 등을 놓고 대립하는 것이다. 갈등은 구성원들 간에 동기 및 정서가 대립되어 일어나는 적대적인 상호작용을 의미하며, 그 단위는 개인으로부터 거대집단까지 다양하다. 둘 이상의 이해 당사자 간에 지속적인 충돌이 존재하는 것을 갈등 상황으로 볼 수 있다. 경쟁도 갈등과 본질적으로 유사한 현상으로 개념화할 수 있다. 갈등과 마찬가지로 경쟁도 각 개인이 나름대로의 방식으로 타인을 희생시켜 자신의 보상을 얻는 과정이기 때문이다.

갈등이나 경쟁의 대상이 되는 자원이란 구체적인 재화가 될 수도 있고 상대방을 통제하거나 권력을 행사할 수 있는 상징적인 능력이 될 수도 있다. 한편 논쟁 중인 문제에 대하여 집단적 동의에 도달하기 위해 이해 당사자들 간에 조직적으로 구성된 교환을 진행하는 과정을 협상이라고 한다. 협상은 최대한의 자원을 획득하여 자신의 이익을 극대화하려는 쌍방 또는 다자 간의 사회적 교환으로 적대감이 표출되기도 한다. 협상이 진행되면 이해 당사자들은 일정한 수준의 합의에 도달한다(김양희, 1991).

가족학 분야에서 갈등 이론이 부상된 것은 Sprey(1969)가 발표한 「갈등 체계로서의 가족(The family as a system in conflict)」에 기인한다. Sprey는 가족 구성원 간의 합의와 조화에 의문을 던지며 가족도 갈등을 경험하는 체계로 보았다. Sprey

에 따르면, 가족도 구성원 간의 이익이 상충되는 장소이며 가족 구성원들은 상호 간의 일치와 조화를 위해 끊임없이 타협한다고 보았다. 가족 내에서 갈등이란 종결될 수 없기 때문에 가족 갈등을 해소하기보다는 관리한다는 것이 보다 정확한 표현이라고 할 수 있다. 가족 갈등을 관리하는 과정에서 상호 간의 만족스러운 방식으로 협상, 교섭, 타협할 수 있는 구성원들의 동기, 능력, 공유된 규칙 등이 확보되어야 하며, 이러한 갈등관리 능력에 따라 가족이 유지되기도 하고 해체되기도 한다.

이후 가족 연구에 적용된 갈등 이론은 가족 내 권위나 자원이 분배되는 과정에서 구성원들이 겪는 갈등에 주목하였다. 한정된 자원을 분배하는 과정에서 가족 구성원 개개인의 만족도를 최대한으로 이끌어낼 수 있는 대응방식이 무엇이며, 어떤 갈등관리 방식이 사용되느냐에 따라 가족의 존폐가 좌우될 수 있다. 또한 갈등 이론은 가족 내 성과 연령에 따른 구조적 차이가 성적 불평등이나 세대 간 갈등을 유발할 수 있다는 점도 중요시했다(문혁준 외, 2010). 갈등 이론가들은 경제적 생산의 주요 책임자이고 공급자인 남성이 가족 내에서 권력을 독점하여 우월적 지위를 차지하며 부와 권력에 대한 능력이 없는 여성과 아동은 종속적이 된다고 설명하였다. 이에 따르면, 자본 축적의 기본이 되는 사적 재산제도가 남성에게 유리한 부계제도를 출현시켰다고 본다. 그러므로 자본주의에 투쟁함으로써 가족제도의 불평등을 제거하는 것이 가능하다고 분석한다.

갈등 이론의 한계점은 사회적 질서보다는 갈등에만 과도한 초점을 둔다는 것이다. 특히 가족 내 권력 배분이나 역할 규정이 갈등을 유발하기보다는 오히려 기능적으로 작용하며 가족 구성원 간의 갈등을 통제하는 긍정적 영향도 갖는다는 점을 간과하였다. 실제로 가족은 애정, 친밀감, 유대감, 희생, 응집성 등의 정서를 기반으로 하는 집단인 만큼 갈등 이론만으로 가족을 설명하기에는 무리가 있다.

4. 사회적 교환 이론

사회적 교환 이론은 사회를 거시적 차원에서 분석하는 구조적 기능주의에 대한 대안 이론으로 제기되었으며 미시적 차원에서 개인, 가족, 사회 현상을 분석하였다. 사회적 교환 이론은 공리주의를 철학적 기반으로 한다. 이에 따라, 인간을 이기적인 존재로 보며 인간의 모든 행동은 이기심에 의해 동기 부여된 것으로 간주한다. 사회적 교환 이론의 기본 명제는 인간은 누구나 자신의 이익을 추구하고 손해를 피하는 방향으로 행동하며 비용은 최소화하고 보상을 극대화하는 상호관계를 추구한다는 것이다.

사회적 교환 이론의 주요 개념으로는 보상, 비용, 비교 수준, 대안에 대한 비교 수준, 호혜성 등을 들 수 있다. 먼저, 보상이란 사회적 교환 과정에서 발생하는 이익을 의미한다. 보상은 개인이 타인과의 교환에 참여함으로써 얻는 재화나 금전 같은 물질적인 형태일 수도 있고 무형의 서비스, 사회적 수용, 인정, 존경, 명성, 권력 등의 형태일 수도 있다. 이러한 보상은 개인에게 만족감을 줌으로써 행동을 긍정적으로 강화하여 행위자가 특정 행동에 참여할 가능성을 증가시킨다(정현숙 · 유계숙, 2001). 한편 사회적 교환관계에 참여함으로써 특정 행위를 의무적으로 수행해야만 한다든가, 다른 보상을 놓친다거나, 아니면 처벌을 받는 등의 비용을 경험할 수 있다. 비용에는 투자비용, 직접 비용, 기회비용 등이 있다(Blau, 1964). 비용 역시 물질적인 것뿐만 아니라 심리적 불쾌감 등을 포함하는 포괄적 개념이다.

사회적 교환 이론은 인간이 합리적인 존재라고 전제한다. 이에 모든 인간은 교환관계에서 비교 수준을 상정한다. 비교 수준이란 사람들이 주어진 관계에서 현실적으로 보상과 비용을 평가하는 기준이다. 각 개인은 사회적 관계에 대한 규범을 인식하고 타인을 관찰하면서 얻은 경험과 지식을 가지고 교환에 참여하며, 이러한 정보를 토대로 비교 수준을 형성한다. 한편 대안에 대한 비교 수준은 관계를 지속할지 종결할지를 결정하는 기준이 되는데, 개인이 현 관계로부터 얻는 최소 수준을 다른 대안들과 비교함으로써 얻어진다. 대안적 관계에서 얻을 수 있는 결과가 현재의 관계에서 얻을 수 있는 것보다 클 때 개인은 현재 관계를 종결할 가능성이 높다. 끝으로 호혜성이란 교환이 상호 반응적인가를 기준으로 판단되며 언제, 어떻게 상대에게 보상을 갚아주어야 하는지에 대한 기대를 포함한다. 호혜성은 상호 의존적인 의무와 기대를 설정하기 위해 필요하며 안정적 관계를 형성하는 작용을 한다(정현숙 · 유계숙, 2001).

주로 미국 학자들에 의해 발전된 사회적 교환 이론은 1960년대 말과 1970년대 초에 가족 연구에 적용되기 시작하였고 1970년대 이후 주요한 가족학 이론으로 확립되었다. 사회적 교환 이론에서 가족은 이기적인 개인의 집합체로서 간주되고 가족제도는 그 구성원에게 보상을 제공하는 원천이며 개인의 자발성에 의해 지속된다고 본다. 이러한 가정하에 사회적 교환 이론은 특히 배우자 선택 과정, 부부 권력, 의사소통, 결혼의 안정성, 성 역할, 성 행동, 가정 폭력 등의 현상을 설명하는 데 유용하다.

예를 들면 사회적 교환 이론은 배우자 선택 과정에서 상호 간에 소유한 자원에 의해 보상 정도가 평가되어 선택행위가 일어난다고 설명한다. 신체적 매력은 없지만 재력이 많은 남성과 경제적 능력은 없으나 신체적 매력이 높은 여성 간의 결혼을 생각해 볼 수 있다. 이 남성은 자신의 재력을 비용으로 지불하지만, 상대방 여성의 신체적 매력을 보상이라고 여길 수 있고, 반대로 여성은 남성의 재력을 보상으로 간주하기 때문에 남성의 불만족스러운 외모를 참는 것이 자신이 지불할 비용이라고 생각할 수 있다.

사회적 교환 이론은 부부관계에 나타나는 권력의 차이도 각자가 지닌 자원이 사회 문화적 맥락 속에서 다르게 평가되기 때문에 발생한다고 설명한다. 예를 들어 임금 노동을 하는 남편과 가사 노동을 하는 아내의 경우를 생각해 볼 수 있다. 임금 노동의 가치가 가사 노동보다 높게 평가되는 사회적 맥락에서 남편의 자원이 아내보다 더 많게 여겨진다. 부부관계를 유지하기 위해서는 공평한 교환관계가 이루어져야 하기 때문에 자원이 상대적으로 많은 남편은 아내보다 더 많은 권력을 요구하게 되고 아내는 권력을 남편에게 양도하는 비용을 지불하지만, 남편의 임금을 공유할 수 있는 보상을 받게 된다.

사회적 교환 이론은 사회적 관계의 형성, 유지, 해체를 매개하는 미시적 관계 요인을 설명하는 데 중요한 기여를 해 왔다. 그러나 다음과 같은 점에서 비판을 받기도 한다. 첫째, 실용주의나 행동주의가 천명하는 인간관에 대한 비판과 마찬가지로 사회적 교환 이론 역시 유사한 공격을 받아왔다. 비판자들은 과연 모든 사람들이 언제나 보상과 비용을 합리적으로 계산하는지에 대하여 의문을 제기한다. 인간은 언제나 합리적이고 타산적인 존재가 아니며, 때로는 어떤 보상도 기대하지 않는 이타적 행위를 한다. 특히 가족은 애정, 존중, 효, 친밀감, 희생 등 단순히 보상과 비용으로 설명할 수 없는 특성으로 결합되어 있다. 또한 이익 추구를 위해 자발적으로 형성되는 사회집단과 달리 가족은 생물학적 · 혈연적 관계라는 비자발성도 고려되어야 한다.

둘째, 사람들은 각각의 자원, 보상, 비용의 가치를 평가하는 데 개인차를 보인다. 이러한 주관적 가치 평가는 사회적 교환 이론에서 중요시하는 교환관계의 규칙을 일반화하는 데 어려움을 유발한다. 특히 심리적 특성들에 부여되는 가치는 지극히 개인적일 수 있으면 수량화하여 상호 비교하기가 어렵다. 예를 들어 객관적으로는 불공평한 교환으로 인식되어 해체될 위험이 높다고 여겨지는 부부지만, 두 사람은 자신들의 관계를 행복하다고 주관적으로 평가하고 일생을 함께하는 경우도 많다.

5. 가족 발달 이론

개인의 인생은 고정된 실체가 아니라 계속 변화하는 것이기 때문에 전 생애 발달적 관점이 부각되었다. 이와 마찬가지로 개인들이 모인 가족도 변화하는 존재로 이해해야만 한다. 가족 발달 이론은 1930년대 미국의 농촌 사회학자와 경제학자들이 가족 발달이라는 용어를 사용하면서 시작되어 1950년대부터 본격적으로 체계화되었다(김희성 외, 2009).

가족 발달 이론은 가족을 순간순간 변화하는 동태적 · 과정적 집단으로 파악하며 가족 체계의 종단적인 경로인 가족생활주기를 중요시한다. 가족을 상호작용하는 개인들의 집합체로 본다는 점에서 상징적 상호작용 이론과 유사점을 지니지만, 시간을 통한 가족 변화에 초점을 둔다는 특징이 있다. 가족 발달 이론은 각기 다른 생애 단계에 있는 구성원들이 모여 가족이라는 공동체를 형성하면서 시간에 따라 어떠한 경험을 하는가에 관심을 둔다.

구체적으로 성인 남녀의 결혼으로 성립된 가족은 이후 자녀 출산, 양육, 자녀들의 독립, 배우자의 사망 등 일련의 사건들을 겪게 되는데, 이러한 과정에서 가족의 구조, 기능, 과업 등은 변화한다. 이와 같이 시간이 경과함에 따라 변화하는 가족생활의 연속적 과정을 가족생활주기라고 한다. 가족 발달 이론은 가족의 종단적 경로인 가족생활주기에 관심을 갖는데, 가족생활주기가 갖는 의의는 가족 형성부터 해체에 이르는 전 과정을 고려하여 가족생활주기의 각 단계마다 가족이 이루어야 될 과업이 무엇이고 과업을 달성하는 과정에서 구성원들의 기대와 욕구가 어떻게 조정되며, 각 단계마다 어떠한 가족 상호작용이 이루어질지 예측할 수 있는 준거를 제시한다.

개인의 생애 발달에서도 각 시기에 이루어야 될 발달과업이 있듯이 가족 발달 이론에서도 원만한 가족생활을 위하여 가족이 성취해야 할 단계별 발달과업을 가정한다. 가족생활주기에 따른 과업을 가족이 단계적으로 수행해야만 가족 구성원들이 안정하고 충족감을 느낄 수 있다. 각 단계별 발달과업은 반드시 이루어져야 하는 결정적 시기(critical period)가 있으며 결정적 시기에 과업이 수행되지 않으면 가족은 역기능을 나타낼 수 있다.

구체적으로 결혼을 통해 가족을 형성한 신혼부부는 연애시절과는 다른 공식적인 부부관계를 구축해야 하며 배우자의 원가족(시댁 · 처가)에 적응해야 하고 가족을 꾸려나가기 위한 다양한 쟁점들(임신, 출산, 양육, 주거, 직장, 가계관리 등)을 논의하고 앞으로의 장기계획을 구체적으로 수립해야 한다.

이후 자녀가 출산하면 가족은 자녀 양육기에 돌입하는데, 이 시기는 아동의 연령에 따라 영유아기 자녀가 있는 가족, 아동기 자녀가 있는 가족, 청소년기 자녀가 있는 가족으로 구분할 수 있다. 먼저, 영유아기 자녀가 있는 가족은 첫아이 출산과 함께 부모 역할에 적응해야 한다. 부부간의 역할 분담을 통해 가사 노동, 자녀 양육, 그리고 직장과의 균형이 이루어야 한다. 또한 손자녀 출산으로 인해 조부모가 된 노부모와의 협력 체계 구축이 중요하다. 부부만의 가족기에 논의했던 가족의 장기계획도 자녀를 중심으로 재검토하고 현실적으로 수정해야 한다. 자녀가 아동기가 되면 자녀의 교육이 가족의 가장 주요한 과업이 된다. 특히 한국의 가족은 자녀 교육을 우선시하기 때문에 이에 따라 가계관리, 주거, 여가, 직장 등과 같은 가족생활의 다른 영역이 조정된다. 자녀가 청소년기에 진입하면 가족은 청소년 자녀가 심리적으로 독립할 수 있도록 부모 역할을 재조정해야 한다. 또한 청소년 자녀가 대학에 진학할 가능성이 높기 때문에 이에 대한 교육비를 준비해야 한다.

자녀가 성인이 되어 독립하는 시점이 되면 가족은 자녀의 취업 및 결혼을 지원하게 된다. 자녀가 결혼을 하여 중년기 부부만의 가족이 되면 부부관계를 재조정하고 자녀부부와의 관계를 새롭게 형성하는 과업을 수행하게 된다. 또한 노후생활을 어떻게 할 것인가를 보다 현실적으로 준비하게 된다.

끝으로 부부가 노인이 되면서 건강이나 질병에 대한 관리가 중요하게 된다. 노부부가족은 조부모 역할을 수행하게 되고 여가를 함께 공유할 사회적 관계망을 재구축하게 된다. 이후 배우자의 사망을 경험하고 본인이 사망하면 그 가족은 해체된다고 볼 수 있다.

가족생활주기는 일반적으로 결혼을 통해 가족이 형성되는 시기부터 두 배우자가 모두 사망하는 시점까지 특징적 단계를 구분하였다. 가장 고전적인 가족생활주기는 미국의 핵가족을 조사한 Duvall의 8단계이지만, 현대 한국 가족에게 적용되기에는 부적절한 것으로 여겨진다. 이에 다양한 국내 학자들(공세권, 1987; 김승권, 2000)의 이론을 종합하여 문혁준 외(2010)가 정리한 가족생활주기 및 단계별 특징을 아래에 제시하였다(표 2-1).

표 2-1 가족생활주기 단계별 특징과 발달과업

<table>
<tr><th colspan="2">가족생활주기 단계</th><th>특징과 발달과업</th></tr>
<tr><td rowspan="3">가족 형성기</td><td rowspan="3">신혼부부가족</td><td>새로운 부부관계에 적응</td></tr>
<tr><td>배우자의 원가족(시댁 · 처가)과 관계 형성</td></tr>
<tr><td>가족의 장기계획 수립
(임신, 출산, 양육, 주거, 직장, 가계관리 등)</td></tr>
<tr><td rowspan="7">자녀 양육기</td><td rowspan="4">영유아기 자녀가 있는 가족</td><td>부모 역할에 적응</td></tr>
<tr><td>부부간의 역할 분담(가사 노동 및 양육)</td></tr>
<tr><td>조부모와의 협력관계 구축</td></tr>
<tr><td>자녀 중심의 가족생활 계획 재검토</td></tr>
<tr><td>아동기 자녀가 있는 가족</td><td>자녀 교육을 위한 가족생활 조정
(가계관리, 교육, 여가, 주거 등)</td></tr>
<tr><td rowspan="2">청소년기 자녀가 있는 가족</td><td>청소년 자녀의 심리적 독립에 대한 부모 역할 재조정</td></tr>
<tr><td>청소년 자녀의 진학과 교육비 준비</td></tr>
<tr><td rowspan="4">자녀 독립기</td><td rowspan="4">성인 자녀가 있는 가족</td><td>자녀의 취업 및 결혼 지원</td></tr>
<tr><td>자녀부부와의 관계 형성</td></tr>
<tr><td>부부관계 재조정</td></tr>
<tr><td>노후생활을 위한 준비</td></tr>
<tr><td rowspan="4">가족 해체기</td><td rowspan="4">노부부가족</td><td>조부모 역할 수행</td></tr>
<tr><td>사회적 관계망 재구축</td></tr>
<tr><td>건강문제 관리</td></tr>
<tr><td>배우자의 사망</td></tr>
</table>

출처 : 문혁준 외(2010).

가족 발달 이론에서는 가족이 종단적 경로를 거치면서 하나의 체계로써 수행해야 하는 발달과업을 상정함과 동시에 각 단계에서 개별 가족 구성원들이 수행해야 하는 역할도 중요시했다. 개인은 자신의 인생 과정에서 자녀, 배우자, 부모, 학생, 직업인 등 연속적인 역할을 맡게 되는데, 가족은 구성원들이 이를 수행하도록 도움을 주어야 한다(정현숙, 2007).

가족 발달 이론은 현대 사회의 다양한 가족들이 등장하면서 도전을 받아왔다. 예를 들어 무자녀가족의 경우 자녀 양육기나 자녀 독립기로 이행되지 않기 때문에 기존의 가족생활주기로는 설명이 어렵다. 또한 이혼 후 재혼을 하는 가족이 증가하는 것을 고려하여 이들을 설명할 수 있는 보다 정교하고 확장된 가족생활주기가 필요하다. 가족생활주기에 대한 비판도 있지만, 가족 발달 이론이 가족을 하나의 분석 단위로 봄으로써 개인적 변인들에 대한 미시적 분석과 사회제도적 거시적 분석을 모두 포함하는 총체적 접근법을 제시했다는 점은 인정해야 한다. 가족 발달 이론은 가족생활주기에 따른 생활 수준, 결혼 만족도, 역할 분담의 변화 등에 대한 연구에 개념적 틀로 자리매김해 오고 있다(김희성 외, 2009).

6. 가족 체계 이론

가족 체계 이론은 1930년대 독일의 생물학자 Bertalanffy의 일반 체계 이론을 가족에게 적용시킨 것이다. Broderick과 Smith(1979)는 일반 체계 이론이 관계 형성이나 의사소통과 같은 가족 현상을 분석하는 데 유용하다고 판단하고, 이를 가족에 적용시켜 가족 체계 이론으로 발전시켰다.

체계(system)란 여러 개의 부분들이 모여 구성된 복잡한 전체를 의미한다. 가족 체계 이론은 다음의 기본 개념을 바탕으로 한다. 첫째, 체계는 전체성을 지닌다. 이것은 전체는 부분의 합보다 크다(The whole is greater than the sum of its parts)는 명제를 바탕으로 한다. 체계는 각각의 부분들이 모여 이루어지나 각 부분들이 상호 교류하면서 새로운 관계성을 형성한다. 그러므로 단순한 부분의 합이 아닌 새로운 추가적 특성을 이해해야만 체계를 분석할 수 있다.

예를 들어 부모와 아들로 이루어진 3인 가족은 하나의 가족 체계라고 할 수 있다. 이 가족을 알기 위해서는 아버지, 어머니, 아들이 지닌 개인적 특성을 각각 분석하는 것이 필요하지만, 각 구성원에 대한 분석만으로는 가족 전체를 이해했다고 볼 수 없다. 이들의 부부관계, 부자관계, 모자관계 그리고 3명의 가족 구성원이 다 같이 모여 상호작용하는 것을 관찰한 후에야 비로소 가족 체계를 이해할 수 있다. 이러한 관계성이 체계의 추가적 특성이 되는 것이다.

둘째, 체계는 항상성을 갖는다. 체계는 근본적으로 안정 또는 평형 상태를 유지하려고 하는 특성이 있다. 가족 체계는 외부환경으로부터 오는 자극이나 개방성에 대한 요구에 대처하고 가족 내부 구성원 간의 상호작용으로 유발되는 변화에 반응하면서 가족 체계의 안정을 유지하기 위해 최선을 다한다. 가족은 안정성과 균형 상태를 유지하기 위하여 일련의 상호작용 패턴을 형성하고 가족 구성원의 행동을 제한하는 규칙을 갖게 된다. 이러한 상호작용의 패턴이나 규칙은 세대를 거쳐 전수되면서 가족의 항상성에 이바지한다. 체계의 안정 지향적 특성은 때론 가족 구성원의 행동을 제한하기도 한다.

예를 들어 부부간의 갈등이 심화되어 이혼을 고려하는 가족이 있다고 하자. 이때 자녀들은 이혼을 통해 가족의 항상성이 깨지는 것을 막기 위해 노력하게 된다. 가족 상담에서 흔히 목격되는 것은 부부간의 갈등이 심화되면 아동이 의식적 또는 무의식적으로 문제 행동을 유발한다. 아동의 문제 행동은 부모의 관심을 끌게 되어 부부 갈등을 잠정적으로 소강시키고 이혼을 보류하여 가족 체계를 유지하는 효과를 낳게 된다. 이는 체계의 항상성을 유지하기 위해 가족 구성원이 역기능적으로 대처하는 전형적인 상황이다.

셋째, 체계는 상호성을 지닌다. 체계를 이루는 각 부분들은 서로 맞물려 돌아가는 톱니바퀴들과 같다. 상호성이란 체계 내의 한 부분에서 발생한 변화가 체계 내 다른 부분에 영향을 미쳐 또 다른 변화를 초래한다는 것이다. 가족 구성원들은 상호 연결되어 있기 때문에 가족 체계의 변화는 개별 가족 구성원에게 영향을 미치며, 동시에 개별 가족 구성원의 변화는 가족 체계 전체에 영향을 준다. 가족 체계 이론은 가족 안에서 각 개인의 역할이 전체 속에서 어떻게 작용하고 있는가를 보여준다.

예를 들어 아버지의 갑작스러운 실직은 부부 사이의 권력관계에 변화를 가져올 수 있고 부부관계의 갈등은 부모-자녀 관계에 부정적인 영향을 미쳐 자녀의 문제 행동을 유발할 수 있다. 자녀의 문제 행동은 다시 부모-자녀 관계에 새로운 갈등을 유발하고 부모-자녀 관계가 악화되면 부부관계도 더욱 심각해질 수 있다. 체계의 상호성은 부정적인 현상뿐 아니라 긍정적인 현상도 체계 내에 파급시키는 특성을 갖는다. 실직했던 아버지가 직장에 복귀하여 가족의 경제적 상황이 호전되는 예를 들 수 있다. 즉, 가장으로서의 역할을 다시 수행하게 된 아버지의 자아존중감을 향상시키고 남편에 대한 아내의 태도를 긍정적으로 변화시킬 가능성이 크다. 부부관계가 다시 회복되면서 자녀와의 긍정적 상호작용도 증가할 수 있고, 이는 자녀의 심리적 안정을 유발하여 문제 행동을 감소시킬 수 있다.

넷째, 체계는 위계성을 갖는다. 체계는 다양한 수준으로 존재하며, 각 체계는 위계가 높은 다른 체계에 포함되고 종속된다. 즉, 개인은 가족의 하위 체계에 속하고, 이러한 하위 체계들이 모여 가족을 구성하며 가족은 또한 사회의 하위 체계가 되는 것이다. 가족 체계 이론은 가족 내에 부부 하위 체계(marital subsystem), 부모 하위 체계(parental subsystem), 형제자매 하위 체계(sibling subsystem)를 가정한다. 각 가족 구성원은 동시에 여러 하위 체계에 소속될 수 있고, 이러한 하위 체계를 통해 가족은 그 기능을 수행한다. 가족 체계는 더 큰 지역 사회, 국가, 문화와 같은 거시 체계의 일부이다. 이러한 거시 체계는 개별 가족의 모습을 형성하는 데 중요한 영향을 미치며 가족 체계의 변화를 촉진하거나 저지하기도 한다.

하나의 체계를 외부와 구분 짓는 것을 경계(boundary)라고 하는데, 가족이 효과적으로 기능하기 위해서는 경계가 분명하고 어느 정도 투과성이 있어야 한다. 역기능적 가족은 폐쇄적인 경계를 가지고 고립되는 경향이 높다. 기능적인 가족은 명확한 경계, 외부와의 활발한 교류, 체계가 유지되기 위한 위계질서, 가족 규칙 등을 가지고 있다.

가족 체계 이론은 가족 구성원 간의 역동적인 상호작용이나 가족 과정(family process)을 설명하는 데 이바지했다. 또한 가족 상담이나 가족생활 교육에 적용될 수 있는 실용적 특성을 지닌다. 특히 전체성에 기초함으로써 가족의 문제를 특정 구성원이 원인이 된 고립적이고 개별적인 현상으로 보기보다는 가족 구성원 전체의 상호관계에서 유발된 것으로 보았다. 상담적 중재도 개인의 문제를 수정하는 것이 아니라 가족 전체를 단위로 개입하여 역기능적 상호작용을 변화시키는 데 초점을 두어 효과를 거두었다.

한편 가족 체계 이론은 지나치게 추상적이고 총체성을 강조하다보니 연구를 위한 방법론적 접근이 어렵다. 또한 가족 체계 이론은 가족 내의 성이나 연령에 따른 권력의 차이를 간과하는 경향이 있다. 체계의 상호성을 강조한 나머지 가족 구성원 각각의 영향력이 서로 다르다는 점을 배제하여 약자의 입장에서 가족 현상을 설명하는 데 한계가 있다.

7. 여성주의 이론

1960년대 이후 서구에서 활발하게 전개된 여성해방운동은 기존의 제도, 규범, 관습에 도전하면서 사회 전반의 변화를 이끌었다. 이러한 실천적 움직임과 함께 여성적 가치를 중심으로 사회 현상을 보려는 여성주의 이론이 구축되었다. 여성주의 이론은 기존 학계에서 축적된 이론과 지식이 주로 남성 중심적 시각에서 이루어진 부당성을 지적하고 여성의 경험을 과학적으로 입증하고자 하는 접근이다.

가족학 분야에 적용된 여성주의 이론은 전통적인 성별 분업을 가정하는 구조기능주의 이론을 비판하면서 시작되었다. 여성주의 이론은 크게 자유주의적 관점, 사회주의적 관점, 급진주의 여권론으로 구분해 볼 수 있다. 이들 주장에 차이가 있기는 하지만, 동일한 기본 전제는 여성이 사회적으로 억압되어 불평등한 차별을 겪는다는 것이다.

여성주의 이론에서 목표로 하는 건강한 가족은 여성 혹은 남성이라는 성별에 따라 차별이 행해지지 않는 양성 평등적 관계를 바탕으로 한다. 여성주의 이론은 가족이 험한 세상으로부터 떨어진 안식처로 여겨지지만, 여성에게는 그렇지 못하다고 주장한다. 여성주의 이론가들은 그 이유로 성별에 따른 노동의 이분화를 지적한다. 즉, 안식처로서의 가족은 남성이 임금 노동을 하고 여성은 가사 노동을 하는 역할 분담을 전제로 한다(김희성 외, 2009). 하지만 현대 사회에서 가사 노동은 임금 노동에 비해 현저히 낮은 가치를 지닌 것으로 평가된다. 가사 노동을 맡게 된 여성은 적은 자원과 제한된 정보를 가질 수밖에 없고, 이는 가족 내 권력의 불평등으로 연결된다. 결국 가부장제도에 의한 가족은 자원이 부족해 별다른 선택을 할 수 없는 여성의 희생을 바탕으로 나머지 가족 구성원의 휴식, 여가, 돌봄이 이루어지는 장소가 되는 것이다. 이처럼 여성주의 이론은 가족 내 남성과 여성의 경험이 다를 수 있다는 점을 간과한 기존의 가족학 이론들을 비판하면서 여성이 겪는 고유의 경험, 가족 내 불평등, 이로 인한 긴장 등에 초점을 두었다.

여성주의 이론은 성별 불평등 해소를 위한 실천 방안을 마련하고 남녀 간 조화를 위한 환경을 조성하는 데 기여를 해오고 있다. 또한 가족 내 부부관계, 부모-자녀 관계, 형제자매 관계에서의 자율성과 평등에 대한 존중을 제시하였다. 가족 구성원 모두가 행복하기 위해서는 가부장 중심의 권위적 가족관계를 민주적이고 양성 평등적으로 변화시켜야 한다. 여성의 취업이 증가하고 교육 수준이 높아지면서 기존 성 역할 규범이 바뀌고, 이는 다시 가족관계를 변화시키는 주된 원인이라는 점을 고려할 때 여성주의 이론의 중요성은 더욱 부각되고 있다. 또한 성별에 따라 의식과 행동상의 변화 속도 차이는 다양한 가족문제의 원인이 될 수 있으므로 여성주의 이론에 입각한 가족 중재가 더욱 중요시되고 있다.

Part 2

가족관계의 이해

가족관계는 가족을 구성하는 사람들 간의 인간관계를 의미한다. 가족 내 인간관계는 가족 외의 인간관계보다 공동체적인 특성을 공유하면서 각각의 독특성을 갖는다. 따라서 각 관계 특성의 파악을 위해 인간관계를 세분화하여 이해할 필요가 있다.

이에 Part 2에서는 가족 내의 인간관계를 가족 형성의 시발점이 되는 배우자 선택과 결혼으로부터 부부관계, 부모-자녀 관계, 형제자매 관계, 친인척 관계로 세분화하여 살펴볼 것이다.

Chapter 3

가족관계의 형성

20세기 후반 이후 시작된 후기 산업 사회는 기술 혁신에 의해 정보 사회로 불리고 있고 이에 21세기에는 결혼의 모습도 변화될 것으로 전망된다. 즉, 가족관계의 형성에 있어 뚜렷한 경향이 존재하기보다는 남녀 간의 만남에서 개인의 선택과 책임이 더 강조되어 결혼과 가족의 다양화 현상이 나타날 것으로 보인다. 정보통신 혁명에 의한 가상 공간에서의 비대면적 접촉이 인간관계를 느슨한 관계로 만들듯이 한번 맺어진 인간관계가 다른 인간관계로 쉽게 대체되며, 가까우면서도 충성의 맹세가 없는 자유롭고 자율성을 강조하는 관계로 특징지어질 것으로 보이기 때문이다.

본 장에서는 이상과 같은 사회 변화에 따라 함께 변화되어온 가족관계 형성의 배경에 근거하여 가족관계의 형성을 보다 구체적으로 이성교제와 배우자 선택, 결혼의 순으로 살펴볼 것이다.

1. 관계의 시작 : 이성교제와 배우자 선택

1) 이성교제

(1) 이성교제의 의미와 기능

이성교제는 일반적으로 데이트(dating)라고 불리는 남녀 간의 교제를 의미한다. 이성을 알게 되는 다양한 활동과 친밀감을 발달시키는 과정으로서 개인이 스스로 선택한 사귐이라 할 수 있다(최규련, 2007; Olson & Defrain, 1994).

자유로운 이성교제의 역사는 1세기도 채 되지 않는다. 부모의 허락과 감독하에 결혼을 전제로 이루어졌던 남녀 간의 만남은 산업 사회의 도시화 현상으로 변화를 겪게 되었다. 산업화로 부모들이 집을 떠나 직장에 나감으로써 젊은이들은 부모의 감시로부터 자유로워지기 시작했고 도시로 몰려든 청년들은 도시 팽창으로 인한 만남의 익명성이 보장되고 혈연과 지연에 얽매이지 않고 다양한 이성을 접촉할 기회를 많이 갖게 되었다. 이러한 사회 변화와 청년기의 이성에 대한 관심 증가라는 발달적 특징이 맞물려 데이트라는 새로운 문화가 나타나게 된 것이다. 그리고 20세기 이후 대중매체의 발달은 남녀 간의 낭만적인 사랑을 강조하는 내용을 사회에 전달하는 역할을 함으로써 이성과의 사귐은 사회적 비난과 눈치를 덜 받게 되었다(이기숙 외, 2009; Olson & Defrain, 1994).

우리나라의 경우도 유교 윤리에 기반을 둔 전통 사회에서는 혼전의 이성교제가 허용되지 않았다. 그러나 일제 강점기 이후 서구 문화가 유입되면서 어른들이 소개한 배우자감을 파악할 수 있는 제한적인 이성교제의 기회가 주어지기 시작했다. 현대 사회에서는 배우자 선택권이 당사자들에게 부여되는 자유로운 이성교제가 허용되어 결혼 전 이성교제는 필수적이고 자연적인 과정으로 인식되고 있다(최규련, 2007).

이성교제는 다음과 같은 다양한 기능을 갖고 있다(유영주 외, 2010; 이기숙 외, 2009; 최규련, 2007; Benokraitis, 2011).

- 사회화의 기능 : 이성교제는 성인 남녀로서 사회적 기술을 배우는 사회화의 수단이다. 이성교제를 하며 상대로부터 자신의 행동에 대한 피드백을 얻음으로써 사회에서 기대하는 성인 남성과 성인 여성으로서의 적절한 성 역할을 습득한다. 또한 이성과의 관계와 혼인을 위한 대인관계 기술인 대화법, 배려와 협력 방법, 문제와 갈등에 대처하고 해결하는 방법을 배움으로써 이성에 대한 적응력을 높이고 자기성장의 기회를 갖게 된다.
- 오락의 기능 : 청년기는 이성에 대한 호기심과 친밀감의 욕구가 높은 시기이다. 청년들은 이성과의 교제를 통해 이러한 욕구를 만족시키려 하므로 이성과의 교제는 오락의 기회를 제공한다.
- 배우자 선택의 기능 : 이성교제는 결혼의 가능성 있는 많은 이성들과 인간관계를 형성 · 발전시킬 수 있는 기회를 제공한다.

(2) 이성교제의 단계

전형적인 데이트의 발달 단계는 다음과 같다(유영주 외, 2010; 이기숙 외, 2009; 최규련, 2007).

1단계	가벼운 단계 (casual or random dating)	특정한 상대가 아닌 여러 사람과 자유롭게 만나는 단계이다. 오락이나 고정된 데이트 상대자를 구할 목적으로 한 만남을 통해 자신에 대한 이해, 이성에 대한 판단 능력을 기르는 기회가 된다.
2단계	지속적 관계 (steady dating)	자신에게 가장 매력 있는 한 사람에게 점차 열중하며 지속적인 관계를 형성한다. 상대방을 더 잘 알게 되고 애정과 의존성을 경험하면서 심리적 안정을 얻게 된다.
3단계	진지한 단계 (serious dating)	서로에게 정신적으로 헌신하되, 좀 더 상대방에 대해 현실적인 평가를 하며 장래에 대해서도 생각하게 된다.
4단계	결정적 교제 단계 (pinning dating)	구혼을 하게 되고 결혼을 전제로 만나는 단계이다. 정서적인 헌신과 장래를 위한 논의를 하게 되고 상대방의 가족, 친지와도 가까워지며 육체적인 친밀도도 증가한다.

(3) 이성교제의 문제점과 해결 방향

이성교제의 과정에서 다음과 같은 문제점이 발생할 수 있다(최규련, 2007; Benokraitis, 2011).

첫째, 성적 호기심과 정서적인 친밀감의 욕구가 높은 청년기에 이성교제가 진행되므로 혼전 성관계의 통제가 문제될 수 있다. 최근의 사회적 변화, 즉 이성교제 행동에 대한 부모의 통제 약화, 청년들의 성에 관한 자율적 결정권 확대, 성적 호기심을 자극하는 매체의 증가, 양성 평등의식의 확산, 초혼 연령의 증가 등은 혼전 성 경험에 대한 허용적인 태도를 부추기고 있다. 그러나 남성과 여성의 혼전 성 행동에 대한 태도는 차이가 있으며 남성보다 여성이 혼전 성 경험에 의한 부정적인 영향을 더 많이 받기 때문에 여성이 성 행동을 더 효과적으로 통제할 필요성이 있다.

이에 자신의 성에 대한 태도와 기준을 분명히 밝히고 개방적으로 대화하는 시간을 갖도록 하며 성적 요구를 부담스럽게 하는 이성과는 교제하지 않도록 한다. 성적인 관심을 조장하는 환경이나 기회를 만들지 말고 귀가 시간을 세밀하게 계획할 필요가 있다.

둘째, 이성교제의 과정에서 신체적, 성적 폭력이 발생할 수 있다. 교제 중에는 낭만적 감정에 사로잡혀 폭력의 문제를 인식하지 못할 수 있지만 폭력적인 상호작용 방식은 결혼 후에도 지속될 수 있고 폭력의 피해자는 여성인 경우가 많다는 점에서 더욱 심각한 문제가 된다.

이성교제 중의 폭력을 예방하기 위해서는 성장 과정에서의 가정 폭력, 남성우월사상과 가치관, 동료의 압력과 묵인, 음주와 약물복용과 같은 원인들에 주목할 필요가 있다. 또한 개인적 수준에서는 보다 적극적으로 폭력 사건을 신고하고 사회적으로는 이성교제 시의 남녀 성 역할과 폭력에 대한 태도와 신념을 바르게 변화시키도록 노력해야 할 필요가 있다.

셋째, 이성교제의 결과와 관련된 문제이다. 이성과의 관계 종결은 슬픔과 아픔을 동반하며, 특히 일방적인 헤어짐의 경우 충격이 더 크다. 종결의 이유로는 개인적(미시적) 이유와 구조적(거시적) 이유를 들 수 있다. 전자에는 의사소통 문제, 흥미의 차이, 정서적 · 신체적 학대, 상대방에 대한 애정 집착 · 통제적인 행동, 성적인 요구가 해당한다. 후자에는 이사, 실직과 같은 경제적 압박, 사회적 반응(예 연하 또는 연상 파트너와의 관계, 종교적 혹은 인종적 배경이 다른 커플, 동성 커플) 등이 이유로 포함된다.

관계의 종결을 건전하게 하려면 자신이 관계의 종결을 진심으로 원하는지, 그리고 관계를 끝내는 것이 고통을 수반하고 상대방에게 상처를 준다는 것을 인식할 필요가 있다. 더 이상 관계의 지속을 원하지 않는다면 솔직하게 의사전달을 하고 미련이나 여운을 남기지 않아야 하며 원하지 않는 결별을 부인하고 관계에 집착하기보다는 결별의 아픔을 이겨내도록 노력해야 한다.

2) 배우자 선택

배우자 선택은 결혼이 이루어지기 직전의 단계로서 일생을 통해 영향을 미치는 중요한 의사결정이다. 오늘날에는 개인의 사랑과 의사에 따라 자유롭게 배우자를 선택하므로 자신에게 적합한 배우자를 식별하는 지식과 성숙한 사고가 요구된다.

(1) 배우자 선택 이론

배우자 선택은 시대적 · 사회적 요인뿐만 아니라 인간의 주관적 감정에도 영향을 받으므로 하나의 통합된 이론으로 설명되기 어렵다. 이에 다음과 같은 다양한 이론적 접근이 제시되고 있다(정현숙 외, 2003; 최규련, 2007; Benokraitis, 2011; Eshleman & Bulcroft, 2010; Olson & Defrain, 1994).

① 동질혼 이론

일반적으로 사람들은 자신과 유사한 배경을 가진 사람을 배우자로 선택하는 경향이 있다는 입장이다. 동질론(homogamy)은 외모, 교육 수준, 가치관, 생활방식, 취미 성향, 흥미와 태도 등이 유사한 사람과의 결혼을 의미한다. 이는 인종, 국적, 신분, 사회계층, 지역, 종교가 같은 집단 안에서 배우자를 고르는 내혼(endogamy)과 혼용되기도 한다. 나아가 지적 능력, 인생 목표, 경제관, 역할 기대, 권력 분담, 자녀관, 생활리듬이 유사한 사람끼리의 결혼 경향도 포함된다. 유사한 가치관과 생활양식은 배우자 선정 과정에서의 갈등 발생을 줄이고 유사한 사회적 배경이나 속성은 상대방과 만날 기회를 증가시켜 배우자로 선정될 가능성을 높이기 때문에 배우자 선택 과정에서 근접성의 원리가 작용됨을 알 수 있다. 실제로 우리나라 기혼가족을 대상으로 '현재 배우자와 만나게 된 경로'를 조사한 바에 의하면, 친구, 선후배, 동료 등의 소개(34.4%)와 부모 및 친척의 소개(32.8%), 직장에서 만남(11.8%) 등 가까운 사람들이 매개가 되고 있음을 알 수 있다(여성가족부, 2010).

② 교환 이론

교환 이론은 인간이 합리적으로 이득을 추구하는 존재이므로 배우자 선택 상황에서도 비용보다는 더 많은 이득을 얻으려 한다고 본다. 따라서 결혼의 기능과 유대를 적절히 보장하고 균형을 잡아주는 범위 내에서 본인에게 가장 많은 보상을 줄 수 있는 사람을 선택한다는 것이다. 비용과 보상에 대한 가치 기준은 시대와 문화에 따라 다를 수 있지만 대개 권력, 사회계층, 신체적 매력, 연령, 직업, 경제력, 학업 등이 교환될 수 있다. 그러나 자신이 제공할 수 있는 것이 많다고 생각하는 사람은 유사한 가치가 있는 자원이나 자질을 소유한 상대를 고르려 한다. 재벌가 간의 혼인 유형은 혼인을 통한 자원의 상호 교환을 보여주는 예이다.

③ 공평 이론

공평 이론은 교환 이론을 변형시킨 것이다. 이익이 되는 교환보다는 공정한 거래에 더 매력을 느끼므로 자신이 이익과 보상을 최대한 얻을 수 있을 뿐만 아니라, 공평하게 자원을 교환하고 보상을 주고받는다고 생각하는 상대방을 배우자로 선택하는 경향이 있다는 것이다. 배우자 선택에 있어 공정성의 판단에는 상대방의 가치를 어느 정도 인정하느냐 하는 심리적 요인이 작용한다. 어느 한쪽이 기울어진 배우자의 선택은 두 사람 모두를 힘들게 할 수 있으므로 상호 손해 없이 공평하게 주고받을 수 있다고 생각되는 사람을 배우자로 선택하게 된다.

④ 상보적 욕구 이론

사람은 서로 비슷한 사람보다는 자신의 부족한 부분을 채워줄 수 있는 보완적 특성을 가진 사람에게 매력을 느끼고 배우자로 선택한다는 것이다. 보완적 특성의 예로서 지배적-순종적, 외향적-내향적, 사교적-과묵한, 활동적-정적 등의 상반된 성향을 들 수 있다. 그러나 기본적인 인생관이나 가치관을 서로 공유하는 가운데 성격의 상호 보완을 추구해야 한다는 점에서 이 이론은 동질혼 이론과 상호 보완적인 입장을 취한다.

⑤ 여과망 이론

동질혼 이론이나 상보적 욕구 이론은 시간적 순서에 따라 관계가 진전되어 가는 배우자 선택 과정을 충분히 다루지 못한다고 비판하며 Kerckhoff와 Davis(1962)는 이 두 이론을 결합한 여과망 이론을 제시하였다. 여과망 이론은 시간의 흐름에 따라 남녀의 관계가 여러 단계를 거치며 발전하는 과정에서 배우자감이 걸러지고 최종적으로 한 사람이 배우자로 결정된다고 주장한다. 배우자 선택의 초기에는 근접성, 매력, 사회적 배경, 의견 일치 등의 동질적 측면이 중요하게 작용하고 이후 관계의 발전에는 상호 보완적 측면이 중요하게 작용한다고 본다.

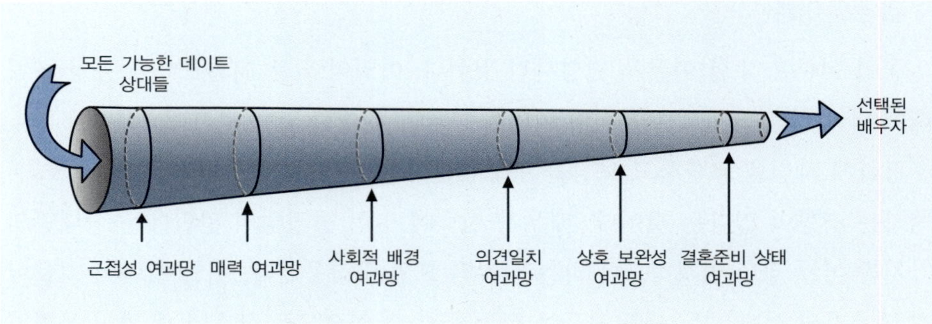

그림 3-1 여과망 이론

⑥ 자극-가치-역할 이론

Murstein(1980)은 여과망 이론과 교환 이론을 결합하여 배우자 선택이 세 단계를 거쳐 일어난다는 SVR 이론(Stimulus-Value-Role Theory)을 제안하였다.

첫 번째 자극 단계는 외적인 특성에 의해 상대방에게 매력을 느끼며 상호작용이 시작되는 단계이다. 상대방의 외모, 사회적 기술, 명성, 지적 능력 등이 공평하게 교환될 수 있는지 분석한 후 상호 느끼는 총체적 매력이 균형을 이루면 다음 단계로 발전한다.

두 번째 가치 단계는 상대방의 인생관, 성, 결혼생활에 대한 가치나 태도 등이 서로 공존할 수 있는지를 평가하며 상호 유사성이 느껴지게 되면 다음 단계로 넘어간다.

세 번째 단계는 역할 단계이다. 두 사람 모두 개인적으로는 이전 단계에서의 자극과 가치가 여전히 중요하다고 생각하면서도 두 사람이 하나의 단위로 기능할 수 있는지에 대한 관심이 높다. 즉, 부모로서 수행해야 하는 여러 가지 역할들(예 부부 역할, 부모 역할, 며느리 · 사위 역할 등)을 얼마나 적합하게 수행할 수 있는가를 판단하여 결혼으로 발전 또는 관계의 중단을 결정하게 된다.

(2) 배우자 선택 시의 고려할 점

배우자의 선택은 행복한 결혼생활의 전제조건이 되므로 중요한 선택의 하나이다. 우리나라에서는 배우자 선택 시 우선적으로 중요하게 고려하는 조건이 성격(43.6%), 경제력(소득 재산)(10.6%), 건강(9.4%), 직업(6.4%), 외모 등 신체조건(6.1%)의 순으로 높게 나타난다고 보고된 바 있다(여성가족부, 2016b).

배우자를 최종 선택하기 전에 고려해야 할 점을 살펴보면 다음과 같다(이기숙 외, 2009; 최규련, 2007).

- 배우자 선택에서 흔히 저지르기 쉬운 잘못을 피해야 한다. 결혼 결정을 너무 빨리 하는 것, 상대방을 즐겁게 하기 위해 배우자를 선택하거나, 결혼에 대해 비현실적인 기대를 갖는 것, 한쪽 혹은 양쪽 모두 중요한 성격적 또는 행동적 문제를 지니고 있는데, 이를 간과하는 것 등을 예로 들 수 있다. 이러한 잘못이 내포된 결혼은 갈등과 문제를 안고 결혼생활을 출발하는 것이므로 바람직하지 않다.
- 자신이 이상적으로 생각하는 배우자상을 분명히 알고 상대가 갖고 있는 배우자로서의 요건이 자신과 조화되는지를 판단한다.
- 서로가 상대방을 원하는지, 사랑과 관계를 지속할 수 있는지, 신뢰와 안정감을 느끼는지 등을 검토한다.
- 평생의 동반자가 될 상대 배우자의 약점, 부족한 점을 수용할 수 있고 단점을 보완해 주며 상대방의 성향을 격려할 수 있는지를 고려한다.
- 자신의 정서적 · 심리적 성숙 수준을 고려한다. 현실의 결혼생활을 건강하게 유지해 나가기 위해서는 자신이 먼저 건강하고 성숙된 사람이 되어야 한다.

- 주위 사람의 지지와 격려를 받는 배우자인지를 고려한다. 부모나 친지, 친구의 지지는 결혼생활을 지지해 주는 자원이 될 수 있기 때문이다. 주위 사람들의 배우자 선택 반대 이유를 객관적으로 검토하여 판단할 필요가 있으며, 만약 합리적이지 않은 이유로 반대한다면 설득하는 노력이 필요하다.

2. 함께 살기 : 결혼

1) 결혼의 의미

(1) 결혼의 정의

일반적으로 결혼은 성숙한 남녀가 법적 · 사회적 절차와 의식을 통해 결합을 인정받는 것으로 정의된다. 개인적 · 사회적 · 제도적 측면에서 결혼은 다음과 같이 포괄적으로 정의될 수 있다(김양희 · 이형실, 1997).

- 결혼은 상호 보살피고 함께 있음을 즐거워하며 영원히 삶을 함께 하고자 하는 두 사람이 추구하는 정서적 관계이자 상대방에 대한 성적 정숙이 요구되는 일부일처의 관계이다.
- 결혼은 결혼식 의례를 통한 공적 의식의 관계이다. 결혼식은 한 쌍의 법적인 결합에 앞서 결혼생활에 필요한 사회적 · 경제적 지원을 받는 데 도움이 된다.
- 결혼은 법적으로 반대의 성(한 남성과 한 여성)과 일정한 범위의 나이(남자 18세, 여자 16세 이상), 결혼상의 지위(어느 당사자도 다른 사람과 결혼관계에 있지 않다는)를 가진 사람들만이 맺을 수 있는 상호 책임의 관계이다.
- 결혼은 혼인신고를 통해 부부에게서 태어나는 자녀를 적출로 보장하는 관계

이다. 이로써 부모는 자녀를 보살펴야 하는 법적 책임을 갖게 되므로 자녀를 안정적으로 보호 · 양육하게 된다.

(2) 결혼의 의의와 동기

결혼에 대한 가치관이 변화되면서 전통적인 삶의 양식에서 벗어난 다양한 성인 생활의 양식이 나타나고 있다. 최근에는 결혼을 더 이상 '필수'가 아닌 '선택'으로 보는 사람이 증가하고 있다. 2019년 결혼의 필요성에 대한 조사 결과에 의하면 '결혼을 해야 한다.' 45.8%, '결혼을 할 수도 있고 하지 않을 수도 있다.'거나 '결혼할 필요가 없다.' 54.1%로 나타났고, 결혼을 선택으로 보는 태도는 남자보다 여자에서 더 높게 나타났다. 이러한 경향은 지속적으로 증가하고 있어 비혼화 경향이 심화될 것으로 예상된다(한국청소년정책연구원, 2019).

표 3-1 결혼의 필요성

(단위 : %)

특성		결혼해야 함	결혼을 할 수도 있고 하지 않을 수도 있음	결혼할 필요 없음
전체	소계	45.8	47.9	6.2
성별	남자	51.4	44.4	4.3
	여자	39.7	51.9	8.4
연령별	만 15~18세	46.6	45.5	7.8
	만 19~29세	44.0	48.3	7.7
	만 30~39세	47.5	48.3	4.2

출처 : 한국청소년정책연구원(2019). 청년사회 · 경제실태조사.

결혼을 선택하는 사람들이 독신보다 결혼이 낫다고 판단하는 배경으로는 첫째, 결혼이 갖는 본질적인 특성 또는 의의를 고려할 수 있다(김양희 · 이형실, 1997; 최규련, 2007).

- 결혼을 통해 부부는 친밀감과 성적 욕구를 충족하게 된다.
- 신체의 성숙, 정신의 자아 각성, 사회에서의 고독감은 부모로부터 독립하게 한다. 결혼은 부모에 대한 의존과 보호를 벗어나 이성을 좋은 공감자, 영원한 배우자로 선택하게 한다.
- 결혼은 가족을 새로 구성하여 독립생활의 주체자 또는 사회적 구성원으로 역할하게 하므로 인격적인 성장의 기회를 제공한다.

결혼 선택의 두 번째 배경은 여러 가지의 결혼 동기를 들 수 있다. 사람들이 결혼하려는 동기는 개인적 차원과 사회적 차원으로 나뉘어 제시된다(김양희 · 이형실, 1997; 이기숙 외, 2009; 최규련, 2007).

- **개인적 차원** : 삶의 동반자와 성숙한 사랑을 실현하고 합법적으로 성적인 욕구를 충족하며 경제적 협력과 안정을 유지하고 정서적 만족감과 안정감을 획득하려는 동기
- **사회적 차원** : 사회적 성인으로서 독립된 신분을 인정받고 사회에서 기대하는 성인의 지위를 획득하려는 동기

한편 두 사람이 함께 거주하고 사실상의 부부관계를 유지하지만, 법적으로 혼인신고를 하지 않은 상태에서 생활하는 동거(사실혼)와 결혼을 비교함으로써 결혼의 의의를 간접적으로 알 수 있다. 동거를 허용하는 인식이 높아지고 실제 동거가 하나의 생활 형태로서 증가하고 있지만 아직도 동거를 부정적인 시각으로 보는 일반인이 많다. 이것은 결혼을 통해 배우자 간에 보다 책임감 있는 관계, 사회적으로 지지받을 수 있는 관계가 유지될 수 있다는 점에서 결혼의 의미가 더 크기 때문이다.

표 3-2 동거와 결혼의 비교

비교 측면	동거	결혼
관계 특성 및 지속성	• 관계 유지의 강력 요인은 서로에 대한 애정과 몰입이다. • 함께 살면서 서로를 잘 이해할 수 있고 문제를 파악할 수 있으나 서로에 대한 책임감이 부족하다. • 동거의 기간이 상대적으로 짧고 일시적이다.	• 관계 유지의 강력 요인은 서로에 대한 몰입과 함께 결혼에 대한 책임감, 주변 사람들로부터의 지원과 압력이다. • 동거보다 지속 기간이 상대적으로 길다.
경제생활	• 경제적으로 상호 독립적이다. • 수입을 각자 관리하며 스스로를 부양한다.	• 전통적으로 남편에게 부양자 역할을 기대한다. • 맞벌이인 경우에도 경제적 독립보다 협력하는 경향이 있다.
개인의 지위	• 두 사람 간의 관계에 국한되므로 동거에 의한 개인생활의 중요 지위 변화가 공식적으로 인정되지 않는다.	• 두 사람의 생가(生家) 사이에 사회적으로 구조화된 관계가 형성되므로 공식적으로 개인의 지위가 변화된다.

출처 : 이기숙 외(2009). 결혼의 기술(2판), 정현숙 외(2003). 결혼학.

표 3-3 동거에 대한 태도

(단위 : %)

구분		계	동의	전적으로 동의	약간 동의	반대	약간 반대	전적으로 반대
남녀가 결혼을 하지 않더라도 함께 살 수 있다	전체	100.0	48.0	9.5	38.5	52.0	29.4	22.6
	남자	100.0	50.7	10.8	39.9	49.3	28.9	20.4
	여자	100.0	45.3	8.1	37.1	54.7	29.9	24.8
결혼하지 않고도 자녀를 가질 수 있다	전체	100.0	24.2	4.5	19.7	75.8	34.5	41.3
	남자	100.0	26.7	5.1	21.6	73.3	34.9	38.4
	여자	100.0	21.9	3.9	17.9	78.1	34.0	44.1

출처 : 통계청 보도자료(2016). 2016년 사회조사 결과(가족, 교육, 보건, 안전, 환경).

2) 결혼 준비

(1) 결혼 적령기

20대 전에 결혼하는 조혼 현상으로 결혼 적령기가 낮았던 전통 사회에 비해 현대 사회에서는 35세 이상에서 결혼하는 만혼 현상이 증가하고 있다. 그러나 결혼에 적합한 연령은 개인적으로 준비가 되었을 때라고 할 수 있다(정현숙 외, 2003).

최근 20년간의 우리나라의 초혼 연령을 살펴보면, 남성은 27.79세에서 33.37세로, 여성은 24.78세에서 30.59세로 점차 높아졌다. 남녀 모두 초혼 연령이 높아진 것은 경제적 · 정서적으로 안정된 기반 위에서 결혼생활을 시작하려는 경향을 반영하는 것이다.

표 3-4 평균 초혼 연령의 변화 (1990~2019년)

(단위 : 세)

성별	1990	2000	2009	2019
남	27.79	29.28	31.61	33.37
여	24.78	26.49	28.71	30.59

출처 : 통계청(2011b). 전국(시도별) 평균초혼연령. 통계청(2020a). 2019년 혼인 · 이혼 통계.

(2) 결혼 준비

행복한 결혼생활을 위해서는 결혼의 환상에서 벗어나 결혼생활에 대해 현실적으로 인식하고 준비하여야 한다. 결혼생활에 의한 다양한 변화에 적응할 수 있도록 결혼 준비 시 고려해야 할 것은 다음과 같다(최규련, 2007).

먼저 개인적 측면에서 결혼 당사자는 자아정체감, 책임감, 부모로부터의 심리적 · 경제적 독립성을 확립하여야 한다. 관계적 측면에서는 결혼 당사자 간의 애정도가 높은 상태에서 상대방에 대한 파악을 충분히 함으로써 관계의 지속적인 성장을 도모하도록 한다. 또한 생활 측면에서의 결혼 준비를 위해서는 결혼 당사자들 각각이 결혼생활에 헌신하겠다는 의지와 양가가족에 대해 적응하려는 의지가 있어야 한다. 관련하여, 최근 결혼식에 앞서 실제 동거하거나 결혼 이후 바로 혼인신고를 하지 않고 일정 기간이 지난 후 혼인신고를 하는 경우가 증가하고 있음은 개인적 및 관계적 측면에서의 주관적인 판단이나 생활 형편이 결혼 준비에서 중요시된다는 것을 시사한다(이소영 외, 2018).

3) 결혼의식

결혼의식(marital ritual, 結婚 儀式, 結婚 儀禮)은 두 남녀의 결합을 완성하는 형식이다(배영기 · 손남숙, 1977). 결혼의식을 통해 부부가 된다는 것을 공식적으로 알리고 혼인신고를 하면 부부관계를 법적으로 공인받게 된다.

(1) 혼수 준비

전통적으로 여성은 결혼 과정에서 남성과의 결혼 댓가로 혼수를 준비해 왔다(정현숙 외, 2003). 외국의 경우도 집안 살림에 필요한 각종 도구나 현금을 주기는 하지만, 우리나라의 혼수 문화는 오늘날에도 결혼을 집안 대 집안의 결합으로 보고 가문과 경제적 능력의 과시, 체면 유지, 자식을 통한 대리만족이나 보상을 얻으려는 심리와 맞물려 있다. 그러나 점차 결혼이 사랑과 믿음을 근거로 한 선택적 결합이나 인격과 인격의 결합으로 인식되고 있다는 점에서 과다한 혼수 준비는 바람직하지 않다.

우리 사회에서 혼수 문화의 실태를 살펴보면 다음과 같다(여성가족부, 2010; 정현숙 외, 2003; 한국보건사회연구원, 2012, 2015).

2012년 총 결혼 비용은 남성이 약 7,500만 원, 여성이 약 5,200만 원으로 2000년의 남성 약 5,400만 원, 여성 약 2,500만 원에 비해 크게 증가하였다. 이 같은 결과는 신혼집 마련에 대한 부담이 커지고 있고 최근 웨딩산업의 확장으로 인한 혼수 비용의 상승세 때문인 것으로 보인다.

남성의 총 결혼 비용이 여성에 비해 높고 결혼 당사자의 부담 비용 역시 약 2,900만원으로 여성의 약 2,100만 원보다 높은 것은 신혼집 마련 비용을 여성보다 더 부담하는 경우가 여전히 많기 때문인 것으로 보인다. 특히 주거 비용을 포함한 혼인 비용에 대한 부담은 최근 크게 증가하고 있다. 주거 비용이 부담되었다는 응답은 1998년 이전 혼인 코호트 중에서는 38.8%였으나 2014년에서 2018년 사이 결혼생활을 시작한 혼인 코호트 중에서는 54.4%에 달하는 것으로 나타났다(이소영 외, 2018). 주거비의 부담 증가는 신혼 주거비 마련을 위한 대출 부담의 증가로 이어져 월세 등 주거의 안정성이 떨어지고 혼인 비용 증가로 인한 미혼 청년들이 혼인을 미루거나 하지 않는 주요 원인으로 작용할 것으로 보인다.

남성에 비해 여성은 혼수 비용 부담 항목 중에서 신혼살림(57.7%) 마련을 위한 지출의 부담이 가장 크다고 조사되었다. 혼수는 새로운 결혼생활에 대한 기념과 생활용품의 마련 및 선물이어야 한다. 혼수 문화에 대한 사회적 인식의 재정립과 함께 결혼 당사자들 스스로 혼수 문화에 대한 건전한 인식을 가지고 부당한 요구나 간섭을 배제하는 태도를 가져야 할 것이다.

(2) 결혼식과 신혼여행

전통의례에서 결혼은 '혼인', 결혼식은 '혼례'라는 용어로 사용되었다. 혼례는 부부가 되는 의식이며 한 개인이 일생을 통해 거쳐 가는 통과의례의 하나이다. 우리나라 혼례의 과거와 현재를 살펴보기로 한다(이기숙 외, 2009; 정현숙 외, 2003; 최규련, 2007).

전통혼례는 흔히 조선 중기부터 채택되어온 반친영제(反親迎制)를 가리킨다. 반친영제는 신랑이 신부집에 가서 혼례를 치르고 신부집에 단기간 머문 후 신부를 데리고 본가로 가는 혼례이다. 그 절차는 의혼, 납채, 납폐, 친영, 신행과 폐백의 순서로 이루어진다.

의혼(議婚)	중매인을 통해 자녀의 혼처를 부탁하여 중매가 들어오면 당사자의 됨됨이를 알아보고 결혼 당사자들은 서로 얼굴을 보지 못한 채 허혼 여부가 양가 부모에 의해 결정된다. 신랑집에서 신부집으로 청혼서를 보내면 신부집에서는 허혼서를 보낸다.
납채(納采)	신랑집에서 신랑의 사주(태어난 연월일시)와 택일을 청하는 납채문을 황색 보자기에 싸서 신부집에 보내면 신부집에서는 신랑과 신부에게 좋은 혼인날을 정하여 그 날을 적은 종이 '연길'을 신랑집에 보낸다. 사주와 혼인 날짜를 보내고 받을 때는 사당에 고한다.
납폐(納幣)	보통 혼례일 전날 신랑집에서 신부용 혼수(봉채), 혼인성사에 대한 감사편지인 혼서를 신부집에 보내는 것이다. 혼서는 신부가 일부종사의 의미로 일생 동안 간직 후 죽을 때 관속에 넣어갔다.
친영(親迎)	신랑이 신부집에 가서 혼례를 치르고 신부를 찾아오는 의례이다. 신랑이 백년해로 서약의 징표로 신부 어머니에게 기러기를 드리는 전안례(奠雁禮)→신랑 · 신부가 맞절하며 상대방에게 백년해로를 서약하는 교배례(交拜禮)→신랑 · 신부가 술잔을 나누어 마시는 의례로써 부부로서의 화합을 의미하는 합근례(合巹禮)의 순서로 진행된다.
신행(新行) · 폐백(幣帛)	신랑과 신부가 신랑집으로 가는 것이 신행이다. 신부 측 남자 어른을 상객으로 혼수 예단 · 폐백음식을 가지고 가는 사람이 동행한다. 신랑집에 도착하면 대추와 밤(다산 · 풍요의 의미) · 마른안주 등을 차려놓고 시부모와 시댁식구들에게 처음으로 인사하는 폐백을 드린다.

오늘날의 혼례는 전통혼례와 서구의 혼례가 절충된 형식이다. 일반적인 결혼식 절차는 다음과 같다.

결혼식 전	• 양가의 부모로부터 결혼 허락을 받으면 양가의 직계가족이 만나 상견례를 하고 결혼 날짜를 정한다. 결혼식 장소로는 예식장, 회관, 호텔, 종교시설, 강당, 야외 등이 다양하게 활용된다. • 보통 친구나 동료를 결혼식 사회자로 평소 알고 존경하는 분을 주례로 위촉한다. 청첩장은 결혼을 진심으로 축복해 줄 사람에게 보내도록 하고 결혼식 일주 전에 도착하도록 한다. • '함들이 행사'는 전통혼례의 납폐 형식으로 사주 · 혼서지 · 예물 넣은 함을 신랑친구가 신부집에 지고 가면 신부집에서는 잘 대접하는 것이다. 지나치게 함 값을 요구하거나 함 값 실랑이를 벌이는 것은 비난을 받을 수 있다. 최근에는 함들이 행사를 생략하거나 신랑이 함을 들고 들어가는 경우도 있다.
결혼식	• 개식 선언→주례 소개→신랑 입장→신부 입장→신랑 · 신부 맞절→혼인서약→성혼 선언→주례사→축가→신랑 · 신부 내빈께 인사→신랑 · 신부 행진→기념촬영의 순서로 진행된다. 표준화된 식순에 따라 소요되는 시간은 보통 20분 내외이다. 대개 결혼식 비용은 신랑과 신부가 반씩 부담한다. • 신부 보호자가 신랑에게 신부를 넘겨주는 것, 순결을 상징하는 신부의 흰색 드레스, 남성 주례자 등은 전근대적인 서양 혼례를 모방한 것이다. 최근에는 신랑 · 신부의 동시 입장, 여성 주례자 또는 사회자 등장으로 평등 문화가 엿보이기도 한다.
결혼식 후	• 결혼식을 마치면 폐백실에서 폐백, 즉 신부 측에서 준비된 폐백용 음식을 차려놓고 신랑 · 신부가 신랑 측 부모와 친척들에게 큰절을 한다. 절 받은 시부모는 아들을 많이 낳고 잘 살라는 덕담을 하고 대추를 신부의 치마에 던지고 다른 친척들은 신혼여행비에 보태도록 현금을 준다. 최근에는 양성 평등 가치관에 의해 신부 측 식구들도 절을 받거나 폐백의식을 신혼여행 끝난 후 시부모 댁에서 치르는 경우도 있다. • 결혼식에 온 하객들에게 음식을 대접하는 피로연이 열린다. 음식점에서의 접대는 전통 사회의 혼인잔치에 비해 정성이 부족할 수 있으나 최근에는 결혼식장의 준비된 테이블에서 하객들이 바로 식사를 하도록 하는 접대도 증가하고 있다. • 신랑 · 신부는 폐백 후 옷을 갈아입고 피로연 장소에 나가 하객들 가까이에서 인사를 드린 후 신혼여행을 떠난다. 신혼여행은 부부 공동생활로의 전환을 용이하게 하고 정신적 · 신체적인 친숙과 성적 경험을 하게 함으로써 각자의 역할을 인식 · 적응하도록 돕는다. 신혼여행지에 도착하면 양가에 도착 인사를 하고 다녀올 때는 기념 선물을 준비하도록 한다.

그러나 혼례 절차의 실행 수준 조사(여성가족부, 2010)에 의하면, 약혼식은 10% 대로 감소하는 추세를 보인 반면, 폐백 · 신혼여행 · 피로연 · 신혼여행 후 양가집 인사 · 청첩장은 60% 이상, 함들이 · 스튜디오 촬영 · 답례품 등은 30~50% 수준에서 행해지는 등 점차 간소화하는 경향을 보이고 있다. 결혼식 절차에서도 2010년 이후 등장한 주례가 없는 개성 있는 결혼식의 비중이 증가하고 있다(나무위키, 2019).

(3) 결혼 문화의 문제와 개선 방향

한국 사회에서 전통혼례는 서구식 혼례의 유입으로 변화되어 오늘날의 혼례 모습을 갖게 되었다. 그러나 관행화된 결혼 문화 속의 문제점들은 결혼 과정뿐 아니라 결혼 후에도 갈등 요인이 된다. 또한 결혼의례가 결혼시장의 형성, 결혼을 통한 가족관계, 사회의 산업 구조뿐만 아니라 결혼지연과 저출산의 문제까지 파급효과를 가져온다는 점에서 혼례 문화의 문제 심각성에 주목해야 한다(보건복지가족부, 2009).

따라서 결혼 문화에 대한 개인적, 가족적, 사회적 차원에서의 반성과 개선 노력이 요구된다. 결혼 문화가 갖는 문제점, 개선 방향 그리고 개선을 위한 노력은 다음 [그림 3-2]와 같이 제안되고 있다(최규련, 2007). 그 구체적인 예로서 여성가족부를 중심으로 한 '작은결혼 문화' 확산 운동은 오랜 관행으로 굳어져 있는 고비용 혼례 문화 개선에 기여할 것으로 기대된다(여성가족부, 2016a). 최근 2030 밀레니얼 세대가 '결혼식 없는 결혼(노웨딩)', 스몰 · 셀프웨딩을 선호하는 경향이 늘고는 있으나 기존 일반 결혼식보다 호화스런 고비용의 결혼식이 되기도 하므로 인식의 전환이 함께 요구된다(이현진, 이수빈, 2019).

문제점

- 외현적으로 호화로우며 고급화되고 대형화된 결혼 문화 팽배
- 부계 중심적 가치관의 반영
- 획일화, 상품화, 세속화된 결혼 절차
- 부모 의존적 또는 분수를 넘어서는 결혼 비용 마련

개선 방향

- 검소하고 실용적인 결혼 문화 정립
- 양성 평등적 가치관의 반영
- 개성적이고 결혼의 의미가 드러나는 상징을 살리는 결혼 절차
- 자력으로 분수에 맞게 결혼 비용 마련

개선 노력

- 개인 차원 : 결혼 당사자들의 건전한 결혼 문화 인식 및 실천적 결단
- 가족 차원 : 부모의 인식(예 예단으로 신랑부모에 대한 예우를 판단하려는 인식) 전환, 자녀가 행복한 결혼을 위한 심리적 준비와 태도를 갖도록 도움
- 사회적 차원 : 사회 구조와 가치관에서 양성 평등주의와 실용주의 확산(예 과시적 소비와 과다혼수에 대한 사회적 비판과 개선)

출처 : 최규련(2007, 재인용). 가족관계론.

그림 3-2 결혼 문화의 문제점, 개선 방향 및 개선 노력

Chapter 4

부부관계

부부는 가족의 기본적 · 중추적 구성 요소이며 부부관계는 가족 내의 기초를 형성하는 인간관계이자 가장 지속적인 관계로 개인의 삶을 형성하는 데 중요한 핵심적인 사회적 관계이다. 원만한 부부관계는 결혼의 전반적인 성공뿐 아니라 가족 구성원 전체의 삶의 질과 행복에 결정적인 영향을 미친다.

본 장에서는 부부 역할과 권력, 갈등, 의사소통, 적응 및 만족에 대해 살펴봄으로써 부부관계의 본질과 변화의 흐름에 대한 이해를 돕고 평등하며 친밀한 부부관계 형성을 위한 기초 지식을 제공할 것이다.

1. 부부관계의 정의

부부관계란 성장환경을 달리하는 두 남녀가 결혼이라는 의식 또는 제도에 의하여 비혈연적으로 맺어지는 인간관계이다. 또한 개인이 남편과 부인으로서 경험하는 제일 중요하고 가장 밀접한 인간관계이며 생리적 · 심리적 및 사회적 욕구를 충족시키는 상호 보완적 관계이다(유영주 외, 2010). 동시에 가족제도는 물론 전체 사회의 구조 및 문화와 밀접하게 관련되는 사회적 관계이다.

Olson(1977)은 '부부관계란 두 사람만의 만족스러운 관계를 통해 풍요롭고 행복하며 질적인 결혼생활을 유지할 수 있는 남편과 부인의 관계' 로 정의하였으며, Mace와 Mace(1976)는 '부부관계란 생애주기에 따른 남녀 두 사람 간의 활발한 상호작용을 의미하는 것으로 한시적이거나 불변하는 것이 아니라 지속성을 지니고 계속해서 변화 · 성장하는 남녀 두 사람 간의 상호작용 관계' 라고 하였다.

부부관계는 세대의 결합관계를 보다 강조하는 전통 사회에서는 그 중요성이 간과되었으나 현대 사회에 이르러 산업화 · 도시화에 따른 핵가족화와 함께 개인주의 · 평등주의 가치관의 확산, 저출산 · 소자녀화와 고령화 등의 사회 변화에 따라 중요성이 대두되었으며 과거의 가부장적 가족에서의 부차적이고 종적인 부부관계로부터 상호 인격의 결합에 바탕을 두고 평등하며 동반자적 관계를 지향하는 부부관계로 바뀌고 있다(이경화 · 모지연, 2008).

부부는 긴밀한 애정을 바탕으로 서로 간에 인격적 조화를 이룸으로써 행복한 가정을 형성할 수 있기 때문에 결혼생활의 질이 가족관계에서 차지하는 비중은 매우 크다고 할 수 있다.

2. 부부 역할

부부의 역할이 무엇인가에 대한 규범적 정의는 시대와 사회에 따라 변화한다. 남편이 가족의 부양 책임자로서 직업에 종사하고 부인은 가사와 자녀 양육을 전담하는 이른바 엄격한 성별 분업은 산업혁명 이후부터 오늘날까지 전형적인 부부역할의 근거로 작용하였다. 그러나 취업하는 주부와 가사에 참여하는 남성이 증가하고 있는 현상은 분리되었던 부부 역할이 기능적으로 융통성 있게 조정되거나 공유되는 방향으로 재구성되고 있음을 시사한다(임인숙, 1997).

1) 부부 역할과 성 역할

역할(role)이란 어떤 개인이 차지하고 있는 특정한 사회적 지위 또는 위치와 결부되어 타인으로부터 기대되는 일련의 행동 유형을 말한다(최외선 · 유향기, 1985). 마찬가지로 부부 역할이란 결혼에 의해 획득하게 되는 지위, 즉 남편 또는 부인으로서 사회적으로 기대되는 행동 유형을 말한다.

부부 역할은 결혼생활에서 상호 동반자로서의 책임과 권리를 충족시키는 행위로서 부부 각자의 역할 수행 정도에 따라 한 가족의 행복이 좌우되고 나아가 사회에 중요한 영향을 끼치게 된다. 한편 부부간의 역할 기대의 차이는 부부간 갈등의 근원이 될 수 있으며 역할 기대 간의 차이가 크면 결혼생활 적응에 어려움을 경험하게 된다.

성 역할(gender role)이란 남녀에 따라 행동양식이나 태도에 있어 적절한 것으로 규정한 문화적 기대치를 의미한다(Anderson, 1983). 즉, 개개인이 속한 문화권에서 남성 · 여성에게 기대하는 일체의 행동 기준을 말한다. 성 역할은 각 문화마다 다르고 동일한 문화권 내에서도 시대에 따라 변화한다고 본다.

부부 역할은 남성과 여성의 성 역할 태도에 따라 달라지는데, 성 역할 태도는 남성과 여성의 할 일은 엄격히 구분되어야 한다는 전통적 성 역할 태도와 여성과 남성의 일이 뚜렷이 구분되지 않는다는 평등적 또는 근대적 성 역할 태도로 나뉜다.

2) 전통 사회의 성 역할과 부부 역할

전통적인 사회의 남녀의 성 역할 기대는 양극으로 분리된 남성성 · 여성성을 남녀가 각각 소유해야 한다는 성 역할 개념에 따라 남성의 경우는 이성적이고 논리적 · 적극적 · 주도적 · 진취적이며 강하고 독립적이어야 한다고 기대되었다. 또한 사회적이고 외향적이며 강한 신념과 의지력, 자립심과 추진력을 가져야 한다고 요구되었다. 그러나 감수성이나 모성애적 역할에 대한 기대는 없었다. 반면 여성의 경우는 순종적, 비공격적이고 의존적이며 감정적이어야 한다고 기대되었다. 즉, 감상적이며 타인의 감정에 민감하고 이해심이 많으며 성숙함과 온화함, 친절과 부드러움을 지닐 것이 요구되었다(Strong & DeVault, 1994). 가정 내에서의 성 역할 기대 또한 여성은 자녀 양육 및 가사를 담당하는 것이며 남성은 생계부양을 위한 직업 활동과 바깥일을 할 것으로 기대되었다. 그런데 농경 사회에서의 여성의 역할은 자녀 양육 및 가사뿐만 아니라 생산 활동까지 포함되었으나, 산업 사회로 들어서면서 여성의 역할은 자녀 양육과 가사 활동 그리고 가족 구성원에 대한 정서적 지원으로 제한되었다(Tilly & Scott, 1978).

Parsons(1955)는 가정생활을 유지하기 위해서 필요한 활동, 예를 들어 생계유지, 자녀 양육, 가사 활동 등을 부부가 어떻게 분담하는가에 대해 역할 분화(role differenciation)라는 개념을 통해 크게 두 가지, 즉 수단적 역할(instrumental role)과 표현적 역할(expressive role)로 나누었다. 그는 남편의 역할은 수단적 역할이며 부인의 역할은 표현적 역할이라고 하였다. 수단적 역할이란 과업수행, 문제해결, 직업 종사 등을 통하여 가족 간의 균형을 유지하고 대외 목적에 바람직한 관계를 수단적으로 수립하는 역할이며, 표현적 역할은 가족 구성원 내의 통합관계의 유지 및 긴장 완화, 정서적 안정 등의 역할을 수행하는 것이다. Parsons의 부부간 역할 분화에 대한 규정은 역할 분리가 가족생활의 효율성을 증가시키고 상호 간의 필요성을 강화시킨다는 기능주의적 관점에 따른 것으로 기능주의 이론에서 비롯된 역할은 사회와 밀접한 관계를 맺고 있기 때문에 시대적 · 문화적 배경에 따라 그 기대나 수행 혹은 인지의 양상이 변하게 된다(최외선 · 유향기, 1985).

3) 현대 사회의 성 역할과 부부 역할

오늘날 핵가족화, 여성의 교육 수준 향상 및 경제 활동 증가, 남녀 평등사상의 확산, 자녀 수의 감소 및 고령화, 개인적 성취의 추구 등으로 대표되는 사회 변화의 흐름은 전통적인 부부 역할에 변화를 초래하였으며 성 역할에 대한 새로운 관점에서 양성적 시각의 필요성을 제기하였다. 즉, 모든 사람은 타고난 성별에 관계없이 남성적일 수도 있고 여성적일 수도 있으며 혹은 두 가지 특성을 함께 가질 수도 있다는 것이다(Strong & Devault, 1994). 양성적 특성을 공유하는 개인은 성 정형화된 사람들보다 효율적인 행동을 하고 개인적, 대인적 적응 과정이 보다 원만하며 정신 건강에도 좋다고 보고되고 있다(Peterson et al., 1987).

현대 사회에서의 남녀의 성 역할 기대는 남녀 누구든 남성성, 여성성의 두 특징을 모두 포함하는 양성성(androgyny)을 지녀야 바람직하고 어떤 일을 할 때 더 잘할 수 있다고 보는 견해가 확산됨에 따라 가정과 사회에서의 성 역할이 변화되고 있다. 양성성이란 사회의 성 역할 고정관념을 이루는 내용 중에서 바람직한 여성적 특성과 바람직한 남성적 특성이 결합하여 공존하는 것으로 기존의 성 역할에 얽매이지 않는 건강하고 적응적인 성격의 개념이다. 양성적인 사람은 남성적 혹은 여성적 특성만 지니고 있는 사람에 비해 훨씬 더 다양한 자극에 대해 보다 유연하고 적절한 반응을 나타낼 수 있으며, 그로 인해 사회적 환경에 효과적으로 대처할 수 있다. 양성성은 지금까지 명확하게 구분되어 왔던 여성은 가사 책임자, 남성은 생계 부양자로서의 전통적인 역할을 변화시키고 있는데, 오늘날 부부 역할의 주요 기능은 다음과 같다(고정자, 1999).

(1) 자녀 양육 및 사회화 역할

자녀 양육 및 사회화는 아동이 신체 · 정서 · 언어 · 사회성 및 인지적 발달을 이루고 독립된 인격체로 성장하도록 돕는 것으로 부부는 자녀가 자신을 사랑하고 존중하며 타인과 긍정적 관계를 맺고 사회와 더불어 살 수 있는 민주적이며 도덕적인 인간으로 길러야 한다.

(2) 친족관계 유지 역할

산업화, 도시화, 핵가족화에 따라 전통적인 친족의식과 친족 기능, 친족 간의 유대가 약화되고 친족 구조가 축소되었으나 부부는 주위의 친족과 원만한 관계를 유지하고 감정적 유대를 강화해야 한다.

(3) 공급자 또는 가정관리자의 역할

공급자의 역할은 가족 유지를 위한 가장 기본적인 역할로서 가정 경제에 필요한 재화나 용역을 생산, 교환하는 것이며 가정관리자의 역할은 가족의 복지를 위해 효율적으로 재화와 용역을 선택, 사용하는 것이다. 전통적으로 공급자의 역할은 남편, 가정관리자의 역할은 부인의 소관이었으나 현대의 부부관계에서는 역할 분담에 변화를 맞고 있다.

(4) 성적 역할

성적 역할은 부부간의 결합이나 만족에 중요한 요소로서 정상적 규범하에서 성적 욕구의 본능을 해결하고 자녀의 생산을 통한 종족 유지의 기능을 한다.

(5) 심리 치료적 역할

심리 치료적 역할은 현대 사회의 구조에 따라 새롭게 등장한 것으로 부부간 또는 부모-자녀 간에 대화나 상담을 통해 서로의 사고, 감정, 행동, 대인관계에서의 심리적인 고통과 부적응 등 다양한 문제들을 이해하고 긍정적 변화를 유도함으로써 원만한 가족을 유지하는 것이다.

(6) 오락 및 휴식의 역할

고도로 복잡하고 분주한 현대인의 생활에서 진정한 안식과 만족, 즐거움은 부부관계에서 충족시킬 수 있다. 휴식과 오락의 역할은 부부 중 어느 일방의 권유나 호소, 강제에 못 이겨서 하는 것이 아니라 부부가 함께 마음에서 우러나서 자발적으로 참여하고 분담하는 가운데 수행된다.

4) 부부간의 역할 변화 과정

부부간의 역할 변화 과정에 대해 Adams(1998)는 전통주의, 신전통주의, 평등주의로 구분하였다. Adams의 구분에 따라 시대 흐름에 따른 부부간 역할 변화 과정을 설명하면 다음과 같다(표 4-1).

(1) 전통주의

전통주의(traditionalism)는 부부간의 역할 구분이 엄격하여 남편과 아내가 각자 분리된 채 역할을 수행하고 서로의 역할에 관여하지 않는 것을 말한다(김태현 외, 2002). 전통주의는 과거 농경 사회에서 주로 나타났지만 남성 중심, 가부장적 가치관에서 탈피하지 못한 경우 오늘날의 사회에서도 나타난다.

전통주의에서의 부부간 역할 분화 유형은 역할 분리형으로 규정할 수 있다. 역할 분리형은 기능주의적 관점과 남녀의 신체, 기질적 특성 차이와 같은 생물학적 입장에 근거를 두고 남녀 간의 역할을 양분한다(조정문 · 장상희, 2001).

(2) 신전통주의

신전통주의(neo-traditionalism)는 산업화 과정에서 흔히 나타나며 부인의 경제활동과 사회적 역할을 경우에 따라 인정하지만, 남편의 가사 분담이나 가족 내 역할 보충은 나타나지 않는 것을 말한다. 즉, 남성 중심적 가치관은 기본적으로 변화하지 않는다(김태현 외, 2002).

신전통주의에서의 부부간 역할 분화 유형은 과도기형으로 규정할 수 있다. 과도기형은 전통 사회의 역할 분리형이 현대 사회의 역할 공유형으로 바뀌는 과정에서 나타난다. 과도기형에서는 여러 가지 부부 갈등이 생길 수 있는데, 주요 원인으로는 취업주부의 직장일과 가사일의 이중 역할 부담, 남편의 부적응, 부부간 성 역할 태도의 불일치, 성 역할 기대와 행위 간 불일치 등을 들 수 있다(조정문 · 장상희, 2001).

(3) 평등주의

평등주의(equalitarianism)는 남편과 아내가 부부이기 이전에 각자 성숙한 인격체로서 자신의 삶의 목표 및 능력에 따라 원하는 역할을 선택적으로 수행할 수 있는 것을 말한다(김태현 외, 2002).

평등주의에서 대표적인 부부간 역할 분화 유형은 역할 공유형(role sharing)이다. 이 유형의 부부는 가정생활에 필요한 대부분의 과제를 공동으로 책임지는데, 가족 부양 및 가사일 등 모든 역할을 부부가 공평하게 분담한다(조정문 · 장상희, 2001). 따라서 아내도 경제 활동과 사회적 역할을 수행할 뿐 아니라 남편도 가사 및 자녀 양육에 적극 참여한다.

표 4-1 부부간 역할 변화

구분	역할 유형	추세적 역할 분화 유형
원시수렵 채집 사회	평등주의	역할 공유형
농경 사회	전통주의	역할 분리형
산업 사회	신전통주의	과도기형
정보화 사회	평등주의	역할 공유형

♥ 우리나라 가정의 가사 분담 실태

통계청(2018)의 사회조사 결과에 의하면, 가사를 공평하게 분담해야 한다고 생각하는 사람은 2018년 59.1%로 2008년 32.4%보다 26.7%p 증가했다. 또한 같은 기간 가사를 부인이 주도해야 한다고 생각하는 사람은 38.4%로 66.5%에서 절반 수준으로 감소했다. 그러나 2018년 부부가 함께 살고 있는 가구 중 실제로 가사를 '공평하게 분담' 하고 있는 남편은 20.2%이고 부인은 19.5%로 2008년에 비해 10%p 이상 증가했으나 '공평하게 분담해야 한다.' 는 견해의 수준(59.1%)보다 여전히 낮은 수준이다.

가사 분담에 대한 견해 (2008년, 2018년)

(단위 : %)

구분	부인이 주도	부인이 전적으로 책임	부인이 주로하지만 남편도 분담	공평하게 분담	남편이 주도	남편이 주로하지만 부인도 분담	남편이 전적으로 책임
2008	66.5	6.7	59.8	32.4	1.1	0.9	0.2
2018	38.4	3.8	34.6	59.1	2.5	1.9	0.6

주 : 2008년 조사 대상은 15세 이상 인구, 2018년 조사 대상은 13세 이상 인구

출처 : 통계청. 「사회조사」.

가사 분담에 대한 실태 (함께 살고 있는 부부)

(단위 : %)

구분		부인이 주도	부인이 전적으로 책임	부인이 주로하지만 남편도 분담	공평하게 분담	남편이 주도	남편이 주로하지만 부인도 분담	남편이 전적으로 책임
2008	남편	89.4	33.4	56	8.7	1.9	1.4	0.4
	부인	89.5	35.7	53.8	9	1.5	1.2	0.3
2018	남편	76.2	21.9	54.3	20.2	3.7	2.9	0.8
	부인	77.7	26.9	50.8	19.5	2.8	2.4	0.4

주 : 부부가 함께 살고 있는 가구에서 19세 이상 남편과 부인만 응답

출처 : 통계청. 「사회조사」.

3. 부부 권력

전통적인 부부간 권력관계는 남편의 지위와 권위에 대해 아내가 존중하고 순종하는 종적 관계로 유지되었다. 그러나 현대 사회는 부부 각자가 하나의 인격체로서 상호성과 평등성의 원리에 입각하여 자발적으로 상호 협동하는 부부 중심의 민주적 부부관계가 확산되면서 부부간의 권력관계는 개별 가족 내에서 전략과 협상에 의해 결정되는 사항이 되었다.

1) 부부 권력의 개념

Weber는 권력을 타인의 반대에도 불구하고 자기의 의지를 실행하는 사회적인 관계 안에서의 개인의 능력이라고 하였다(MacDonald, 1980). 즉, 권력이란 타인의 행동을 변화시켜서 의도하는 결과나 바라는 목표를 성취할 수 있는 행위자의 능력이다.

부부 권력이란 부부간에 어떤 일에 따라서 상대방 배우자의 반대에도 불구하고 일에 관한 사항을 결정할 수 있는 능력(최외선 · 유향기, 1985), 또는 부부간의 공유된 목표에 갈등이 존재할 때 상대방의 행동에 보다 우월한 영향력을 행사할 수 있는 능력이라 할 수 있다(김홍은, 1986). 이러한 부부 권력은 부부 중 어느 한 사람의 개인적 속성이 아니라 상대적인 권력, 즉 권력의 균형 정도를 말한다.

2) 부부 권력 이론

부부 권력에 관한 이론으로는 Blood와 Wolfe의 자원 이론, Heer의 교환 이론 그리고 Rodman의 규범적 자원 이론 등이 있다. 이 이론들은 주로 부부 권력관계를 결정짓는 조건들, 즉 권력의 근원에 관해 설명하고 있다.

(1) 자원 이론

Blood와 Wolfe(1960)가 제기한 자원 이론(resource theory)은 부부 권력을 설명하는 데 가장 널리 적용된 이론으로 부부 중 한 사람이 가족에게 어떠한 자원을 얼마나 공급할 수 있는지에 따라 부부간의 불평등한 권력관계를 설명한다. 즉, 부부간의 권력관계가 남편과 아내 각자가 가지고 있는 자원의 양에 의해 결정되며 부부 중 한 사람의 자원이 많을수록 그의 권력이 더 커진다는 견해이다.

자원에는 교육 정도, 수입, 직업, 의사결정 능력, 개인의 매력도, 가정에서의 역할 성과, 동반자적 능력, 성생활 능력 등 다양한 종류가 포함된다. 이 중에서 교육 정도, 수입, 직업과 같은 경제적 자원은 물질적 기반으로써 개인별 차이를 형성하는 데 핵심적인 요소이며 자원 이론이 주목하는 요소이다(변화순, 2010). 그 이유는 개인이 투입하는 경제적 자원의 양이 많을수록 가족 내의 다양한 의사결정에 미치는 개인 구성원의 힘이나 영향력이 더 커지기 때문이다(조혜선, 2003; Blood & Wolfe, 1960).

(2) 교환 이론

Heer(1963)의 교환 이론(exchange theory)은 자원 이론에 교환 이론적 요소를 첨가하여 부부 권력을 설명하는 이론이다. 교환 이론은 사회적 관계에서의 상호작용을 설명하는 이론으로서, 권력관계를 끊임없는 인간행위의 교환 과정으로 보고 불평등 교환이 불평등한 권력관계의 형성을 초래한다고 본다(Scanzoni, 1979).

Heer는 부부 의사결정에 교환 이론을 적용하여 부부 중 한 사람의 자원이 부부관계에 더 많이 공헌하면 그는 대안적으로 더 유리한 위치를 갖게 되고 권력을 더 많이 가지게 될 것이라고 하였다(김홍은, 1986). 즉, 부부간의 관계에서 자원과 권력의 교환이 이루어지는데, 한 사람이 다른 사람에게 자원을 비용으로 지불하면 권력을 보상으로 받는다는 것이다.

(3) 규범적 자원 이론

Rodman(1972)은 국가 간의 비교 연구 결과, 문화적 규범이 권력 이론에 포함되어야 한다는 규범적 자원 이론(normative resource theory) 또는 문화적 맥락에서의 자원 이론(resource theory in cultural context)을 제시하였다. 이 이론은 부부간의 권력 구조는 교육 정도, 수입, 직업 등과 같은 부부간의 상대적인 자원뿐만 아니라 부부 권력에 관한 각 사회의 문화적 규범도 고려되어 결정된다고 주장한다. 즉, 부부 중에서 누가 권력을 가져야 하는지에 대한 사회의 규범적 정의가 누가 실제로 권력을 갖는지에 영향을 줄 뿐 아니라, 자원이 권력에 대해 가지는 영향력에 부수적 변인으로 작용한다고 한다(김홍은, 1986).

따라서 규범적 자원 이론에서는 남편이 아내보다 더 많은 권력과 결정권을 가지는 것은 남편이 아내에 비해 보다 많은 자원을 가지고 경제적 기여를 더 많이 하기 때문이 아니라 가부장적 가치관과 같은 문화적 · 규범적 요소로 인해 사회가 남편이 가지고 있는 자원에 대해 더 높은 평가를 하기 때문이라고 본다(조성연 외, 2009).

3) 부부 권력 유형

부부 권력이란 부부간의 목표에 갈등이 존재할 때 서로의 행동에 누가 더 영향을 주는가의 상대적인 능력이라 할 수 있으며, 이는 주로 의사결정의 지배라는 형태로 나타나므로 부부간 의사결정 방식을 통해 부부 권력의 유형을 살펴볼 수 있다. 부부간의 의사결정 방식은 가정 내의 여러 가지 의사결정 사항들을 주로 누가 결정하는가에 관한 것으로 권력행사의 한 측면이다.

Herbst(1954)는 가정생활을 가사, 자녀 양육 및 교육, 사회 활동, 경제 활동의 4개 분야로 구분하여 이들에 대한 결정권이 부부간에 어떻게 분배되는가에 따라 남편 지배형(husband dominance pattern), 부인 지배형(wife dominance pattern), 부부 자율형(autonomic pattern), 부부 공동형 또는 협동형(syncratic pattern)의 네 가지 일반적인 유형을 제시하였다. 유형별 특성은 다음과 같다.

첫째, 남편 지배형은 부부가 함께 하는 활동뿐만 아니라 부인의 활동 영역까지 모두 남편이 결정하는 유형으로 활동은 부부가 공동으로 또는 부부 각자가 할 수 있다.

둘째, 부인 지배형은 남편 지배형과는 반대로 대부분의 결정권을 부인이 가지는 유형으로 활동은 부부가 공동으로 또는 부부 각자가 할 수 있다.

셋째, 부부 자율형은 부부가 각자의 고유 영역에서 결정권을 가지는 유형으로 부부 각자가 자신의 일을 독자적으로 결정하고 활동도 개별적으로 이루어져 부부간의 역할 분리가 철저히 이루어진다.

넷째, 부부 공동형 또는 협동형은 주요 사항을 부부가 공동으로 결정하는 유형이다. 하지만 활동은 사안별로 부부 공동으로 혹은 부부 각자가 단독으로 하기도 한다. 각자 단독으로 활동하는 것은 역할의 성격상 기능적으로 분담하기 때문이며 부부가 대등한 관계를 가지고 협동적 · 분업적으로 활동하는 것이다.

이상의 네 가지 유형 중에서 남편 지배형과 부인 지배형은 남편 또는 부인이 어떤 일을 결정할 때 상대배우자에 비해 강력한 결정권이 있음을 의미하는 것으로 이 두 유형은 불평등한 부부 권력 구조라는 점에서 공통점을 가진다. 반면 부부 공동형과 부부 자율형은 부부간의 권력이 평등하다고 할 수 있는데, 두 유형의 차이는 부부 공동형이 대부분의 결정을 부부가 공동으로 하는 데 비해 부부 자율형은 남편과 부인이 결정에 대한 책임을 분리하여 각자가 다른 결정 사항에 대해 최종적 의사결정을 갖는다는 것이다. 즉, 부부 자율형은 성별 분업이 뚜렷하여 어떤 일은 남편에게 어떤 일은 부인에게 결정권이 일임되어 있어서 부부가 서로 상의하여 결정하는 일은 적으면서도 전체적으로 볼 때 남편과 부인에게 결정권이 골

고루 배분된다고 본다. 따라서 부부 자율형은 부부간 권력의 공유 영역보다 부부 각자의 영역이 더 많고 부부 공동형은 부부 각자의 영역보다 공유 영역이 더 많다(그림 4-1).

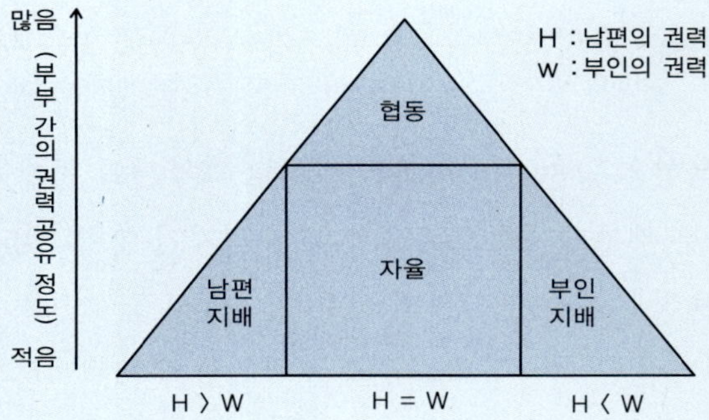

그림 4-1 부부의 권력 범위

♥ 우리나라의 부부간 의사결정 방식 조사 결과

여성가족부의 '2015년 가족 실태조사'에서 부부간 권력관계의 구조적 특성을 나타내는 의사결정 방식을 살펴본 결과, 전체 의사결정 영역(자녀 교육, 주택 구입, 투자 및 재산 관리, 생활비 지출, 배우자의 취업 및 직장 이동, 가사 등 집안일, 가족원 돌봄)에서 남편과 아내가 똑같이 결정한다는 경우가 평균 35.9%로 가장 높은 비율을 나타내었다. 그 다음은 대체로 아내가(26.6%), 주로 아내가(16.8%)의 순이었으며 대체로 남편이 결정하는 경우는 11.3%에 불과했다(여성가족부, 2015).

부부 의사결정 방식

(단위: 천 명, %)

구분	주로 남편이	대체로 남편이	남편과 아내가 똑같이	대체로 아내가	주로 아내가	해당 없음	전체
자녀 교육	731 (2.8)	1,185 (4.6)	9,437 (36.8)	7,928 (30.9)	4,789 18.7)	1,568 (6.1)	25,637 (100.0)
주택 구입	1,987 (7.7)	4,640 (18.1)	14,738 (57.5)	2,758 (10.8)	1,514 (5.9)	0 (0.0)	25,637 (100.0)
투자 및 재산 관리	2,145 (8.4)	5,194 (20.3)	11,190 (43.6)	4,631 (18.1)	2,478 (9.7)	0 (0.0)	25,637 (100.0)
생활비 지출	906 (3.5)	2,161 (8.4)	7,462 (29.1)	9,992 (39.0)	5,117 (20.0)	0 (0.0)	25,637 (100.0)
배우자의 취업, 직장 이동	3,032 (11.8)	6,086 (23.7)	13,263 (51.7)	1,899 (7.4)	1,357 (5.3)	0 (0.0)	25,637 (100.0)
가사 등 집안일	173 (0.7)	380 (1.5)	5,997 (23.4)	10,909 (42.6)	8,178 (31.9)	0 (0.0)	25,637 (100.0)
가족원 돌봄	223 (0.9)	662 (2.6)	8,406 (32.8)	9,634 (37.6)	6,688 (26.1)	25 (0.1)	25,637 (100.0)

주 : 1) 조사대상은 표본가구의 만 12세 이상 모든 가족구성원(개인)

2) 표본규모는 전국 5,018가구(가구원 총 10,912명)

출처 : 여성가족부(2015). 2015년 가족 실태조사 분석 연구.

4. 부부 갈등

부부관계에는 긍정적인 상호작용과 부정적인 상호작용이 공존하는데, 결혼생활에 보다 큰 영향을 미치는 것은 부정적인 상호작용이다. 부부 갈등은 부부관계에서 발생하는 대표적인 부정적 상호작용으로 친밀한 관계에서 일어나는 자연스러운 현상이지만 결혼의 질에 큰 영향을 미치는 요인으로 작용한다.

1) 부부 갈등의 개념

부부 갈등(marital conflict)이란 부부관계의 특성을 나타내는 개념으로 부부간 욕구의 상충과 목표 및 기대의 불일치로 인해 겪는 긴장을 말한다(이선미 · 전귀연, 2001). 부부 갈등은 친밀감, 의사소통 태도, 상호작용, 부부관계 만족도 등과 함께 부부생활의 질을 반영하는 주요 개념이다(이미숙 외, 2000).

부부는 각자의 성장 배경과 경험, 성격 특성이 달라 상호 적응에 어려움을 겪게 되는데, 이 과정에서 갈등이 발생하게 된다. 부부 갈등의 형태는 사소한 말다툼에서부터 정신적 · 물리적 폭력의 사용에 이르기까지 다양하게 나타나며 갈등의 기간도 일시적인 감정의 표출에서부터 장기간의 불화 등으로 다양하다(Fincham, 2003).

부부간 갈등은 가정생활 중 부부 사이에서 느끼는 긴장감이나 작은 말다툼으로 끝나는 경우가 많지만 부부간 갈등이 해결되지 않은 채 누적되거나 효과적인 갈등처리 방법을 찾지 못하는 경우에는 부부 사이의 신뢰와 믿음이 약해지고 부부간 긴장이나 불안이 점점 고조되어 결혼생활의 불만족뿐만 아니라 가족의 별거나 이혼과 같은 가정 해체 등의 사회적 문제를 일으키고, 그들의 자녀들에게도 부정적인 영향을 미치게 된다(김경미 · 김영희, 2009; 김민녀 · 채규만, 2006; Bowman, 1990; Gottman, 1994a; Kouros et al., 2008; Markman et al., 2001).

반면, 부부간의 갈등이 서로의 노력으로 원만히 해결되면 부부간에는 긴장이 제거되고 분노가 감소하며 실제 문제가 무엇이었는지를 보다 정확히 알게 되어 서로 간의 차이와 이해를 도모하게 되면서 유익한 관계로 발전하게 되는 긍정적 결과를 낳게 된다(김태현 외, 2002). 즉, 부부 갈등을 잘 해결하면 그 과정을 통해 효과적인 의사소통 방식을 발달시키고 문제해결 능력을 향상시킴으로써 오히려 관계 내의 성장을 조정할 수 있고 친밀감 증진에도 도움이 될 수 있다(Gottman & Krokoff, 1989).

2) 부부 갈등 유발 요인

부부 갈등은 갈등의 발생과 해결에 있어서 시간의 영향을 받는 과정적(process) 문제이다(고지영, 2008). 즉, 결혼 진입 연령, 결혼 기간, 자녀 출산, 역할의 변화, 자녀의 성장 단계(가족주기) 등 결혼생활 단계에 따라 여러 갈등 요인들이 작용하면서 갈등의 양상이 달라지고 전반적인 결혼의 질에 큰 영향을 미친다(천혜정 외, 2006; Bradbury et al., 2000; Gottman & Notarius, 2000; Umberson et al., 2005).

결혼생활에 영향을 미치는 부부 갈등의 유발 요인을 찾아보면, 역할기대의 차이, 의사결정 방식, 가사 분담, 성생활, 의사소통 방식, 가족 경제 상황, 자녀관계, 친인척 관계 등을 들 수 있다. 이를 개인적 특성, 부부관계 특성, 공동생활 특성 및 제삼자 특성 영역으로 구분하여 살펴보면, 먼저 개인적 특성에는 부부의 성격, 생활습관, 사고방식, 가치관 등의 차이로 인한 갈등이 포함되며, 부부관계 특성에는 부부간 역할 기대의 불일치, 의사결정 방식, 애정 및 성생활, 의사소통 방식, 배우자의 나쁜 습관(부정) 등으로 인한 갈등이 포함된다. 부부가 공동생활을 하면서 겪는 주택계획, 금전 관리, 여가생활, 가사 분담 등으로 인해 겪는 갈등은 공동생활 특성으로 구분되고 자녀 교육, 친인척 관계, 직장 등 부부 두 사람 이외의 관계로 인한 갈등은 제삼자 특성 영역으로 분류된다(이경희, 1998; 여성가족부, 2010, 재인용).

3) 부부 갈등 대처방식

갈등은 모든 친밀한 관계에서 필연적으로 동반하며 친밀한 관계를 잘 유지한다는 것은 갈등이 없어서가 아니라 수시로 발생하는 갈등을 어떻게 다루느냐에 달려 있다(Prager, 1991). 상호 의존적이고 친밀한 관계인 부부간의 갈등도 마찬가지인데, 부부 갈등은 갈등 그 자체보다는 갈등이 어떻게 관리되는가에 따라 갈등 후의 결과가 달라질 수 있기 때문에 부부 각자가 갈등에 대처하는 방식이 중요하다.

(1) Thomas의 갈등 대처방식

갈등 대처방식이란 갈등이 발생하였을 때 개인이 그 갈등 상황에 대응하거나 해결하기 위해 취하는 행동양식이다(김영희 · 정선영, 2007). Thomas(1976)는 대인관계의 갈등에 대한 대처방식을 제시하였는데, 그는 갈등에는 독단성 차원(assertiveness dimension)과 협력성 차원(cooperativeness dimension)의 두 가지 차원이 내포되어 있다고 보고 이 두 차원을 결합해 경쟁(competing), 회피(avoiding), 타협(compromising), 적응(accommodating), 제휴(collaborating)의 다섯 가지 갈등 대처방식을 제시하였다(그림 4-2). 독단성 차원이란 자신의 관심사를 충족시키려는 노력의 정도를 의미하고 협력성 차원이란 다른 사람의 관심사를 만족시키려는 노력의 정도를 의미한다.

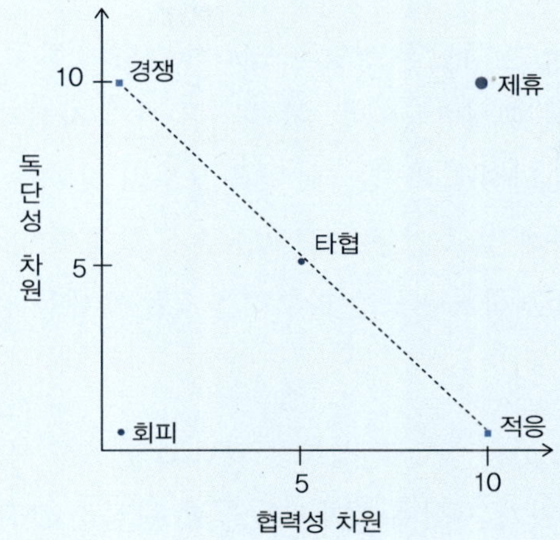

그림 4-2 Thomas의 대인 간 갈등 대처방식

① 경쟁

경쟁(competing)은 독단적 성향은 강하고 협조적 성향이 약한 갈등 대처방식이다. 이 방식은 자기 자신의 목적이나 결과에 대해서는 높은 관심을 가지지만 상대방의 욕구나 목적에 대해서는 낮은 관심을 나타낸다. 즉, 자신의 이익을 추구하기 위해서 상대방의 이익을 희생시키는 매우 이기적인 갈등 관리방식으로 경쟁적, 지배적, 강요의 행동을 보인다.

② 회피

회피(avoiding)는 독단적 성향과 협조적 성향이 모두 약한 갈등 대처방식이다. 이 방식은 자기 자신과 상대방에 대해 낮은 관심을 가지는데, 자신과 상대방의 이익 모두에 대해 무관심하다. 갈등 상황을 회피하거나 논의 자체를 거부하는 형태를 나타낸다.

③ 타협

타협(compromising)은 독단적 성향과 협조적 성향이 모두 중간 정도의 수준에서 조화를 이루는 갈등 대처방식이다. 이 방식은 자기 자신과 상대방의 목적이나 욕구에 대해 중간적인 관심을 가지는데, 양쪽 모두의 이익을 어느 정도 만족할 수 있는 해결책을 신속하게 찾고 갈등으로 인한 손실을 줄이기 위해 서로 반반씩 양보하거나 양쪽 모두 인정하거나 중간 타협점을 찾는 형태를 나타낸다.

④ 적응

적응(accommodating)은 독단적 성향은 약하고 협조적 성향이 강한 갈등 대처방식이다. 이 방식은 자기 자신에 대해서는 낮은 관심을 가지지만 상대방에 대해서는 높은 관심을 나타낸다. 즉, 자신의 욕구와 이익은 억제, 희생하면서 상대방의 욕구와 이익을 만족시키려는 이타적인 갈등 관리방식으로 자신의 의견은 쉽게 포기하고 타인의 주장이나 요구를 따라가는 형태를 나타낸다.

⑤ 제휴

제휴(collaborating)는 독단적 성향과 협조적 성향이 모두 강한 갈등 대처방식이다. 이 방식은 자기 자신과 상대방 모두에 대해 높은 관심을 가지며 갈등 당사자 모두의 이익을 충분히 만족시키기 위해 상호 간에 적극적, 협력적, 생산적으로 문제를 해결하려고 시도한다. 적절한 정보를 교환하면서 양쪽 의견이나 요구에 숨겨진 이해관계를 확인하고 최선의 대안을 찾기 위해 이슈를 파고드는 형태를 나타낸다.

(2) 학자별 부부 갈등 대처방식

Vuchinich(1987)는 가족 상호작용에서 반드시 갈등이 해결되지 않더라도 갈등을 종결시키기 위한 방법으로 복종, 타협, 무관심, 철회의 네 가지 방법을 사용한다고 하였다. Gottman(1994a)은 부부의 갈등 상황에 대한 종단실험 연구를 통해 건강하고 안정적인 결혼생활에 관련된 갈등 해결방식을 갈등 회피, 갈등 폭발, 합리적 갈등 해결의 세 가지 방식으로 나누었다. Kurdek(1994)은 Gottman의 실험 연구를 바탕으로 갈등 해결방식을 긍정적 문제해결 방식, 갈등 폭발, 갈등 회피, 순응으로 나누었다(표 4-2). Kurdek은 갈등 폭발과 갈등 회피, 순응은 부정적 해결방식으로 결혼 만족도에 부(−)적 상관을 갖는 반면, 긍정적 문제해결 방식은 결혼 만족도와 정(+)적 상관관계로서 결혼 만족도를 높인다고 하였다. 또한 김영희와 정선영(2007)은 Kurdek의 갈등 해결방식을 바탕으로 갈등 대처방식을 긍정적 문제해결, 갈등 표출, 갈등 회피, 철회의 네 가지 방식으로 분류하였으며(표 4-2), 구체적인 내용은 다음과 같다.

① 긍정적 문제해결

갈등 상황에 대한 긍정적 측면과 부정적 측면을 모두 고려하여 문제 자체를 해결하려고 노력하는 갈등 대처방식을 말한다.

예 부부싸움의 원인이 된 문제 자체를 해결하려고 노력한다.

② 갈등 표출

갈등 상황에서 갈등 상황 자체나 자신의 기분을 배우자에게 언어적 · 비언어적 방식으로 표출하는 갈등 대처방식을 말한다.

예 부부싸움 중에 아내(혹은 남편)에게 비난을 퍼붓는다.

③ 갈등 회피

갈등 상황이나 배우자를 회피하는 갈등 대처방식을 말한다.

예 부부 사이에서 갈등이 발생하면 남편(아내)은 아내(남편)와 멀찌감치 떨어져 행동하고 아내(남편)에게 관심을 두지 않는다.

④ 철회

자신의 입장이나 갈등 상황에 대해 설명하기를 거부하는 갈등 대처방식을 말한다.

예 부부싸움 중에 남편(혹은 아내)은 자신을 위해 옹호하고 싶은 의지가 없다.

표 4-2 학자별 부부 갈등 대처방식(Thomas의 다섯 가지 갈등 대처방식과 비교)

구분	Thomas (1976)	Vuchinich (1987)	Gottman (1994a)	Kurdek (1994)	김영희 · 정선영 (2007)
갈등 대처 방식	경쟁		갈등 폭발	갈등 폭발	갈등 표출
	회피	무관심, 철회	갈등 회피	갈등 회피	갈등 회피, 철회
	적응	복종		순응	
	타협	타협	합리적 갈등 해결	긍정적 문제해결	긍정적 문제해결
	제휴				

5. 의사소통

의사소통은 부부관계를 유지하기 위한 가장 중요한 요소이다. 효과적인 의사소통은 부부로 하여금 서로에 대한 이해의 폭을 넓히게 하고, 보다 더 개방적으로 상호작용하게 하며, 친밀감을 강화하여 행복한 결혼생활을 유지할 수 있도록 한다. 그러나 효과적인 의사소통은 저절로 되는 것이 아니므로 적절한 교육과 훈련을 통해 의사소통 기술을 배울 필요가 있다(방현주 · 이기숙, 2002; Olson et al., 1982).

1) 의사소통의 의의

의사소통(communication)이란 사람들 간에 생각이나 감정을 교환하는 총제적인 행위이다(국립특수교육원, 2009). 인간은 의사소통을 통해 자신의 생각과 느낌을 표출하고 상대방의 생각이나 의사를 파악하게 된다. 따라서 모든 인간관계에서 의사소통은 가장 핵심적인 기능을 수행한다. 부부관계에서 의사소통은 행복한 부부관계의 가장 중요한 요소로서, 부부 갈등이 의사소통 방식에 의해 좌우되며 갈등과 불화의 치유가 상호 간의 효과적인 의사소통 방식이 사용되어질 때 가능하다.

효과적인 의사소통은 부부 상호 간의 이해와 신뢰를 구축하여 친밀한 관계를 유지시켜 주지만 비효율적인 의사소통은 오해와 갈등을 야기하고 궁극적으로 부부관계를 붕괴시킬 수 있다. 그런데 효과적인 의사소통은 부부 모두의 의사소통 기술 수준에 달려 있기 때문에 어느 한쪽의 기술이 부족하거나 기술의 다양성이 결여되면 다른 한쪽의 기술 수준과 무관하게 부부간의 의사소통은 문제가 된다(Olson et al., 1982).

부부간 의사소통의 가장 큰 특징은 친밀성(intimacy)이다. 그러나 친밀성으로 인해 다양한 의사소통 문제들이 생겨나기도 한다. 따라서 부부간 의사소통은 겉으로 보면 매우 용이한 의사소통으로 비추어질 수 있지만 깊이 있게 들여다보면 매우 난해한 의사소통 상황이라고 할 수 있다(이두원, 2009).

2) 의사소통 행동

의사소통 행동이란 의사소통 과정에서 사용되는 관찰 가능한 언어적 · 비언어적 행동으로 여기에는 말, 표정, 시선, 몸짓, 자세, 준언어(paralanguage) 등이 포함된다(권윤아 · 김득성, 2008a). 비언어적 의사소통 행동은 정서를 전달하기 때문에 그 효과가 언어적 의사소통 행동만큼 강력한데(Noller & Fitzpatrick, 1993; Young & Long, 1998), 특히 경멸과 냉담은 비언어적 의사소통 행동을 통해 잘 전달된다.

의사소통 행동에는 자신의 감정이나 생각을 효과적으로 표현하고 인내심을 갖고 상대의 설명을 경청하는 긍정적 의사소통 행동이 있는 반면, 상호 비난하고 자신의 주장만을 고집하며 상대의 말을 건성으로 듣거나 무시함으로써 상황을 악화시키는 부정적 의사소통 행동도 있다(이두원, 2009).

(1) 긍정적 의사소통 행동

부부간의 부정적 감정이나 갈등을 완화하고 문제해결을 도우며 결혼 만족도를 높이는 긍정적 의사소통 행동으로는 자기주장과 경청을 들 수 있다. 자기주장은 자신의 생각이나 감정을 상대방에게 솔직하고 분명하게 나타냄으로써 자신을 상대방에게 잘 이해시키는 기술이며, 경청은 상대방의 말을 충분히 이해하기 위해 주의 깊게 듣고 들은 내용을 바꾸어 말하기 하며 이해하지 못한 부분은 질문을 통해 명료화하는 것이다(권윤아 · 김득성, 2008b).

(2) 부정적 의사소통 행동

부정적 의사소통 행동으로 Gottman(1994a)의 네 가지 역기능적 의사소통 행동, 즉 비난(criticism), 경멸(contempt), 방어(defensiveness), 냉담(stonewalling)을 들 수 있다. 이러한 행동들은 부부간의 효과적인 의사소통을 방해해서 갈등과 불화를 지속시키고 결혼생활을 파국으로 몰아가는 치명적인 영향을 미친다.

비난, 경멸, 방어 및 냉담은 순차적으로 나타나는데, 비난이 경멸을, 경멸이 방어를, 그리고 방어가 냉담을 유발한다(Gottman, 1993). 역기능적 의사소통 행동(표 4-3)을 구체적으로 살펴보면 다음과 같다(Gottman, 1994a).

① 비난

비난(criticism)이란 배우자에게 불만이 있을 때 배우자가 잘못한 구체적인 행동이 아닌 성격이나 인격, 능력 등 개인적 특성을 보편화, 일반화하여 공격하는 것이다. 비난은 무의식적으로 시작될 수 있고 억압된 분노를 표출하기 위해 사용될 수 있지만 너무 자주 비난하거나 상대 배우자가 비난에 예민할 때는 문제가 된다(권윤아 · 김득성, 2008a).

② 경멸

경멸(contempt)은 비난과 달리 모욕적인 의도를 가지고 배우자를 심리적으로 학대하는 것으로 배우자를 경멸로 대하면 상대 배우자는 방어하게 된다. 경멸은 결혼관계를 파괴하는 힘이 가장 강하며(Gottman, 1999) 경멸이 관계를 압도하게 되면 배우자의 긍정적인 특질들이 완전히 잊혀지게 된다.

③ 방어

방어(defensiveness)는 상대방의 공격을 피하고 자신을 보호하기 위한 모든 형태의 시도를 의미한다. 배우자에게 솔직하게 대하지 않고 내게는 문제가 없다는 태도로 끊임없이 자신의 무죄함을 변명함으로써 결국에는 배우자에게 잘못을 돌리는 은근한 반격이다. 부부 중 한 사람이 경멸의 행동을 하면 다른 한 사람은 방어적으로 반응하는데, 이것은 부부간의 의사소통을 방해하고 관계를 더욱 어렵게 만든다.

④ 냉담

냉담(stonewalling)은 침묵이나 무반응, 대화 상황에서 벗어나는 도피반응과 같이 배우자와의 의사소통을 회피하고 신체적 거리감, 정서적 무관심을 나타내는 것이다. 냉담은 부부간의 장벽을 쌓는 행동으로 비난에서 냉담으로 옮겨 가면 결혼생활이 실패로 끝날 위험이 높아진다.

표 4-3 Gottman의 역기능적 의사소통 행동(예)

구분	언어적 행동(예)	비언어적 행동(예)
비난	• "당신은 절대로~" 또는 "당신은 항상~"으로 시작하는 말 • 여러 불평불만을 몰아서 길게 늘어놓기 • 손가락질하면서 판결을 내리는 말 • 배우자를 못 믿겠다고 책망하는 것	• 손가락질
경멸	• 모욕하기 • 가시 돋친 말로 욕하기 • 적대적인 유머 • 조롱 투의 말 또는 빈정거림	• 코웃음 치기 • 입술 삐죽거리기 • 눈동자 굴리기 • 멸시하는 눈빛

구분	언어적 행동(예)	비언어적 행동(예)
방어	• 책임을 부인하거나 결백 주장하기 • 변명하거나 '당신도 마찬가지'라고 받아치기 • 배우자의 말을 무시하고 자기 입장만 되풀이해서 말하기 • 푸념하기	• 건성으로 듣기 • 거짓 미소 • 팔짱 끼기 • 다리 꼬기
냉담	• 방을 나가면서 "당신과 말하기 싫어. 당신은 항상 옳고 나는 항상 틀리지"라고 하는 말	• 굳은 표정으로 입 다물기 • 눈길 주지 않기 • 방(집) 나가기

출처 : Gottman(1994a).

3) 부부간 의사소통 행태의 5개 차원

건전하고 원만한 관계를 위한 부부간 의사소통 행태는 다양한 차원에서 접근될 수 있으나 여기에서는 개방적 태도, 문제해결, 의사표현, 경청, 피드백으로 구성된 5개 차원의 의사소통 행태를 살펴본다(이두원, 2009; Fitzpartrick & Ritchie, 1994).

(1) 개방적 태도

개방적 태도(open attitude)는 배우자에 대한 오해, 편견, 고정관념, 선입견 등에서 벗어나서 배우자와 배우자의 의사를 존중하고 배려하며 수용하려는 능동적인 자세를 의미한다. 수용은 배우자의 관점과 의견에 의해서 영향을 받을 생각이 있다는 것이다.

(2) 문제해결

문제해결(problem-solving)은 문제가 되는 상황을 객관적으로 인식하고 배우자와의 공감적 이해를 추구하며 배우자의 기대 사항을 확인한 후, 문제해결 방안을 함께 모색함으로써 문제 상황을 개선하고 배우자의 내적 변화를 유도하는 것이다.

(3) 의사표현

의사표현(expression)은 배우자에게 자신의 생각과 의견, 주장, 감정 등을 명확하게 전달하는 한편으로 배우자가 메시지를 적절한 맥락에서 파악할 수 있도록 전략적인 표현을 구사하는 것이다.

(4) 경청

경청(listening)은 배우자와의 대화에서 귀 기울여 듣는 것 이상의 소통행위이다. 즉, 배우자의 말을 적극적으로 파악하는 것뿐만 아니라 배우자의 비언어적 의사소통 행동(표정, 음성, 몸짓 등)에서 나타나는 섬세한 변화까지 감지하여 숨겨진 감정이나 메시지를 함께 읽는 것이다. 경청은 배우자가 의사표현을 지속할 수 있도록 배려하는 언어적 · 비언어적 행위와 자신이 이해한 내용에 대한 재확인 행위 등도 포함한다.

(5) 피드백

피드백(feedback)은 의사소통의 환류적 과정으로서, 자신의 의사표현 의도와 배우자의 반응을 비교 · 평가하여 차이가 있을 때 자신의 언어적 · 비언어적 반응과 의견을 수정 · 보완하고 배우자에게 다시 보내어 배우자가 메시지를 정확하게 이해할 수 있도록 하는 것이다.

6. 부부 적응과 만족

부부는 일상생활 속에서뿐만 아니라 부부 각 개인의 욕구와 흥미, 역할 기대와 가치관의 조화, 그리고 결혼 기간에 따라 끊임없이 변화하는 환경과 조건 등에서 다양한 적응 과정을 경험한다. 그리고 이러한 과정에서 부부 상호 간의 적응이 잘 이루어지면 부부관계는 만족과 안정을 찾게 되고 가족 전체의 행복으로 연결된다. 그러나 현대 사회의 고도화와 복잡한 분화로 인하여 부부간의 적응은 어려운 문제가 되고 있는데, 성공적인 부부 적응을 위해서는 무엇보다 부부 상호 간의 이해와 협력, 보완, 지지가 반드시 필요하다.

1) 부부 적응의 개념

적응이란 자신의 욕구 충족을 위하여 환경, 즉 자연환경을 비롯하여 집단 · 사회시스템 · 인간관계 등의 사회적 환경과 그 산물로서의 문화적 환경에 대하여 적합한 행동이나 태도를 취하며 조화를 이루는 것으로서 환경과의 관계에서 수동적으로 대응하는 것뿐만 아니라 적극적 · 능동적으로 대처하고 변화시키는 과정을 포함한다.

부부 적응이란 부부가 서로의 심리, 생리, 사회적 욕구를 충족시키기 위해 부부간 뿐만 아니라 부부를 둘러싼 외적 환경에 대해 상호 적응하는 관계를 의미하며 부부 만족, 부부 행복, 부부관계의 질 등의 용어와 혼용되어 사용되어지기도 한다. 강은령(1989)은 부부 적응을 결혼의 질을 측정하는 개념의 하위개념으로서 결혼 만족도나 결혼 행복이라는 말과 명백히 구분되지 않는다고 하였다. 그러나 부부 적응이 부부 적응관계에 영향을 미치는 여러 요인과 조건들 간에 조화를 이루어 부부간의 문제를 해결하는 과정적 측면을 보다 강조하는 개념이라면 부부 만족이나 부부 행복, 결혼 만족도 등은 결과적 측면에 좀 더 관심을 기울이는 개념으로 볼 수 있다.

한편 Spanier(1976)는 부부 적응을 조화롭고 기능적인 부부관계를 이루기 위한 필수적인 관계라고 전제하고 결혼생활에서 차이점, 배우자 간의 긴장감, 결혼 만족도, 부부 결합, 결혼생활에서 중요한 문제에 대해 합의하는 정도에 의해 부부 적응의 정도가 결정된다고 보았다(권정혜 · 최규만, 2000, 재인용).

2) 부부 적응을 돕는 인지 행동적 접근

인간의 신념 혹은 사고가 정서와 행동에 가장 큰 영향을 미친다는 점을 강조하는 인지 행동적 접근으로 부부 적응을 돕는 핵심 요소를 찾아보면 배우자에 대한 깊은 이해와 수용, 부부간의 대화기술과 문제해결 능력, 배우자 가족에 대한 대처, 만족스러운 성생활, 분노 조절을 들 수 있다(권정혜 · 최규만, 2000).

(1) 배우자에 대한 깊은 이해와 수용

부부생활에 가장 기초가 되는 것은 배우자에 대한 깊은 이해와 수용이다. 원만한 부부관계를 유지하기 위해서는 배우자 성격이나 남녀 간의 특성에서 비롯되는 행동양식의 차이를 정확하게 이해하고 이를 수용하는 것이 필수적이다.

(2) 부부간의 대화기술과 문제해결 능력

부부간의 대립이나 의견 차이를 상대방의 감정을 상하지 않으면서 표현하고 조정할 수 있는 능력이 있는 부부는 성공적인 결혼생활을 해나가게 되지만, 그렇지 못한 부부는 갈등이 심화되고 부부관계가 악화되어 이혼에까지 이를 수 있다.

(3) 배우자 가족에 대한 대처

결혼은 두 개인의 결합이기도 하지만, 양쪽 집안의 결합이라고도 볼 수 있다. 따라서 배우자 가족과 생활양식에 대한 적응은 부부 만족을 높이는 데 필수적인 과제이다. 즉, 배우자 부모 및 가족과의 관계를 원만하게 하고 가족 공동체 생활에 성공적으로 대처할 수 있어야 한다.

(4) 만족스러운 성생활

성생활은 부부간의 친밀감을 증진하고 결혼생활을 유지시키는 중요한 부분이다. 만족스러운 성생활을 통하여 의사소통을 촉진하고 감정의 교환도 이루어지므로 부부는 성적 만족을 통하여 신체적 만족뿐만 아니라 정서적인 만족도 얻는다(오종희, 2008). 그러나 성에 대한 그릇된 지식이나 무지로 인해 배우자에게 상처를 주고 만족스러운 성생활을 하지 못하는 경우가 적지 않다. 이를 방지하기 위해서는 성에 대한 기본적 지식과 정보를 알고 성에 대한 강박관념이나 불안을 떨쳐버리는 것이 필요하다(Hahlweg & Markman, 1998).

(5) 분노 조절

부부간에 원만하고 만족스런 결혼생활을 영위하기 위해서는 부정적인 분노나 공격적 행동을 조절하는 것이 중요하다. 분노는 신체적으로 표현되든 언어적으로 표현되든 배우자에게 심각한 상처를 주고 부부관계의 파탄을 가져올 수 있다. 그렇다고 분노를 전혀 표현하지 않고 마음속에 담아두는 것도 부부 적응에 도움이 되지 않는다(Gottman & Krokoff, 1989). 따라서 분노를 조절하고 적절하게 표현할 줄 아는 것이 중요하다.

3) 결혼 만족도의 개념

만족이란 일정한 목표나 달성에 대한 개인의 주관적인 감정 상태이며 결혼 만족도(marital satisfaction)는 결혼생활 전반에 대해 개인이 경험하는 행복, 기쁨, 즐거움, 만족 등의 주관적 감정 또는 일종의 태도로 정의된다(정현숙, 2001; Hawkins, 1980).

Olson(2002)은 결혼 만족도는 배우자 간의 결혼생활에 있어서 총체적인 행복감으로 효율적 가정 관리, 개인적 성격 및 습관의 조화, 대화와 이해의 정도, 갈등 해결의 정도, 재정적 상황, 협력적인 여가 활동에 대한 만족감, 사랑과 성적 만족, 상대방 책임에 대한 인지, 자신 및 배우자 부모와의 관계, 종교적 조화 등의 만족감을 포함한다고 하였다(김태현 · 박주희, 2005, 재인용).

결혼 만족도는 결혼에 대해 개인이 가진 기대를 충족하는 정도에 따라 결정되는 주관적 감정 상태이기 때문에 객관적 상황이 동일할지라도 개인이 중요시하는 영역에서 기대치를 충족하지 못하면 결혼 만족도는 낮고 중요하게 여기는 부분에서 기대치가 충족될 경우에는 결혼 만족도는 높게 된다(이여봉, 2010).

4) 결혼 만족도에 영향을 미치는 요인

오늘날 결혼의 주요 동기가 개인의 정서적 친밀감으로 변화하면서 결혼생활의 안정성보다는 부부간의 결혼 만족도를 추구하는 쪽으로 관심이 증가하고 있다. 이에 따라 결혼 만족도와 관련되는 요인들을 발견하고 그들과의 관계를 밝히려는 연구가 활발히 진행되고 있다. 그 중 주요한 몇 가지를 소개하면 다음과 같다.

(1) 부부의 성 역할 태도와 결혼 만족도

성 역할 태도는 가족생활주기를 통해서 모든 연령의 부부 적응 및 결혼 만족도에 관련되는 중요한 요인으로 부부간의 성 역할 태도가 일치하여 역할 갈등이 적으면 결혼의 질이 더 높고(Lewis & Spanier, 1979) 결혼 만족도가 증가한다.

많은 연구들은 성 역할 수행에 있어서 배우자 간에 전통적인 성 역할 고정관념에서 탈피한 양성적인 태도를 추구할 때, 즉 부부간에 평등한 역할 분담이 이루어지고 성에 따른 역할이 보다 융통성 있게 적용될 때 부부의 만족 및 가족의 복지가 최대한 달성되어질 수 있다고 한다(Olson & DeFrain, 1994; Rice, 1990).

부부의 성 역할 태도와 부부 만족과의 관계를 조사한 김태현과 박주희(2005)의 연구에서도 부인들과 남편들이 양성적인 성 역할 태도를 지닐수록 더욱 높은 수준의 부부 만족도를 경험하며 전통적인 성 역할 태도를 지닐수록 더욱 낮은 수준의 부부 만족도를 경험하는 것으로 나타났다.

(2) 부부 권력 유형과 결혼 만족도

부부 권력 유형, 즉 부부간 의사결정 방식이 결혼 만족도에 미치는 영향에 관한 선행 연구들을 살펴보면, 의사결정에 대한 합의 정도가 높은 부부가 합의 정도가 낮은 부부에 비해 상대적으로 갈등 수준이 낮으면서 만족도가 높다는 결과가 도출되었다.

Blood와 Wolfe(1960) 그리고 Coleman과 Straus(1990)는 남편과 아내가 동등하게 결정권을 공유하는 부부 공동형 부부가 갈등이 가장 적으면서 만족도가 제일 높은 것으로 보고하였다. 그러나 Centers와 그의 동료들(1971)의 연구에서는 부부 자율형 가족이 부부 공동형 가족보다 만족도가 더 높은 것으로 나타났다. 손현숙(1995) 또한 부부 의사결정 공동 참여가 부부 만족도에 영향을 미치는 것으로 보고하였다.

(3) 부부간 의사소통과 결혼 만족도

부부간 대화 시간이 길수록 부부간 일치도와 이해도가 높으며 부부간 의사소통은 결혼 만족도와 유의한 관계를 갖는 것으로 보고되는데(박혜경, 1992; 송시내, 1999; Rollings & Feldman, 1970), 의사소통이 효율적일수록 부부는 스트레스와 갈등을 덜 경험하며(김진희 · 김경신, 1998) 자기주장과 경청, 협상, 수용 등과 같은 긍정적 의사소통을 하는 부부가 비난, 경멸, 방어, 냉담과 같은 부정적 의사소통을 하는 부부보다 결혼 만족도가 높다(Gottman, 1994a; Yelsma, 1984). 또한 비언어적 의사소통 행동은 언어적 의사소통 행동보다 결혼 만족도와 더 강한 관계가 있다(Gottman et al., 1977).

(4) 부부 갈등과 결혼 만족도

부부 갈등은 결혼 만족도와 부(−)적인 상관관계에 있으며 결혼 만족도를 떨어뜨리는 가장 큰 요인이다. 따라서 결혼생활의 어느 한 영역이나 다양한 영역에서 갈등이 발생하면 결혼생활의 전반적인 만족도가 낮아진다.

국내 · 외의 수많은 연구 결과에 의하면, 결혼 만족도는 결혼 기간에 따라 다양하게 변화되어 U자형의 곡선적 관계를 나타낸다고 한다. 즉, 결혼 만족도는 결혼 초기에는 높으나 이후 점차 낮아져서 자녀들이 사춘기에 접어드는 결혼 중기에는 U자 형태의 바닥에 이르며 결혼 후기로 접어들면서 결혼 만족도가 다시 좋아진다는 것이다(김민녀 · 채규만, 2006; 오선주, 2002; Adelman et al., 1996; Atchley, 1992; Berry & Williams, 1987; Gottman & Levenson, 2000; Kurdek, 1993; Steinberg & Silverberg, 1987; Story et al., 2007; White & Booth, 1991). 이 같은 이유는 결혼 기간에 따라 부부의 발달과업이 다르기 때문인데, 결혼 중기의 결혼 만족도가 낮은 것은 자녀 양육에 투자되는 시간과 에너지가 증가하면서 상대적으로 부부 상호 간에 향하던 에너지는 감소하게 되어 부부간 갈등이 높아지기 때문으로 본다. 결혼 후기에 결혼 만족도가 높은 것은 자녀가 모두 성장하면서 자녀 양육에 대한 부담이 감소하고 직장에서의 경쟁 등이 줄어들었기 때문일 것으로 본다.

그러나 일부 연구들에서는 결혼 기간과 경제 수준이 깊은 정적 상관관계를 지닌다는 결과에 기초하여 결혼 후기로 갈수록 경제적으로 안정되기 때문에 결혼 초기보다 결혼 중기에 갈등이 더 적고 결혼 만족도가 더 높아진다고도 한다(김갑숙 · 최외선, 1992; 최규련, 1993; Orbuch et al., 1996). 또한 결혼 초기에는 부모역할의 준비, 일과 가족의 균형, 가정 경제의 계획, 친족과의 관계 등을 비롯하여 부부간에 해결해야 할 과제들이 많기 때문에 다른 시기보다 부부간 갈등이 자주 발생하고 결혼 만족감이 낮다고 주장하는 연구 결과들(김혜경, 1987; 유계숙 외, 2003; 조성경 · 최연실, 2006)도 있다. 한편 Blood와 Wolfe(1960)는 결혼 만족도가 결혼 초기에 가장 높고 결혼 기간이 길어질수록 감소하는데, 중년기에 이르러 가장 낮아진 상태로 노년기까지 지속된다고 하였다.

5) 결혼 만족도의 영향

결혼이 도구적 의존에 기초한 제도로서보다 정서적 관계로서의 성격이 짙어진 오늘날, 결혼에 대한 만족감은 부부관계를 유지하는 데 있어서 중요한 요건이다. 특히 부부는 시간이 지날수록 초기의 열정적인 관계보다 동반자로서의 관계가 뚜렷해지므로(Kail & Cavanaugh, 2007), 결혼 만족도를 높이려는 서로의 협조와 노력이 보다 절실하다.

만족스러운 결혼생활은 안정적인 부부관계를 가져올 뿐만 아니라 가족 기능의 안정적 바탕을 제공하고 효과적인 문제해결과 더 효율적이고 만족스러운 가족관계를 형성하게 한다. 반면, 불만족스러운 결혼생활은 갈등과 불화를 일으켜 부부 결합의 안정성을 손상하고(김민규 · 채규만, 2006), 배우자의 신체적 · 정서적 건강을 해치며 자녀의 행동과 정서에 심각한 문제를 야기하는 등 전체 가족 단위의 적응 능력과 효율적인 기능을 약화시키는 스트레스의 근원이 될 수 있다(양영숙, 2008; 최규련, 1989).

부부의 결혼 만족도는 부모의 양육 태도와 관련하여 자녀와의 관계에 중대한 영향을 미치는데, 결혼 만족도가 높으면 부모는 자녀에게 몰두하고 민감하게 반응하며 온정적이고 일관성 있는 양육 태도를 보일 수 있다. 또한 자녀도 부모와 안정된 애착을 형성하고 정서적 안정을 이룰 수 있다(채영문, 2009). 반면 부부관계가 부정적이고 결혼 만족도가 떨어지게 되면 양육 태도가 부정적으로 나타나 자녀의 정신건강 · 신체건강 등 복지에 나쁜 영향을 미치게 되고 아동 학대를 유발하게 되기도 한다(김광혁 · 김예성, 2008; 김현옥, 2006; Brown et al., 1998).

♥ 우리나라 부부의 부부관계 만족도 조사 결과

여성가족부가 전국 5,018 표본가구를 대상으로 한 '2015년 가족 실태조사'에서 부부관계에 대한 전반적인 만족도 수준을 살펴본 결과, 부부관계 만족 비율은 51.2%, 불만족 비율은 11.6%이었으며, 아내가 남편에 비해 보다 불만족하는 것으로 나타났다. 그리고 아내와 남편 모두 연령이 낮을수록, 학력이 높을수록, 가정의 경제적 수준이 높다고 지각할수록, 부부간 의사소통에 만족할수록, 자녀 돌봄 분담에 대해 만족할수록, 부부관계에 대해 보다 더 만족하는 것으로 파악되었다(여성가족부, 2015).

전반적인 부부관계 만족도 (T/F)

구분		남성			여성		
		N	평균	T/F	N	평균	T/F
연령	20대	52	4.02	27.731 ***	109	3.69	12.413 ***
	30대	599	3.77		673	3.44	
	30대	829	3.56		831	3.31	
	50대 이상	1,689	3.48		1,405	3.26	
	전체	3,168	3.55		3,018	3.33	
교육 수준	중졸 이하	603	3.39	46.846 ***	770	3.22	23.511 ***
	고졸	1,126	3.45		1,134	3.26	
	초대졸 이상	1,441	3.70		1,115	3.47	
	전체	3,171	3.55		3,019	3.33	
가족 소득	99만원	132	3.48	6.731 ***	61	3.07	5.014 **
	100~199만원	314	3.42		164	3.18	
	200~299만원	360	3.49		297	3.18	
	300~399만원	398	3.60		300	3.23	
	400만원 이상	649	3.67		626	3.41	
	전체	1,854	3.56		1,447	3.28	
의사 소통 만족도	불만족	444	2.76	620.502 ***	747	2.61	693.390 ***
	보통	1,316	3.35		1,135	3.23	
	만족	1,411	3.99		1,138	3.90	
	전체	3,171	3.55		3,019	3.33	
자녀 돌봄 분담 만족도	불만족	50	2.65	133.644 ***	223	2.67	137.076 ***
	보통	367	3.28		333	3.30	
	만족	565	3.95		342	3.83	
	전체	982	3.63		898	3.35	

주 : 1) 점수가 높을수록 만족도가 높음을 의미함(1점: 매우 불만족, 5점: 매우 만족)

2) ***p<.001, **p<.01, *p<.05.

3) 표준화 가중치를 적용하여 분석한 것임

출처 : 여성가족부(2015). 2015년 가족 실태조사 분석 연구.

Chapter 5

부모-자녀 관계

부모는 아동 발달을 위한 일차적인 환경으로 아동이 한 문화에서 반드시 습득해야 할 보편적인 습관, 기술, 행동, 가치관을 발달시키게 도움을 주고 심신이 건강한 성인으로 성장하는 데 결정적인 역할을 담당한다. 과거에 부모-자녀 관계는 부모가 자녀에게 영향을 미치는 한 방향으로 여겨졌으나 최근에는 자녀 또한 부모-자녀 관계에서 능동적인 참여자로 상호 영향을 주고받는 양방향으로 인식이 바뀌었다.

본 장에서는 부모 됨의 의미, 부모 역할의 변화 및 특성, 부모 양육 태도 및 행동, 현대 사회에서의 아버지 역할, 부모-자녀 간의 의사소통, 바람직한 부모 역할에 대해 살펴볼 것이다.

1. 부모 됨의 의미

과거에는 결혼을 하고 자녀를 가짐으로써 가계를 계승하는 부모 됨은 성인기의 정상적인 발달과업이며 당연한 의무 중 하나로 여겨졌었다. 그러나 현대에 이르러 자녀를 출산하고 부모가 되는 일을 필수가 아닌 선택으로 여기는 경향이 있다.

그럼에도 불구하고, 대부분의 부부는 자녀를 낳고 부모가 되는 일을 자연스러운 과정으로 받아들인다.

부부가 자녀를 가짐으로써 성인의 지위를 부여하는 역할을 하고 남편이나 아내로서 그리고 부모로서의 정체감을 확립하게 된다. 부모가 되는 동기 유형은 크게 숙명적 이유, 이타주의적 이유, 자기도취적 이유, 도구적 이유로 구분되며 구체적인 내용은 〈표 5-1〉과 같다.

표 5-1 부모가 되는 동기 유형

동기 유형	특 성
숙명적 이유	• 운명에 순종한다는 사고 • 종교적 신념에 따르는 사고 • 자녀를 통해 가계를 잇는다는 사고
이타주의적 이유	• 자녀에 대한 관심과 애정을 위한 비이기적 소원 • 부모가 되고자 하는 기본적 욕구
자기도취적 이유	• 자녀를 가짐으로써 심리적 안정을 얻을 수 있다는 사고 • 자녀를 가짐으로써 성인대열에 속했다는 심리적 안정 유지 욕구
도구적 이유	• 자녀를 통해 대리보상을 충족하고자 하는 욕구 • 부모에게 만족감을 주기 위한 사고 • 부부간의 불화를 방지할 수 있다는 인식

2. 부모 역할의 시대적 변화 및 특성

시대에 따른 사회환경의 변화로 인해 부모 됨에 대한 동기와 모성 이데올로기도 변화하여 자녀 양육을 부모가 공유하는 방향으로 가고 있고 권위주의적 부모와 순종하는 자녀의 관계에서 민주적인 관계로 바뀌고 있다(표 5-2). 물론, 부모가 자녀 양육에 절대적인 역할을 하던 과거에 비해 최근의 부모 역할은 상당히 축소되었으나 부모에게는 여전히 부모로서의 역할수행이 사회적으로 기대된다.

표 5-2 전통적 부모 역할과 현대적 부모 역할

전통적 부모 역할	현대적 부모 역할
• 자녀 양육과 교육은 어머니 책임임 • 아들이 대를 잇고 부모를 부양하므로 아들이 있어야 하고 잘 되어야 함 • 가문의 영광을 위해 자녀를 키워야 함 • 남자는 남자답고 강하게, 여자는 여자답고 예쁘게 키워야 함 • 부모는 부모의 가치관을 자녀에게 잘 전달해야 하고 자녀는 부모에게 복종해야 함	• 자녀 양육과 교육의 책임은 부모가 공유 • 혈통계승은 중요하지 않음 • 자녀를 키우는 기쁨을 경험하고 자녀의 능력을 계발시켜 좋은 시민으로 독립시키는 것이 부모의 보람임 • 남성다움이나 여성다움보다는 자신의 개성대로 인간답게 살아가게 키움 • 부모는 자녀의 좋은 친구, 안내자가 되어 자녀의 인생을 살도록 도움

출처 : Duvall(1980), 최규련(2007, 재인용).

부모 역할은 사회의 여러 다른 개념들과 밀접한 관련이 있으므로 시대의 흐름에 따라 함께 변화해 왔다. 일반적으로 부모 역할의 특성은 다음과 같이 요약될 수 있다(최규련, 2007). 첫째, 부모 역할은 자녀와 부모 양자에게 장기간 큰 파급효과를 지닌 중요한 일이며 복잡하고 전인적인 노력을 요하는 힘든 일이다. 둘째, 부모 역할에서 실수나 시행착오를 돌이키지 못하고 그만둘 수도 없다. 셋째, 부모 역할에 대한 분명한 규준과 지침이 없어 혼돈을 준다. 넷째, 남성보다 여성이 부모 역할수행에 대한 문화적 압력을 더 크게 받는다. 다섯째, 부모 두 사람이 한 팀이 되어 부모 역할을 수행해야 한다. 여섯째, 대부분의 부모들은 준비나 훈련 없이 부모 역할을 수행한다.

표 5-3 부모기의 잘못된 인식

부모기의 잘못된 인식	
자녀 키우는 일은 재미있다.	실제로 자녀 키우는 일이 보람과 기쁨을 주기도 하지만, 오히려 이보다 많은 과제와 의무가 수반된다.
아동은 사랑스럽고 귀엽다.	아동은 사랑스러운 존재이기도 하지만, 때로는 회피하고 싶은 존재이기도 하다.
자녀를 둠으로써 부모의 결혼 생활을 향상시킨다.	자녀를 둠으로써 결혼생활을 향상시킬 수 있다는 논리를 뒷받침해 주는 연구 결과는 없다.
좋은 부모는 어떤 아동도 잘 다룰 수 있다.	특정 아동의 기질이 어떠한가에 따라 부모가 역할을 수행하는 데 결정적인 영향을 주게 되기 때문에 좋은 부모라고 해서 어떤 아동이든 잘 다룰 수 있는 것은 아니다.
자녀가 없는 부부는 좌절하며 불행하다.	전통적인 대가족제도에서는 자녀에 대한 가치 부여가 높았지만 근래에 와서는 부모-자녀 관계 자체가 선택의 문제로 되어가고 있다.
좋은 부모를 만나면 아이들은 훌륭하게 성장한다.	각 아동마다 개인차가 있을 수밖에 없어 능력이 뛰어난 부모라도 모든 아이들을 훌륭하게 성장시킬 수는 없다
부모는 성인이다.	어느 사회든 전통적으로 부모가 되는 연령은 성인 연령으로 인식되어 왔으나, 10대의 미혼모가 증가하는 등 사회에 따라 조혼하는 경향도 있다.
부모는 자녀에게 충분한 사랑을 주기만 하면 된다.	부모가 자녀를 양육하는 데 있어서 사랑을 전제로 하여야 하지만, 그렇다고 자녀 양육에 필요한 지식과 조절이 필요하지 않은 것은 아니다.
자녀를 하나만 가져서는 안 된다.	자녀를 하나만 두는 것은 그 나름대로의 장·단점이 있다. 외동아는 부모로부터 충분한 관심과 사랑을 받고 성장할 수도 있는 반면, 과대한 관심과 과보호의 우려가 있다.
젊은 부모들은 예전의 부모들만큼 부모 역할을 수행하지 못한다.	부모의 역할수행은 개인차가 있을 뿐만 아니라 현대의 부모들은 자녀의 양육 과정에서 겪어야 할 문제가 과거와 달라졌다.
한부모가족은 병적이다.	부모 모두가 자녀를 양육하는 것은 바람직한 일이다. 그러나 한부모가족이 병적이라는 논리를 일반화시키기에는 무리가 있다.

출처 : 이재연 · 김경희(1993), LeMaster & DeFrain(1983).

3. 부모 양육 태도 및 양육 행동

1) 양육 태도 유형 및 자녀의 특성

양육 태도의 대표적 학자인 Baumrind는 애정과 통제라는 차원으로 부모의 양육 태도를 네 가지로 나누었다. 애정 차원은 부모가 자녀에게 애정을 표현하고 지원을 제공하며 자녀의 반응에 민감하게 반응하고 관심을 갖는 정도를 의미한다. 이에 반해, 통제 차원은 부모의 지시에 따라 자녀가 행동하도록 자녀의 행동을 감독하고 조종하는 것을 의미한다. 이를 토대로 애정과 통제 차원이 둘 다 높은 경우는 권위가 있는 부모, 통제 차원은 높지만 애정 차원이 낮은 경우는 권위적 부모, 애정 차원은 높은데 통제 차원이 낮은 경우는 허용적 부모, 애정과 통제 차원이 다 낮은 경우는 무관심한 부모로 분류하였다. 이를 구체적으로 살펴보면 다음과 같다.

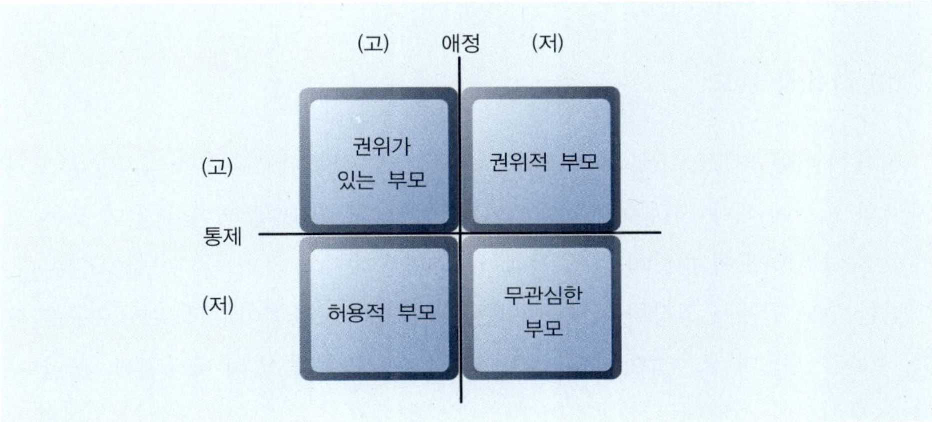

그림 5-1 부모 양육 태도 유형

(1) 권위가 있는 부모

권위가 있는 양육 태도(authoritative style)는 자녀에게 온정적일 뿐만 아니라, 자녀의 요구에 대한 수용도가 높고 민감하게 반응하며 적정한 수준에서 통제를 하는 가장 바람직한 양육방식이다. 이러한 부모 밑에서 성장한 자녀들은 책임감과 자신감이 있으며 높은 자존감을 형성하여 사회적 · 도덕적으로 성숙된 모습을 보이고 학업 성취도에 있어서도 우수하다는 특징을 가진다.

(2) 권위적 부모

권위적 양육 태도(authoritarian style)는 자녀의 요구에 대해 비교적 덜 수용적이며 참여 정도 또한 낮고 자녀의 자율성을 거의 인정하지 않으며 명령적이고 위협적으로 지시하는 경향이 있다. 이러한 부모 밑에서 성장한 자녀들은 자율성을 상실하여 다른 사람에게 의존적이지만 반항적 · 공격적 성향을 보이기 쉬우며 행복감을 갖지 못하고 항상 불안감을 느끼게 된다. 또한 낮은 수준의 자존감과 자기 신뢰감을 형성하여 학업 성취도가 대체로 저조한 경우가 많다는 특징을 가진다.

(3) 허용적 부모

허용적 양육 태도(permissive style)는 대체로 온정적이고 수용적이지만 부모가 자녀의 요구에 대해 지나치게 관대하거나, 자녀의 발달 수준과 상관없이 모든 결정을 자녀가 하도록 허락하는 등 적절한 통제 및 제지가 거의 이루어지지 않는다. 이러한 부모 밑에서 성장한 자녀들은 충동적이거나 반항적이고 과도한 요구를 하는 경우가 많으며 참을성이 없고 학교생활에도 부적응을 많이 나타낸다. 또한 규율을 무시하고 제멋대로 행동하며 자기중심적이고 공격적이며 독립심이 부족한 경향이 있다는 특징을 가진다.

(4) 무관심한 부모

무관심한 양육 태도(uninvolved style)는 자녀 양육에 대한 참여 의지도 희박하고 애정 및 자녀의 요구에 대한 수용 정도도 낮으며 부모는 정서적으로 자녀와 분리되어 있거나 우울증에 빠져 있는 경우가 많다. 이러한 부모 밑에서 성장한 자녀들은 애착 관계, 인지 발달, 놀이, 사회성 계발 등 거의 모든 발달 영역에 부정적 영향을 주게 되며 학업수행 능력이 떨어지고 공격적 · 적대적 · 자기중심적 경향을 보인다. 특히 청소년기에 이르러서는 일탈 행동을 보이는 특징을 가진다.

표 5-4 부모 양육 태도의 유형별 특성

양육 태도	허용과 참여	통제	자율성의 인정
권위가 있는 부모	자녀의 요구에 대해 민감하게 반응하고 관심이 있으며 참을성을 갖고 자녀와 관계를 형성함	자녀에게 합리적 요구를 하고 부모의 지시에 대해 설명하며 일관된 입장과 태도를 유지함	자녀 스스로 결정하도록 기회를 제공하고 자녀의 생각, 감정 욕구를 표현하도록 지지하며 의견이 불일치하는 경우에는 함께 의사결정을 함
권위적 부모	자녀에 대해 냉담한 태도를 보이고 거부적으로 행동하며 빈번하게 자녀를 비난함	체벌과 권력을 이용해 자녀에게 강압적으로 요구하고 자녀의 자율성을 인정하지 않으며 사랑을 회피함	자녀를 대신하여 부모가 모두 결정하고 드물게 자녀 입장에서 의견을 고려함
허용적 부모	자녀에게 따뜻하게 반응하지만, 지나치게 관대하고 자녀와 건성으로 관계를 형성함	자녀에게 요구 자체가 거의 없음	발달 단계상 자녀가 충분히 준비되지 않은 상태에서 많은 것을 결정하도록 함
무관심한 부모	자녀와 정서적으로 분리, 고립된 관계를 유지함	자녀에게 요구 자체가 거의 없음	자녀의 의사결정이나 입장에 대해 무관심함

출처 : 권민균 · 문혁준 외(2012).

Bigner(2002)는 역기능적 양육 행동을 중심으로 요구가 많은 부모, 비판적인 부모, 지나치게 관여하는 부모, 무관심한 부모, 비효율적 부모로 분류하였다(표 5-5).

표 5-5 Bigner의 양육 유형

양육 유형	부모의 특성	자녀의 특성
요구가 많은 부모	자녀의 능력이나 연령에 상관없이 부모가 일방적으로 설정한 기준이나 이상에 맞추어 지나치게 요구하고 강요함	부모의 인정을 받으려고만 애쓰는 나머지 부모를 속이는 행동을 하기도 함
비판적인 부모	모든 것에 완벽할 것을 추구하며 엄격한 요구와 평가적이고 비판적 태도로 일관함	자부심이 낮고 불만족스러워 함
지나치게 관여하는 부모	자녀의 행동 및 생활 전반에 대해 모든 책임을 지려고 하고 간섭을 하는 등 과보호적 특성을 보임	의존적이 되고 자립심이 결여됨
무관심한 부모	부모로서 해야 할 역할을 하지 않음	심리적인 만족감이나 복지감이 떨어지며 자아가치감이 낮음
비효율적 부모	무관심한 부모와 다소 유사한 형태로 아동의 요구를 충족시켜 주거나 부모로서 해야 할 일들을 하지 않음	연령에 맞지 않은 일을 감당해야 하는 경우가 많아 자아개념이 낮음

우리나라의 경우는 엄부자모(嚴父慈母)가 전통적으로 내려오는 부모 양육방식을 나타내는 말이다. 자애로움은 자녀를 신뢰하고 따뜻하고 관대하게 대하는 것을 말하고 엄격함은 확고한 원칙을 가지고 정해진 바를 일관성 있게 밀고 나가는 것을 말한다. 일반적으로 엄격하면서도 자애로운 부모가 가장 바람직한 양육방식으로 여겨지는 반면, 엄격하지도 자애롭지도 못한 부모는 가장 바람직하지 않은 양육방식으로 알려져 왔다. 이에 따른 자녀의 특성을 살펴보면 〈표 5-6〉과 같다.

표 5-6 우리나라 부모의 유형과 자녀의 특성

부모의 유형	부모의 특성	자녀의 특성
자애롭기만 한 부모	• 자녀의 모든 요구를 다 들어줌 • 단호하게 자녀들을 압도하기보다는 양보함 • 말은 엄격하나 행동으로 보여주지 못함 • 때로는 극단적으로 벌을 주거나 분노를 폭발하여 스스로 죄책감을 느낌 • 벌 주는 것 자체를 잘못이라고 생각함	• 책임회피 • 쉽게 좌절하고 그 좌절을 극복하지 못함 • 버릇없고 의존적이며 유아적인 특성을 보임 • 인정이 많고 따뜻함
엄격하기만 한 부모	• 칭찬을 하지 않음 • 부모의 권위에 의문을 제기하는 것을 허락하지 않음 • 자녀가 잘못한 점을 곧바로 지적함 • 잘못한 일에는 반드시 체벌이 따라야 한다고 생각함	• 걱정이 많고 항상 긴장하고 불안해 함 • 우울하고 때로 자살을 생각하기도 함 • 책임감이 강하고 예절이 바름 • 지나치게 복종적, 순종적임 • 부정적 자아 이미지, 죄책감, 자기비하가 많음
엄격하면서 자애로운 부모	• 자녀가 일으키는 문제를 정상적인 삶의 한 부분으로 생각함 • 자녀에게 적절한 좌절을 경험하도록 하여 자기 훈련의 기회를 제공함 • 자녀를 장점과 단점을 함께 지닌 한 인간으로 간주함 • 자녀의 잘못을 벌할 때에도 자녀가 가진 잠재력은 인정함 • 자녀의 장점을 발견하여 키워줌	• 자신감이 있고 성취동기가 높음 • 사리분별력이 있음 • 원만한 인간관계를 유지함
엄격하지도 자애롭지도 못한 부모	• 무관심하고 무기력한 부모임 • 칭찬도 벌도 주지 않고 비난만 함 • 자식을 믿지 못함(자녀가 고의적으로 나쁜 행동을 한 것으로 생각함)	• 반사회적 성격으로 무질서하고 적대감이 많음 • 혼란스러워하고 좌절감을 많이 느낌 • 세상 및 타인에 대한 불신감이 높음

출처 : 정옥분(2002).

2) 양육 행동 영향 요인

부모의 양육 행동은 개인적이면서 동시에 관습적으로 이루어지며, 여러 다양한 변수들이 부모 역할을 수행하는 데 영향을 미친다(그림 5-2). Belsky(1984)는 부모의 발달 역사 및 성격 특성, 아동의 성격 특성, 사회적 지원과 부모의 관계망, 부부관계, 부모의 직업 등이 부모의 양육 행동에 영향을 준다고 설명하였다.

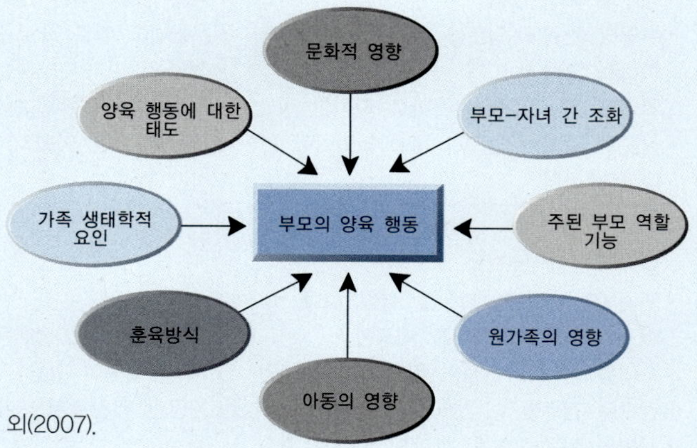

출처 : 박성연 외(2007).

그림 5-2 **부모의 양육 행동 영향 요인**

이외에도 부모의 양육 행동에 영향을 미치는 요인으로는 부모의 인성 및 연령, 자녀의 수, 사회 경제적 지위, 지역 및 문화의 차이 등이 있다. 이 중 몇 가지 관련 연구 결과를 살펴보면, 수입 정도에 따라 저소득층 부모는 중산층 부모보다 자녀에게 더 복종적이며 권위적인 양육방식을 구사하고 합리적인 설명을 제시하지 않으며 덜 온정적이고 비애정적인 양육방식으로 자녀를 기른다. 또한 자녀의 독립심이나 호기심, 창의적 사고방식을 중요하게 생각하지 않는다(Maccoby, 1990; McLoyd, 1989, 1990). 아울러, 미국 어머니들은 한국 어머니들에 비해 정서적 성숙, 복종, 사회적 기술, 자기의견을 확실하게 표현하기에 관련된 행동들이 빨리 발달하기를 기대하며(Lee, 1987), 한국 어머니들은 순종을 강조하고 독립심을 격려하며 조기 훈련을 강조한다(김희진, 1995). 이에 반해, 일본의 부모들은 남을 잘 배려할 수 있는 아동이 되기를 우선으로 기대하며 친구와 사이좋게 잘 지내기를 원한다(임정미 · 이명조, 2000).

4. 현대 사회에서 아버지의 역할

가정 내 아버지 역할에 대한 관심이 고조되면서 자녀 양육에 있어 어머니 못지않게 중요한 존재로 아버지가 인식되고 있다. 산업화 이후 맞벌이, 이혼과 같은 가족 구조상의 변화로 인하여 경제적 책임자로서의 아버지 역할뿐만 아니라 적극적인 의미의 양육자 역할이 아버지에게 요구되고 있다. 특히 자녀가 성장함에 따라 양분된 부모 역할보다 애정적인 아버지-자녀 관계가 최근의 바람직한 모델로 인식되고 있다.

표 5-7 좋은 아버지 상의 변화

전통적인 좋은 아버지	현대적 좋은 아버지
• 자녀를 위해 목표를 세운다. • 자녀를 위해 일하고 무엇인가 주는 것을 강조한다. • 자녀에게 무엇이 옳은 것인지를 안다고 생각하고 부모가 자녀의 규칙을 일방적으로 정한다. • 아버지는 항상 옳고 강하며 권위적이다. • 자녀에게 지시 · 명령하고 순종하기를 요구한다. • 아버지로서 책임의식이 강하고 자녀를 관리한다. • 자녀에게 엄격하고 과묵하다.	• 자녀의 자율성과 실패할 자유를 허용한다. • 자녀에 대해 비현실적 기대를 갖지 않고 잠재력을 계발하도록 돕는다. • 자녀의 특성과 기질, 생각과 감정을 이해하고 규칙을 정할 때 자녀의 의견을 존중해 준다. • 아버지도 실수할 수 있고 잘못을 사과할 수 있다. 자녀의 권리뿐 아니라 부모의 권리도 존중된다. • 자녀를 인격체로 대하고 지적 · 사회적 · 정서적 발달을 자극시킨다. • 아버지가 되는 것을 선택하고 자녀와 함께 하는 시간을 즐긴다. • 칭찬과 격려를 잘한다.

출처 : Duvall(1980), 최규련(2007, 재인용).

Lamb과 그의 동료들(1985)은 아버지 참여를 '자녀와 관련된 활동에 소비하는 시간의 정도'로 정의하며 참여(engagement), 이용 가능성(availability), 책임감(responsibility)을 세 가지 구성 요소로 제안하였다. 참여는 돌봄이나 양육적 활동뿐만 아니라, 자녀와 보내는 모든 시간을 포함하며 이용 가능성은 직접적인 상호작용 유무와 관계없이 아버지의 자녀에 대한 접근 가능성을 말한다. 책임감은 아버지가 자녀로 하여금 다양한 활동과 경험에 참여하도록 기회를 조직하는 등 아버지 역할의 관리 기능을 의미한다(이영환, 2005, 재인용).

미국의 종단적 연구(NICHD Early Child Care Research Network, 2000)에 의하면, 아버지의 근무 시간이 짧고 어머니의 근무 시간이 길 때, 젊은 부부일 때, 부부간 친밀도가 높을 때, 그리고 남아일 때, 아버지가 자녀와의 놀이에 더 많은 시간을 참여하며, 이러한 아버지의 양육 참여는 아동의 신체, 인지, 사회 · 정서적 발달과 직접적인 관련이 있는 것으로 밝혀졌다. 이를 정리해 보면 다음과 같다.

첫째, 신생아와 아버지의 지속적인 상호작용은 신생아의 새로운 환경 적응에 중요한 역할을 한다. 즉, 영아의 반응에 민감하고 반응적일 경우 영아들은 안정적인 애착 관계를 형성하며 자기 주변에 있는 것들을 탐색하는 데 별로 불안해 하지 않고 활발하게 탐색한다. 둘째, 아버지가 다정하고 자녀를 격려해 주며 잘 도와주는 경우 자녀의 인지 능력은 높고 민주적이면서 친숙한 양육 태도를 보이는 아버지의 자녀는 명석하고 창조적이며 융통성과 상상력이 풍부하고 높은 학업 성취와 관련이 있었다. 셋째, 아버지가 권위 있는 양육 태도를 가졌을 경우, 과잉 행동이나 공격적인 행동을 나타내는 자녀들이 적으며 아버지의 적극적인 자녀 양육 참여는 가정에서의 남성과 여성의 역할에 대한 개념 형성에 영향을 주어 자녀에게 남녀 평등주의적 성향을 갖게 한다.

♥ 좋은 아버지 되기

최근 고물가와 서민경기 침체는 우리의 가정생활에 직격탄을 날리고 있다. 특히 그 중에서도 가장 힘들고 큰 스트레스를 받고 있는 사람은 아마 우리들의 '아버지' 일 것이다. 아버지들은 경제적 불안 외에도 위치적 불안과 기능적 불안을 갖고 있다. 위치적 불안에 대해서 말할 것 같으면 예전에는 가정에서 가장 힘이 세고 높은 사람으로 대접받던 아버지였다. 그런데 어떠한 이유에 의해서건 아버지는 이제 그다지 크고 강한 사람이 아닌 지경으로 내몰리게 되었다. 언제부터인가 아버지는 집에 돈만 벌어다 주면 되는 사람 또는 자녀의 학원비를 충당해 주는 사람으로 전락했다.

기능적 불안 또한 상당하다. 아버지는 집안의 가장이자 아내의 남편이자 아이들의 아빠다. 그런데 우리 사회는 이른바 '슈퍼 대디' 를 원하고 있다. 돈을 잘 벌어오는 것은 아버지가 기본적으로 갖추어야 할 기능이고 자상하고 따뜻한 남편이어야 함은 물론이며 자녀와 잘 놀아주고 친구 같은 아빠가 되어주기를 기대한다. 만일 그렇게 하지 못하는 경우에는 곧바로 옆집 아빠 또는 자녀 친구의 아빠와 비교 당한다.

어릴 적에 아버지의 눈도 잘 마주치지 못했던 아빠로서는 도대체 내 아이와 어떻게 놀아주고 대화해야 할지 모른다. 모처럼 마음먹고 아이와 놀아주면 "아빠는 재미없어" 라는 반응이 되돌아오기 일쑤다. 사춘기 자녀와 대화를 잘 나누어야 한다는 충고를 듣고 그날 저녁 얘기를 걸면 대답도 제대로 하지 않고 자기 방으로 쏙 들어가는 아이 때문에 마음이 상하곤 한다. 그렇다면 '좋은 아버지' 가 되기 위해서 어떻게 해야 할까?

먼저 아이가 무엇을 좋아하는지 잘 파악하고 있고 아이와 스킨십도 자주 하면서 재미있게 잘 놀뿐더러 아이를 인정해 주고 받아주자. 의사결정의 과정에서도 아이의 의견이 잘 반영되고 대부분 받아줄 수 있도록 하자. 그러나 항상 수평적인 관계만은 아니다. 분명하게 잘못된 아이의 행동에 대해서는 단호하게 지적함과 동시에 올바른 대안 방향을 제시해 준다.

다음의 몇 가지 사항들을 오늘부터 실천해 보자. 첫째, 아이에게 상대방 입장에서 생각하는 훈련을 시켜라. 둘째, 아이와 놀아주거나 대화를 나눈다. 셋째, 아이에게 가르친 것이 있다면 반드시 아빠도 그것에 대한 모범을 보여라. 넷째, 가끔씩은 아이에게 따뜻한 말과 감정표현을 하라. 다섯째, 아이의 반응을 항상 잘 관찰하라. 좋은 아버지가 되는 것은 비단 우리 가족의 문제만이 아니라 대한민국의 미래를 위한 길이다.

(소아청소년정신과 전문의 손석한 newscj@newscj.com)

5. 부모-자녀 간의 의사소통

의사소통은 개인과 개인 사이에 상징적 매개물을 사용하여 정보와 의사를 교환하고 서로의 행동에 영향을 미치는 과정으로(장휘숙, 2008) 부모-자녀 간 긍정적 의사소통은 서로를 이해하고 지원하는 반면, 부정적 의사소통은 애착이나 적응 능력을 감소시킨다.

가족 내의 개별 구성원들은 서로 다른 힘과 권위를 갖기 때문에 의사소통 방식에서 차이를 보이며 부모-자녀 간의 의사소통 유형을 통해 가족 구성원 간의 상호작용을 파악할 수 있다. Galvin과 Brommel(1991)은 가족 구성원들 사이에 의사소통 유형을 사슬형, Y형, 바퀴형, 완전통로형으로 구분하였다(노영주 외, 1995; 옥선화 외, 2006).

1) 사슬형 관계망

사슬형 관계망은 의사전달 방향이 고리를 통하여 앞으로 움직이거나 권위자로부터 아래로 향하는 위계를 가지는 형태로 메시지가 한 사람으로부터 다른 사람에게 전해지고 그 사람이 다시 다른 사람에게 메시지를 전하는 방식이다. 즉, 아버지가 중요한 가족문제에 관한 의사 전달의 흐름을 통제하는 유형이다.

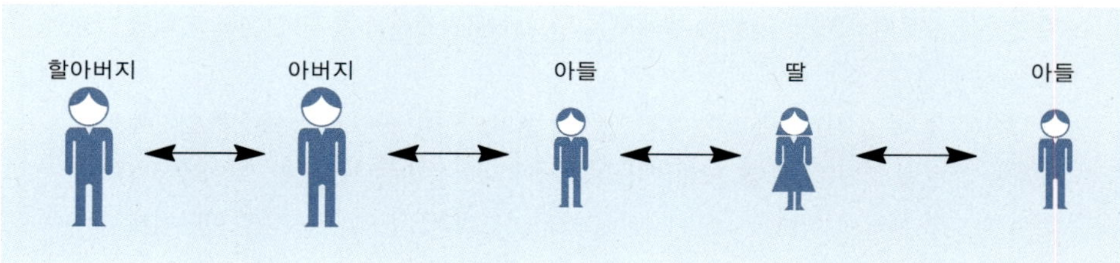

그림 5-3 사슬형 관계망

2) Y형 관계망

Y형 관계망은 한 사람을 통하여 한 사람 이상의 가족 구성원들에게 의사전달이 이루어지는 경우이다. 예를 들면 계부모-자녀 관계를 가족에서 친부모가 의식적으로나 무의식적으로 Y형의 관계망을 조직하여 계부모를 자녀로부터 분리시킬 수 있다.

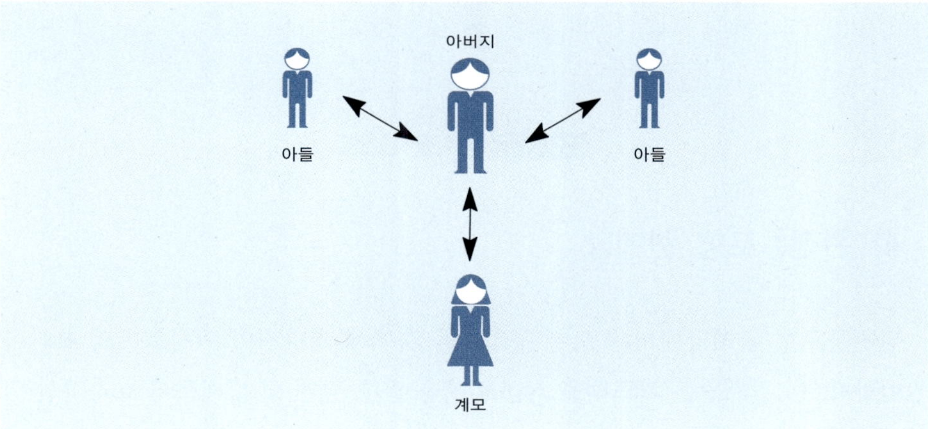

그림 5-4 Y형 관계망

3) 바퀴형 관계망

바퀴형 관계망에서 가족 구성원들은 어느 한 가족 구성원에 의존해서 정보를 전해 받는다. 의사 전달자는 내용을 여과시킬 수 있고 긍정적 또는 부정적으로 내용을 왜곡시킬 수도 있다.

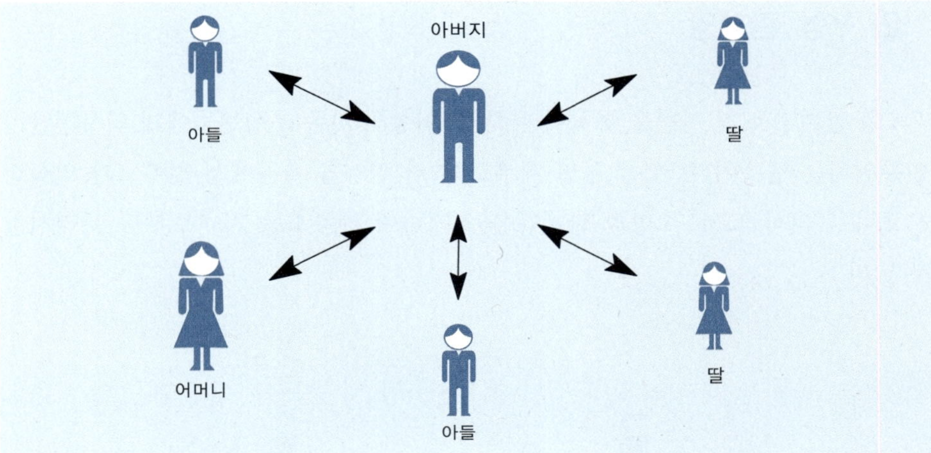

그림 5-5 바퀴형 관계망

4) 완전통로형 관계망

완전통로형 관계망에서는 모든 구성원들 사이에 쌍방적인 의사소통의 교환이 일어난다. 이 관계망은 피드백을 최대로 사용할 수 있게 되기 때문에 효과적인 의사소통이 이루어지나 모두가 자신의 관점을 피력함으로써 무질서하고 혼란스러워질 수도 있다.

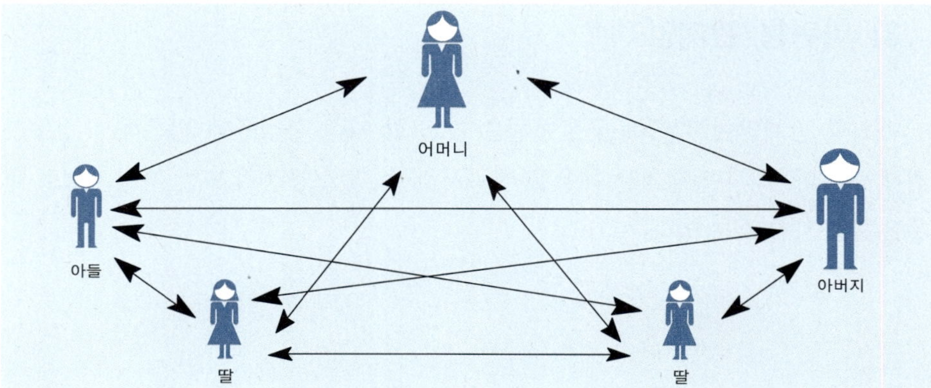

그림 5-6 완전통로형 관계망

♥ **부모-영유아 자녀 간의 바람직한 상호작용**

- 부모는 아동의 사회화를 자극하고 돌봐주는 자원의 역할을 해야 한다.
- 자녀를 훈계할 때 노한 감정이나 행동보다는 감정을 용납하도록 표현되어야 한다.
- 자발성 계발에 치중하되 행동은 제한과 지시를 받도록 해야 한다.
- 아동의 부정적인 행동보다 긍정적인 행동에 관심을 가져야 한다.
- 배변 훈련 시에는 긍정적인 강화를 통해 화장실 사용 시 칭찬을 해 주어야 한다.
- 정확한 언어구사와 함께 언어를 계발할 수 있는 환경에 신경을 써야 한다.
- 아동이 고집대로 어떤 행동을 계속하려고 하거나 반항할 때 강압적 방법보다는 자주성을 발달시키려는 노력으로 이해해야 한다.

6. 발달 단계별 부모-자녀 관계

부모의 어려움은 부모 역할이 아동의 성장 과정에 맞추어 변화해야 한다는 데 있다. Galinsky(1987)는 자녀의 성장 발달에 따라 부모의 역할을 6단계로 분류하였다. 1단계는 임신에서 출산까지 이미지 형성 단계(the image-making stage), 출생 후부터 만 2세까지 이미지와 현실을 적응하며 양육하는 단계(the nurturing stage), 만 2세에서 5세까지 권위를 형성하는 단계(the authority stage), 초등학교 시기에 해당하는 설명하는 단계(the interpretive stage), 청소년기인 상호 의존하는 단계(the interdependent stage), 성인기에 떠나보내는 단계(the departure stage)이다(표 5-8).

표 5-8 발달 과정 모형을 통한 부모 역할

발달 시기	부모 역할
임신 및 출산기	이전의 부부만의 관계에서 예비 엄마, 아빠로서 출산과 부모기에 대한 자신들의 이미지를 스스로 형성하게 되며 어떠한 부모가 될 것인지를 서로 의논하게 된다.
영아기	부모로서의 현실을 인정하고 돌봄의 과정을 통해 실제로 자녀와 적응하며 애착과 기본적 신뢰감이 형성되는 중요한 시기이다.
유아기	이 시기의 자녀들은 부모만의 관계에서 벗어나 또래 또는 다른 사회적 관계의 범위를 넓혀 나가게 되며 부모로서의 권위의 범위와 허용되는 한계를 설정하고 자녀가 이를 따르게 하는 것이 중요하다.
초등학교 시기	아동이 초등학교에 입학하게 되면서 주변 세계에 대한 넓은 관심과 탐구 활동이 시작됨에 따라 이 시기 부모는 주로 정보 제공자, 자녀의 다양한 의문이나 요구에 대한 해설자, 세상과 사물에 대한 설명자로서의 역할을 해야 한다
청소년기 시기	이 시기의 자녀들은 자아정체감과 뚜렷한 신념, 논리, 가치관이 형성되는 시기로 부모는 이전과 다른 부모-자녀 관계관을 정립해야 하며 자녀와의 의사소통 방식도 기존의 방식이 아닌 새로운 방식으로 시도해야 한다. 또한 자녀의 합리성과 논리성을 객관적으로 수용해 주고 지지하는 자세를 준비하는 것이 필요하다.
성인기	이 시기는 자녀가 부모의 직접적인 보호와 돌봄으로부터 벗어나 혼자만의 자율적인 생활을 시작하는 시기이고 자연스럽게 부모의 곁을 떠나는 시기이다.

발달 시기별로 부모의 역할은 조금씩 변화가 필요하다. 이러한 변화에 적응하고 수용하기 위해서 부모에게 가장 필요한 지식은 자신의 자녀가 전 생애의 성장 과정 중에 어느 단계에 서 있는지 파악하는 것이다. 즉, 가장 우선시되는 부모의 역할은 자녀의 단계별 특성을 이해하는 것이다

영아기부터 청소년기까지 각 발달 단계별 아동의 특성과 바람직한 부모 역할을 살펴보면 다음과 같다.

1) 영아기의 부모 역할

출생에서부터 만 2세가 될 때까지의 단계로, 이 시기에 있어 부모는 영아의 발달적 특징을 알고 기본적 신뢰감을 형성하는 것이 무엇보다 중요하다. 또한 이 시기에는 부모는 양육적 보살핌과 물질적 보살핌, 사회적 보살핌, 교육적 보살핌을 제공해야 한다. 양육적 보살핌은 의식주를 제공함으로써 생존을 가능하게 하는 것이며 물질적 보살핌은 기본적인 생존 욕구를 넘어 부모가 제공하는 자극의 수준을 말한다. 사회적 보살핌은 접촉 등 대인관계 측면에 해당하며 교육적 보살핌은 영아기 말경에 특히 중요해지며 환경과 상호작용할 수 있도록 하는 것이다.

표 5-9 영아기 자녀를 둔 부모의 행동

	바람직한 양육 행동	바람직하지 않은 양육 행동
출생~6개월	• 발달적 과제를 수행하려는 영아의 시도를 도와줌 • 사랑을 주고, 끊임없이 돌봄 • 영아의 행동 단서에 적절히 반응함 • 영아 대신 생각하여 영아의 욕구를 예상함 • 수유 시 사랑스럽게 안고 눈을 맞춤 • 쓰다듬고 보고 말하고 노래하면서 애정적인 행동을 보임 • 무엇을 해야 할지 모를 때, 도와주고 정보를 줌 • 영아에게 신뢰를 주는 행동을 함	• 영아의 행동단서에 반응하지 않음 • 영아를 많이 안아주거나 접촉하지 않음 • 영아에게 엄격하고 화를 내거나 흥분하면서 반응함 • 배고파하지 않는데도 먹이는 행동을 함 • 영아의 행동에 벌을 줌 • 건강에 좋은 물리적 환경을 제공하지 않음 • 해롭거나 위험한 것으로부터 보호하지 못함 • 영아가 한 행동을 비난함 • 영아의 요구를 무시함
6~8개월	• 발달적 과제를 수행하려는 영아의 시도를 도와줌 • 애정, 안전, 보호에 신경을 씀 • 아이에게 안전한 환경을 제공함	• 해로운 것이나 위험으로부터 영아를 보호하지 못함 • 제 마음대로 움직이지 못하게 함

	바람직한 양육 행동	바람직하지 않은 양육 행동
6~8개월	• 해로운 것과 위험에서 영아를 보호함 • 음식을 주고 애정적인 접촉 및 격려를 함 • '안 돼'라는 말을 하는 만큼 '그래'라는 말을 함 • 다양한 경험을 제공함 • 영아의 행동에 대해 피드백을 줌 • 영아의 말이나 행동을 방해하지 않음 • 영아가 놀자고 할 때 놀아줌	• 자율성과 환경을 탐색하는 행동에 대해 비난이나 벌, 수치심을 줌 • 영아가 무엇이든 만지지 않기를 바람 • 대소변 훈련이 빨리 되기를 바람 • 영아의 기본적 발달과업이나 욕구를 방해하는 행동을 함
13개월~3년	• 발달적 과제를 수행하려는 영아의 노력을 도와줌 • 끊임없는 사랑을 주고 안전하게 보호해 줌 • 사고력을 격려함 • 정보를 기초로 결론에 이르도록 격려함 • 해야 하는 것과 하면 안 되는 일에 대한 규칙과 이유를 설명함 • 긍정적 또는 부정적인 정서표현을 받아들임 • 적절한 감정표현 방법을 가르침 • 가능한 한 미리 의논하여 합리적인 제한을 설정하고 지켜감 • 아이의 격한 정서적 표현에 대해 침착하게 대응함 • 걸음마기 아이에게 간단하고 분명한 지시를 함 : 성과에 대해 격려하고 칭찬함 • 자신이나 다른 사람의 감정에 대해서 생각하도록 함 • 걸음마기 아이를 '못된 두 살'로 보는 태도를 갖지 않음	• 걸음마기 아이의 행동에 대해서 '하지 말 것'을 너무 많이 말함 • 걸음마기 아이와 힘겨루기를 함 • 훌륭한 부모로 보이도록 무조건 순종하는 아이로 만들려고 함 • 아이에게나 다른 사람에게 '못된 두 살'이라는 말을 함 • 걸음마기 아이의 행동에 대해서 제한설정을 하지 않음 • 걸음마기 아이에게 더 큰 아이나 할 수 있는 행동을 기대함 • 걸음마기 아이가 다른 아이들과 잘 놀 것을 기대함 • 간단한 선택일지라도 어떻게 해야 하는지 가르치지 않음 • 어떤 것에 대해 수치심을 느끼게 함 • 걸음마기 아이를 무시하는 행동을 함

출처 : Clarke & Dawson(1989).

2) 유아기의 부모 역할

만 2세경부터 초등학교 입학 전까지의 단계이다. 이 시기에 유아들은 신장과 체중이 급격히 증가하고 신체 기술, 언어, 인지 능력이 현저하게 발달함에 따라 부모와 상호 협조적으로 행동할 수 있으며 독립적으로 기능할 수 있다는 특징을 가진다. 특히 부모의 역할수행에 따라 발달적 과업 성취 정도가 좌우되므로 긍정적 자아개념 형성 및 사회성 발달을 위한 환경을 마련해 주고 유아 자신의 감정과 정서를 정확하게 표현하고 통제할 수 있는 능력을 길러주도록 노력하여야 한다.

표 5-10 유아기 자녀를 둔 부모의 행동

바람직한 양육 행동	바람직하지 않은 양육 행동
• 유아의 발달적 과제 성취를 지지함 • 안전, 보호 및 사랑의 요구를 지속적으로 충족시킴 • 사람 및 사물 환경 탐색을 지지함 • 성 정체감 수용을 격려함 : 양성(性) 수용에 대해 가르침 • 느낌에 대한 표현 격려 및 느낌과 행동을 연관시킴 • 최대한 정확한 정보를 제공함 : 잘못된 정보 수정함 • 행동에 대한 적절한 긍정적 · 부정적 결과를 제공함 • 분명하고 정확한 지시를 제공함 • 환상과 현실 구분을 촉진함	• 유아를 놀림 • 비일관적 행동을 함 • 유아가 생각하고 독립적으로 선택하는 것을 허용하지 않음 • 질문에 대한 정보, 또는 직접적 해답을 제공하지 않음 • 빈정거림 및 조롱으로 대응함 • 혼합된 의미를 지닌 메시지를 사용함 • 유아를 무시함

출처 : Clarke & Dawson(1989).

3) 학령기 아동의 부모 역할

만 6세에서 12세까지의 초등학교 생활로 특징되는 이 시기 아동들은 논리적으로 사고하게 되며 학교에서의 성공이나 실패 경험이 자아개념 형성에 중요한 영향을 미친다. 따라서 부모는 발달과업을 완수해 가는 자녀의 노력을 안내하고 지지하고 격려하는 것이 필요하며 의사결정 능력과 문제해결 능력을 발달시킬 수 있도록 빈번한 기회를 제공해 주어야 한다.

표 5-11 학령기 자녀가 있는 부모의 행동

바람직한 양육 행동	바람직하지 않은 양육 행동
• 발달과업을 이루려는 자녀의 노력에 대해 인정해 줌 • 개인적인 학습방식을 자녀가 수립하도록 인정해 줌 • 학습 기술을 획득하도록 긍정적인 강화를 많이 해 줌 • 다른 사람, 세계 그리고 성적인 문제에 대한 자녀의 질문에 신뢰할만한 자원으로서 행동함 • 자녀가 자신의 행동에 대해 대안과 결정을 고려하도록 돕고 원인-결과를 추론하도록 촉진함 • 타협이 가능한 규칙뿐 아니라 불가능한 규칙도 수립하고 강화함 • 자녀가 부모에게 동의하지 않을 때에도 사랑받고 양육 받는다는 것을 확인시킴 • 개인적인 행동에 대해 책임감을 갖고 자녀도 책임감을 갖도록 격려함 • 모델과 본이 되어주는 훈련된 사람으로부터 교육받는 경험을 제공하여 개인적인 흥미를 발달시키도록 격려함	• 비일관적으로 규칙을 강화함 • 모든 측면에서 자녀에게 완벽을 강요함 • 적절한 가르침이나 도움 없이 자녀가 모든 것을 배우기를 기대함 • 자녀의 개인적인 흥미를 탐색하거나 규칙들의 타당성을 학습할 수 있는 자녀와 함께 하는 비구조화된 시간(자녀와 함께 함)을 제공하는 데 실패함 • 자녀가 감정적인 기간을 경험하도록 허락하는 데 실패함 • 경직되고 융통성이 없는 규칙을 지속하거나 행동을 지배하는 규칙을 제공하고 강화하는 데 실패함 • 타협 없는 많은 규칙을 유지함 • 개인적인 가치를 검증하는 데 실패함 • 자녀 스스로 자신을 감독하기를 기대함 • 자녀를 깎아내림

출처 : Clarke & Dawson(1989).

4) 청소년기 아동의 부모 역할

이 시기의 청소년들은 부모보다 친구로부터 더 큰 정서적 지원을 얻으려 하며 아동에서 성인으로 가는 과도기이기 때문에 여러 가지 적응상의 문제를 겪는다. 이러한 이유로 청소년기의 부모 역할은 매우 어렵게 느껴진다. 특히 사춘기에 접어들어 혼란스러운 자녀에게 부모는 대화를 통해 그들의 감정을 수용하고 이해하려는 시도가 끊임없이 이루어져야 한다.

표 5-12 청소년기 자녀를 둔 부모의 행동

바람직한 양육 행동	바람직하지 않은 양육 행동
• 발달과업을 성취하기 위한 10대들의 노력을 인정함 • 사랑, 안전과 보호를 지속적으로 제공함 • 10대들의 감정을 받아들이고 10대와 감정 교류를 하기 위하여 사춘기에 관한 자신의 과거 느낌을 공유함 • 10대들의 행동, 느낌 그리고 자세를 무시하지 않음 • 개별화되기 위한 10대들의 요구를 이해하고 그들의 노력들을 지지함 • 10대들이 성장하여 독립하는 것과 성인의 지위를 얻으려는 것에 대하여 축하함 • 10대들의 최근 개인적 정체감을 격려하고 지지하며 받아들이고 부모들이 10대들을 위해 바라는 것들과 다른 것에 대해서도 받아들임	• 부주의한 방식으로 10대들에게 반응함 • 사랑과 애정 깊은 접촉을 피함 • 10대의 성적인 발달에 대하여 부적절한 대응을 함 • 엄격한 규칙을 적용하거나 혹은 규칙이 없거나 규칙들을 자주 변경하고 규칙에 대하여 협상하지 않음 • 10대들이 문제의 해답에 대한 이유를 생각하는 것에 대해 기대하지 않음 • 10대들의 최근 성적 문제, 관심, 옷차림, 친구들과 이상주의에 대하여 부정적으로 반응함 • 10대들의 약물복용과 같은 자기 파괴적인 행동을 직면하려 하지 않음 • 10대들이 가족으로부터 개별화되려는 노력을 방해하거나 못하게 함 • 10대들의 광범위한 감정표현과 느낌을 받아들이지 않음 • 10대들의 행동, 느낌과 자세를 무시함

출처 : Clake & Dawson(1989).

이상과 같이 각 발달 단계마다 상이한 부모 역할 기술을 요구하기 때문에 부모는 자녀의 변화하는 욕구와 행동에 맞추어 양육 행동을 변화시켜야 한다.

Chapter 6

형제자매 관계

형제자매 관계는 한 사람의 출생과 함께 시작되어 성장해 가면서 비교적 비슷한 환경 특성을 공유하며 인지 발달, 정서 발달, 사회성 발달, 그리고 자아개념의 발달 등 발달 영역의 모든 부분에서 서로를 자극하고 상호작용하여 행동을 조정한다. 그러나 형제자매 관계는 부부관계, 부모-자녀 관계 등 다른 가족관계에 비해 상대적으로 관심을 적게 받았다. 따라서 본 장에서는 형제자매 관계의 개념과 중요성 및 특성에 대해 알아보고 개인의 발달에 따른 형제자매 관계의 변화와 그 역할 등에 대해 살펴볼 것이다.

1. 형제자매 관계에 대한 이해

가족이란 그 안에 부부나 부모-자녀 관계만 있는 것이 아니라 부부관계, 부모-자녀 관계, 그리고 형제자매 관계의 세 가지 하위 체계들이 서로 영향을 주고받으며 이루어지고 있는 것이다. 그러므로 우리가 가족을 이해하고 연구하기 위해 형제자매 관계에 대해 알아야 함은 당연한 일이다.

형제자매 관계는 부모와는 질적으로 다른 경험을 제공하는 데 부모와의 관계보다 지속적이며 부모가 책임을 다하지 못할 때 서로 필요한 도움을 주고받는 상호지지 체계의 역할을 한다. 또한 영향력의 양에 관계없이 성숙한 인간으로 성장하는 데 매우 중요한 역할을 한다. 가족 구성원이 부부와 그들의 자녀로만 이루어진 핵가족으로의 변화, 특히 그 중에서도 자녀 수의 감소는 형제자매들이 서로 간에 더 큰 영향력을 행사하고 또 영향을 받게 되었음을 의미한다. 하지만 가족 크기의 감소나 한자녀가족 혹은 무자녀가족의 증가 현상은 형제자매의 유대를 경험하지 못하게 할 수도 있다.

1) 형제자매의 의미 및 유형

형제자매 관계는 출생 후 최초로 가지게 되는 사회적 관계로 한 개인이 평생을 살아가는 동안 형제자매 관계가 서로에게 미치는 영향은 실로 지대하다. 부모, 조부모, 친구 등의 관계망 중 80%가 형제자매 관계라고 지적한 연구(이현정 · 조성연, 2002)가 있을 정도로 개인의 삶에서 차지하는 비중은 매우 크다.

형제자매 관계의 의미를 명료화하고자 하는 노력이 여러 학자들에 의해 이루어져 왔다. Bossard와 Boll(1960)은 형제자매 관계란 형제자매 간에 접촉을 하고 서로에게 영향을 미치는 관계라고 정의하였다. Abramovitch, Corter, Pepler와 Stanhope(1986)는 형제자매 관계란 어릴 적부터 형성되는 상호 호혜적인 관계라고 하였다.

형제자매는 일반적으로 생물학적 혈연관계를 맺고 있으면서 서로에게 관심을 갖고 상호작용하는 상호적 · 호혜적 관련이 있는 사람들을 말한다. 즉, 형제자매 관계란 혈연에 의한, 연령이 서로 다른 형제자매들 간의 영속적으로 지속되는 관계이다(오영희 외, 2002).

대부분의 문헌들에서 형제자매는 혈연으로 맺어진 관계를 의미한다. 그러나 최근 가족 해체나 혼합가족이 증가하는 추세여서 친형제자매 이외의 다양한 형제자매 관계가 형성되고 있다. 이렇게 다양해지는 가족관계를 이해하기 위해서는 가족 구조적 변화에 따라 형성된 다양한 형제자매 관계의 유형과 특징을 살펴보는 것이 필요하다. 특히 형제자매 관계에 관한 연구도 이러한 사회적 변화에 주목하여 가족 구조의 다양성에 따라 형성된 이복형제자매, 계형제자매 간의 관계 및 그들의 발달적 특성과 정서적 안녕감 등을 주요 연구 주제로 삼고 있다(Anderson, 1999; Evenhosue & Reiilly, 2004). 따라서 가족 구조의 다양성에 따라 생성되는 다양한 가족관계를 이해하기 위해 Cicirelli(1994)의 기준을 참고하여 형제자매 관계의 유형을 살펴보고자 한다.

(1) 유전적 기준

유전적 기준(genealogical criteria)에 따르면, 형제자매 관계는 친형제자매(full sibling)와 이복형제자매 관계(half sibling)로 나뉠 수 있다. 친형제자매는 유전학적으로 동일한 부모를 가진 형제이고 이복형제자매는 한 명의 부모를 생물학적으로 공유하는 형제이다.

(2) 법적 기준

법적 기준(legal creteria)에 따른 형제자매 관계는 계형제자매(step sibling)와 입양형제자매(adoptive sibling)로 나뉠 수 있다. 계형제자매는 생물학적으로나 법적으로 서로 아무런 관계가 없는 형제로서 전혼관계에서 자녀가 있는 남성이 역시 전혼관계에서 자녀가 있는 여성과 재혼할 때 이들이 각각 출산하여 데리고 온 자녀들과 가족을 형성했을 때 맺게 되는 형제자매 관계이고 입양형제자매는 한 개인이 가족 안에 법적으로 입양되었을 때 형성되는 형제자매 관계이다.

(3) 정서적 기준

정서적 기준(affectional criteria)에 따른 형제자매 관계는 의형제자매(fictive sibling)가 있으며 혈육이나 법적 기준보다는 요구 혹은 관습에 기초한 형제로 가족으로 받아들여진 비가족 구성원들로 형성된 형제자매 관계이다.

2) 형제자매 관계의 특징 및 중요성

(1) 형제자매 관계의 특징

형제자매 관계는 성인이 되어 독립할 때까지 한 공간에서 생활하고 성장기를 보낸다. 그러므로 형제자매 관계는 부모-자녀 관계와 같이 친밀한 관계를 형성하고 오래 지속되는 관계이나 다른 인간관계 구성원들과 구별되는 몇 가지 특징이 있다.

첫째, 형제자매 관계는 가족 구성원과 생물학적인 유전을 공용하며 형제의 경우 99% 이상이 33~99% 정도의 공통된 유전자를 갖는다.

둘째, 형제자매 관계는 동생이 태어나면서부터 시작되며 일생 그 관계를 유지할 의무를 지니고 있으며 다른 어떤 관계 이상으로 오랫동안 유지 존속된다.

셋째, 형제자매 관계는 다른 구성원으로 이루어진 다른 집단관계와는 달리 유전적 · 사회적 유산을 공유하며 공통된 문화적 환경을 갖기 때문에 오랫동안 공유한 친밀한 경험의 역사를 갖는다.

넷째, 형제자매 관계는 다른 가족관계와 구별되어 본질상 더 평등하다. 아동 간 상호작용은 상호 이익을 가져다주는 호혜성(reciprocity)을 특징으로 하고 아동-성인 간의 상호작용은 서로 부족한 부분을 보충해 주는 상보성(complementarity)을 특징으로 하는데, 형제자매 관계는 동료관계의 특징인 호혜성을 띠면서도 연령 차이 때문에 상보성도 함께 포함할 수 있다고 보고되어 있다(홍연림, 2000).

다섯째, 형제자매 관계는 가족 구성원의 관계 안에서 존재하므로 고립되어 발생하지 않는다. 즉, 형제자매 관계가 형성되는 가족 안에는 부부관계, 부모-자녀 관계, 형제자매 관계라는 세 가지 하부 구조가 존재하는데, 외부적 자극의 영향보다는 다른 하위 구조들과의 관계에 의해서 영향을 받는다. 따라서 형제자매의 지각이나 감정, 그리고 행동 등은 다른 하부 구조들과의 관련 네트워크 안에서 고려되어 일어난다(Cicirelli, 1985).

여섯째, 형제자매 관계 안에서 특별한 관심들, 지리상의 근접성(성인기 이후), 연령, 성, 터울과 같은 구조 변인들에 의해서 형제자매의 하위 구조가 생성, 존재하게 된다. 이들은 권력을 행사하기 위해서 둘 이상의 형제자매 연합을 구성하든가 동맹을 형성한다고 알려져 있다(Bank & Kahn, 1975).

(2) 형제자매 관계의 중요성

형제자매 관계가 학문적 관심의 대상이 되어야 하는 이론적 이유로서 가족현상은 세 개의 하위 체계를 포함하는 전체 가족 체계의 틀 속에서 이해되어야 한다는 것이다. 일반적으로 가족 과정이나 가족의 지속성, 자녀의 사회화 과정에 관한 연구들은 부부관계나 부모-자녀 관계를 독립적 관계로 상정하고 부부관계나 부모-자녀 관계에만 초점을 두어왔다. 그러나 결혼과 혈연으로 맺어지고 가정이라는 좁은 공간을 공유하는 이 세 유형의 관계들은 서로 독립적으로 진행되는 것이 아니라 서로 영향을 주고받으며 진행된다. 그러므로 부부관계나 부모-자녀 관계에 관한 연구에 자녀들의 형제자매 관계에 대한 이해가 포함되어야 한다.

형제자매 관계가 연구되어야 하는 실질적인 이유는 산업화, 도시화, 핵가족화로 대변되는 현대 사회에서 형제자매가 개인의 삶에 미치는 영향이 증가하고 있다는 것이다. 사회적 이동과 지리적 이동이 잦은 현대 도시생활 속에서 인간관계는 끊임없이 새로운 만남과 헤어짐으로 점철되는 데 비해 형제자매 관계는 비교적 고정적이며 영구적이고 어린 시절 가족생활의 경험을 공유하는 관계이다.

형제자매 관계가 현대 사회에서 중요하게 되고 개인의 삶에 미치는 영향이 증가하는 것에 대해 Bank와 Kahn(1975)은 다음의 요인이 작용한 결과라고 하였다.

첫째, 가족 규모의 축소를 들 수 있다. 최근 가족 유형은 점차 핵가족이 됨에 따라 각 가정이 부모와 자녀로 구성되는 경우가 일반적이 되었으며, 이러한 가족 안 형제 수의 급격한 감소는 형제자매 간 상호 영향이 커지게 됨을 의미한다. 그러므로 가족 규모의 축소는 형제자매 관계의 수를 감소시켰지만 관계 자체의 질적인 변화를 초래하였고 형제자매 관계가 개인에게 미치는 영향을 증가시켰다.

표 6-1 연도별 출생 구성비

(단위 : 천 명)

연도	2009	2010	2011	2012	2013	2014	2015	2016	2017	2018
계*	444.8	470.2	471.3	484.6	436.5	435.4	438.4	406.2	357.8	326.8
첫째 아이	230.3	235.5	239.6	248.9	224.8	225.4	228.6	212.9	187.9	176.9
둘째 아이	170.0	181.8	179.0	184.0	165.7	165.3	166.1	152.7	133.9	119.7
셋째 아이 이상	41.8	49.9	51.6	50.6	45.2	43.7	42.4	39.6	35.0	28.2

*출산 순의 미상 포함

출처 : 통계청(2018). 2018년 출생통계(확정) 보도자료.

둘째, 맞벌이부부가 증가하고 한부모가족이 증가하면서 다양한 형태의 어린이집이 증가하고는 있지만 자녀들이 부모의 돌봄 없이 서로를 돌보면서 지내는 시간이 늘어난 것은 사실이다.

셋째, 부모들이 이혼하고 재혼하는 비율이 증가하면서 이 과정에서 부모와의 이별을 경험하지만, 형제자매는 혈연을 매개로 삶의 연속성을 느끼게 해 주는 유일한 관계로서 의미를 갖는다. 자녀들은 어린 시절에 가족 해체라는 충격적인 경험을 하며 새로운 가족으로 재편입된다. 헤어진 부모 사이에서 심리적 갈등을 느끼면서 때로는 이복형제들과 사귀어야 하고 새로운 친족망에 익숙해져야 한다.

이런 과정에서 형제자매 관계는 중요한 의미를 갖는다.

넷째, 경쟁 사회 속에서 사회적 성취 압력이 가중됨으로써 형제자매 간의 비교의식과 경쟁이 강화되었고, 그 결과 부모-자녀 관계와 맞물려 형제자매 관계에서 긴장이 발생할 가능성이 많아졌다.

다섯째, 평균 수명의 연장이 형제자매 관계의 중요성을 증가시켰으며 이유는 두 가지이다. 하나는 형제자매가 삶을 누리는 시간이 길어졌다는 것이고, 더 중요한 다른 하나는 형제자매 관계가 특히 노년기의 삶에 중요한 역할을 한다는 것이다. 자녀들이 성장해서 모두 제 갈 길로 떠나고 배우자가 먼저 죽은 후에 혼자 남게 되는 노인들에게 있어 형제자매들은 정을 함께 나누고 사회적 지지를 제공함으로써 노년기의 삶을 즐겁게 해 주는 역할을 한다.

3) 형제자매의 기능 및 역할

형제자매 관계는 다른 어떤 인간관계보다 밀접하고 지속적이어서 일생 결정적인 단계에서 형제자매 모두에게 신체적 · 정서적 접촉의 기회를 제공해 줌으로써 서로에게 상당한 영향을 주게 된다고 하였다

유영주(1989)는 형제자매의 역할을 놀이 친구 및 공부 친구, 교사 및 학습자, 보호자 및 의존자 그리고 경쟁자의 역할로 구분하였다.

(1) 놀이 친구 및 공부 친구의 역할

형제들은 많은 시간을 함께 지내면서 다양한 방법으로 상호작용하여(Abramoviutch et al., 1986) 놀이 친구 · 공부 친구의 역할을 습득하게 되는데, 이러한 역할의 습득은 또래 간의 놀이에서 나타난다. 외동이는 친구의 관심과 무관하게 자신이 재미있어 하는 놀이만 한다. 그러나 형제자매아는 여럿이 함께 할 수 있는 놀이를 더 많이 한다(Jiao et al., 1986). 즉, 형제자매아는 형제와의 상호작용

을 통해 놀이 친구로서의 역할을 습득하기 때문에 또래관계에서도 잘 적응할 수 있는 것이다. 형제자매가 함께 지내고 함께 놀고 같이 할 수 있는 일이 있다는 것은 외동이가 경험하지 못하는 가장 큰 이점이다. 혼자 노는 것보다 여럿이 노는 것이 재미있고 많은 시간을 함께 함으로써 친밀감과 애착을 느끼게 되고 전 생애동안 외롭지 않게 생활하게 된다.

(2) 교사 및 학습자로서의 역할

형제자매는 매일 접촉을 하므로 많은 대화를 하고 서로 가르치고 배우는 역할을 한다(Cicirelli, 1972). 대개는 손위 형제가 교사로서의 역할을 하는데(Azlmitia & Hesser, 1993), Zajonc와 Markus(1975)에 따르면, 형제 교육은 가르침을 받는 형제의 지적 발달에도 많은 도움을 줄 뿐 아니라 가르치는 형제에게 있어서도 도움을 주게 되어 형제를 가르치는 경험이 아동의 지적 발달을 증가시키는 요인이 된다고 보았다. Cicirelli(1972)의 연구에 의하면, 여아는 동생에 의해 좀 더 효과적인 교사로 지각되었고 여형제로부터의 지도는 손아래 형제에 의해 기꺼이 받아들여지는 것으로 나타났으며 손위 형제의 활동에 관심을 갖고 주시하며 모방하려는 학습자의 태도를 나타내고 있다(Lamb, 1978). 또한 Lamb(1978)에 의하면, 동생의 빈번한 모방은 단순히 손위 형제가 모델적 역할을 하고 있음을 지적하는 것이 아니라 모방을 통해서 형제 간에 점차 우호적이고 호혜적인 상호 교환이 형성된다는 것을 보여준다고 한다. 즉, 형은 성장기에는 동생에게 운동 기술과 학업, 학교생활, 친구관계, 진로 등에서, 성인기에는 이성교제, 직업 선택, 결혼 과정, 자녀양육, 결혼생활, 가족생활, 직장생활 등에서 그리고 노년기에는 노화 과정, 가족생활, 여가생활, 죽음 준비 등에서 동생에게 인생 선배로서 직접 시범을 보이고 모델이 되며 발달과제 수행을 촉진시키는 역할을 한다.

아울러 형제자매 간의 상호작용을 통하여 각자는 성 역할을 학습하게 되고 동년배 이성에 대한 지식을 갖게 되며 사람에 대해 이해하고 협력하는 방법을 배우게 된다. 또한 손위 형제는 어린 동생의 수준에 맞게 의사소통 하는 능력을 키우고 약자를 배려하고 양보하는 경험을 함으로써 사회적 능력을 키우게 된다. 이런 과정을 통하여 형제자매는 상호적으로 발달을 돕는 것이다.

(3) 보호자 및 의존자의 역할

형제는 부모의 부재를 보완하는 존재(Bryant, 1989)로서 손위 형제가 많거나 형제 간 터울이 클 경우에 형제에 의한 돌보기가 많이 행해졌으며, 특히 여아가 손위 형제일 경우 동생을 책임지는 것으로 나타났다(Schvaneveldt & Ininger, 1979). 과거부터 우리나라에서는 장녀는 살림밑천이라고 하였다. 장녀는 어머니를 대신하거나 보조해서 동생을 돌봐주고 가사를 담당하는 것으로 기대되었다. 또한 장남의 경우도 부모를 대신해서 동생들을 돌보고 보호자로서 역할을 하도록 기대되었다. 대체로 부모 역할이 제대로 수행되지 못하는 경우에 나이 많은 자녀가 동생에게 부모 역할을 대신하게 된다. 이러한 역할은 손위 형제의 성별에 따라서도 다르게 나타나는데, 손위 형제가 형일 경우는 동생을 지배하려는 경향을 많이 보이고 누나일 경우는 동생과 대화도 더 많이 하고 민감하게 기술적으로 상호작용한다고 한다(Cicirelli, 1972). 형제 돌보기는 돌보는 형제나 보살핌을 받는 형제 모두에게 있어서 풍부한 사회적 경험을 할 수 있게 하며 사회적 · 책임적 · 양육적 행위에서 증진을 가져와 다른 아동과의 사회적 기술을 발달시키는 것으로 여겨진다(Dunn, 1983).

특히 한부모가족, 저소득층 맞벌이가족, 부모가 질환을 앓거나 연로한 경우에 손위 형제가 동생들을 양육하고 보살피며 보호 · 감독하는 일을 하게 된다. 그에 따라 동생은 형에게 의존하게 되고 부모처럼 애착을 형성하게 된다. 이때 부모 역할을 하는 형제가 역할 과중이나 역할 갈등을 경험하는 경우, 동생들을 과도한 통제를 하려는 경우 그리고 성인기의 동생이 과도하게 형에게 의존하는 경우에는 형제자매 간에 갈등이 생길 수 있다.

(4) 경쟁자의 역할

형제 간의 경쟁은 정신분석학의 출현과 함께 아동 발달에 중요한 것으로 간주한다. 형제자매 간의 경쟁의식과 질투, 시기심은 자연스러운 것이다. 동생이 없는 아이는 부모의 사랑과 관심을 독점적으로 받지만 동생이 태어나면 기존의 가족관계가 변하고 가족 구성원의 상호작용이 이전보다 복잡해진다. Adler(1956)는 손위 형제의 경우 동생의 출현으로 인해 가족의 관심을 상실하면서 경쟁심을 경험한다고 했고 Dunn과 Kendrick(1980)도 손위 형제가 동생보다 광범위한 정도의 적대감을 표현한다고 보고하였다.

대부분의 손위 형제가 더 많은 질투심을 보이며 혼성보다 동성의 형제 간에 이러한 현상이 더욱 뚜렷하다고 한다. 이외에도 Abramovitch와 그의 동료들(1986)은 학령전기 아동이 형제 간에 적대적이고 반항적인 행위들을 보인다는 것이 밝혀져 형제에 대한 질투심이 존재함을 추론할 수 있다.

경쟁자 역할은 출생순위에 따른 자연스러운 현상 이외에도 다음과 같은 원인들이 작용하기도 한다. 그 원인 중의 하나는 어른들이 형제자매를 비교하거나 특정한 사람을 편애하고 차별하는 것이다. 두 번째 원인은 형제자매가 서로의 행동을 통제하고 권력을 행사하려는 다툼이 발생하기 때문이다. 세 번째 원인은 형제자매가 서로의 능력과 성취를 인정해 주지 않고 열등감이 시기심으로 나타나기 때문이다.

이렇듯 아동은 형제와의 상호작용을 통해서 자신뿐만 아니라 상대방의 여러 가지 역할까지도 습득하게 되고, 이러한 과정에서 자신에 대해 알고 아울러 상대방의 입장에서 생각하는 능력도 발달시키게 된다.

2. 형제자매 구성에 따른 발달적 특성

형제자매는 각 개인이 차지하는 출생순위 혹은 지위, 성별에 의해 맏형, 큰언니, 오빠, 누나, 남동생, 여동생 등으로 분류된다. 흥미롭게도 형제자매 관계의 질적 특성은 개별적 형제자매들에 따라 큰 차이를 보인다. 어떤 형제들은 매우 가깝고 애정적인가 하면 지극히 갈등적이거나 소원한 형제자매들도 있다. 그 이유는 무엇일까? 형제자매 관계는 형제자매의 성별이나 출생순서 같은 가족 구성 변인들을 포함하여 여러 요인들의 영향을 받는다. 이러한 형제자매를 구성하는 변인은 성 구성 형태, 출생순서, 연령 터울 등을 들 수 있으며, 이 변인들에 의해 형제자매는 다양한 발달적 특징을 갖는다.

1) 성 구성 형태

3세 이후 나타나는 성 항상성(sex-consistency) 개념의 발달은 성에 따른 형제자매 간의 행동에 차이를 가져와 여아들은 역할 이론에 따라 형제자매 관계를 긍정적으로 느끼고 우호감을 가지면서 긍정적인 사회 행동이 많이 나타난다. 반면 남아들은 그들 형제에게 경쟁의식을 느끼므로 부정적인 행동이 더 빈번하게 나타난다고 알려져 있다(Abramovitch et al., 1986).

이와 같은 형제자매 간의 성에 따른 차별적인 행동은 특히 그들 간의 성 구성 형태에 따라 크게 영향을 받게 된다. 즉, 이성보다 동성과 더 긍정적인 상호작용이 빈번하게 나타나며 그 중에서도 자매 간에 가장 친근감을 느끼는 빈도수가 높다고 보고되어 있다.

아동기 때 여자 형제는 몇 가지 특징을 보인다. 첫째, 남자 형제에 비해 동생 돌보는 역할을 더 많이 한다. 둘째, 자매 간에 논쟁, 갈등, 질투를 하기는 하나 결과적으로 남자 형제에 비해 친밀하고 정서적인 관계를 더 많이 유지한다. 셋째, 결혼, 양육, 이혼, 노화, 죽음 등 성인기 주요 과제에 당면할 때 서로를 지지해 주는 특성을 보인다. 이와 같이 여자 형제는 정서적 · 지지적 관계의 특성을 가지므로 인생 후반기에는 남자 형제의 정서적 안정에 매우 중요한 존재로서의 역할을 수행한다. 일례로 여자 형제가 많은 남자 형제는 삶에 대한 행복감이 더 높고 근심이 더 적은 것으로 나타났다(Cicirelli, 1994).

대개 동성 형제자매가 이성 형제자매보다 더 온정, 친밀감을 지각하고 더 밀접한 관계를 유지하였다. 즉, 남동생을 둔 남아가 여동생을 둔 남아보다 형제자매에 대한 온정, 친밀감을 높게 지각하였다. 그리고 언니가 있는 여아가 오빠가 있는 여아보다 형제자매에 대한 온정, 친밀감을 더 높게 지각하였다(이재연, 2004).

2) 출생순위

형제자매는 각자의 출생순위에 따른 역할을 담당하며 손위 형제는 교사로서, 동생은 학습자로서의 역할을 담당한다. 손위 형제의 경우, 동생이 생김으로 인해서 생기는 사랑의 손실이나, 독자로서의 지위 손실 등에 따른 불안 심리를 느낌과 동시에 부모의 편애적인 태도에 민감하게 반응한다. 그리고 형제자매가 서로 부모의 사랑과 관심을 갖고자 하는 경쟁의식은 만 3~6세에 가장 예민하게 발달함으로써 그들 간 상호작용에서 나타나게 된다.

이와 같이 아동의 출생순서는 형제자매에게 중요한 영향을 미친다. 우선 형제자매는 각자의 출생순서에 따른 역할이 분담되어 있어서 이에 따라 각자의 위치에서 기대되어지는 행동을 나타낸다. 또한 형제자매는 순서를 가지고 출생하나 자녀가 여러 명 출생함에 따라 그 지위나 위치에 변화를 가지게 되는데, 예를 들어 장자녀는 그가 혼자일 때는 외동자녀로 취급받고 동생이 태어나면 그 위치를 장자녀로 바꾸어야 한다. 차자녀의 경우도 동생이 없을 때는 막내의 위치를 가지고 동생이 출생하면 중간 자녀로 옮겨간다.

그러므로 형제자매의 집단 내에서 장자녀는 주로 도구적 지도자로서, 막내는 표현적 또는 정서적 지도자로서 행동하는 경향이 많다.

장자녀는 동생이 출생함으로써 맞는 위치 변화의 충격으로 인해 성취 지향적인 아동이 되는데, 심리학적으로 장자녀는 활동적 · 성공적이 되도록 동기화되고 부모의 기대에 부응하려는 태도를 갖는다. 장자녀는 형제 중 나이가 제일 많고 힘도 세며 경험도 풍부하여 무슨 일이든 제일 먼저 하도록 되어 있어서, 개척자이자 안내자, 선동자가 된다. 장자녀는 다른 형제들보다 권리상의 우월감을 느끼므로, 이에 따라 성취율, 성공률도 높아진다. 또한 장자녀는 대체로 부모와 동일시하고 부모의 가치를 받아들여 높은 수준의 성취 동기를 가지며 동생들보다는 남과 친화적이고 의존적이며 양심적이고 죄의식을 갖는 경향이 있다(Mussen et al., 1984).

차자녀는 장자녀처럼 지도력이나 권위가 인정되지 않으며 막내처럼 보호받지도 못하므로 자신의 위치를 확보하기 위하여 주위 사람에게 사교적이 되는 한편 형제에 대해 경쟁의식과 비판의식을 가진다. 그에 따라 형에게는 도전을 시도하고 동생에게는 지시하려 하며 주위 사람에게 관심과 애정을 받고자 하여 자기중심적인 경향을 보인다. 그 결과 차자녀는 질투와 욕심, 개인주의가 강한 경향을 보이므로 집 안에서 다툼을 벌이기 쉽다. 반면 애정을 충분히 받은 경우에는 협동심과 적응력을 가지기도 한다.

막내 자녀는 부모와 형제로부터 계속적으로 각별한 보호와 관심을 받기 때문에 주위 사람으로부터 보호와 인정과 관심을 받고자 하는 욕구가 커서 의존성이 크고 남의 의견에 동조를 잘한다. 그리고 부모보다 형제나 또래집단과 동일시를 많이 하면서 성장하고 동생의 출생으로 인한 경쟁의식도 없으므로 낙천적이고 사회적 관계에서 외향성과 표현성이 잘 발달하여 친화력이 큰 것으로 알려져 있다. 그러나 주위 사람에게 어린 사람으로만 대접받고 생활해 왔기 때문에 책임과 독립성이 낮은 경향을 보인다.

3) 터울

형제자매 간의 연령 터울은 형제관계를 복잡하게 만드는 요인 중의 하나이다.

형제 간의 연령 터울이 적은 경우에는 친구와 같은 관계를 유지하면서 서로 잘 이해하고 대화할 수 있지만, 상대방에게 압력과 갈등을 불러일으킬 수 있으므로 (정연수, 2000), 형제 간의 연령 터울은 서로에게 많은 영향을 미치게 된다.

White(1975)는 연령 터울이 3년 이상이 될 때 손위 형제는 가정 밖에서 또래집단이나 바깥 활동 등에 관심을 갖게 되어 동생이 생기는 것에 대한 스트레스를 적게 받으며 동생에 대한 자신의 감정도 조절할 수 있기 때문에 연령 터울이 클수록 좋다고 하였다. 반면 Bossard와 Boll은 형제자매 간에 연령차가 없으면 서로 자주 다투고 경쟁심도 많지만, 이 같은 경험이 사회생활을 해나가는 데 좋은 경험이 되고 인간의 비교적인 지위나 타인의 권리에 대한 생각을 갖게 하는 데 도움을 준다고 하였다.

4) 형제 수

지금까지 진행된 형제 수에 관한 연구들을 살펴보면, 주로 외동아와 형제아의 성격 특성을 비교한 것이다. 그 결과에 있어서 일치하지는 않지만 과거에 외동아에 대한 부정적인 시각이 많이 긍정적으로 변화되었음을 알 수 있다. 그 외의 연구에서 형제가 너무 많은 것도 좋지 않으나 적당한 형제 수는 상호 협조와 경쟁하는 가운데 사회성과 안정성 발달에 도움이 된다고 하였다(양동두, 1993; 홍연림, 2000). 아울러 형제 수가 많을수록 아동의 지능은 떨어진다고 하였다(Cicirelli, 1985). Hoelter와 Harper(1987)도 형제 수가 많을수록 부모의 관심이 분산되어 한 아동에게 돌아가는 몫이 적어지기 때문에 형제 수가 많은 경우 아동에게는 부정적인 영향이 많을 것이라고 하였다. 한편 형제 수가 너무 많은 것은 좋지 않으나 적당한 형제 수는 상호 협조와 경쟁하는 가운데 자아의 성장이 촉진되고 사회성이 발달해 가는 데 도움이 된다.

외동아 발달에 대한 전체적인 견해는 형제아보다 자기중심적이고 덜 협력적이며 환경에 더 적응을 못하는 것으로 알려져 있다. 외동아는 형제가 없기 때문에 부모의 지나친 애정과 과보호로 유아 스스로 능동적인 역할을 학습할 기회를 박탈당하기 때문에 유아에게 의존성이나 이기심이 나타날 수도 있다. 반면에 형제 간의 경쟁심이나 질투에 의하여 성격이 삐뚤어질 가능성이 없다는 것이 학자들 간의 공통된 견해이다(유영주 외, 2000, 재인용).

3. 형제자매 관계와 성격

형제자매 관계의 성격은 형제자매들의 성별, 연령별 구조와 부모의 존재 여부 등 여러 가지 가족적 환경에 따라 다양하고 형제자매들이 여러 성장 단계를 거치는 과정에서 변하는 것이다.

Bank와 Kahn(1982)에 의하면, 형제자매 관계란 네 가지 인간적 욕구들을 기초로 하여 이루어지며, 이 욕구들이 형제자매와의 상호작용을 통해 어느 정도 만족되느냐에 따라 가까운 또는 먼 관계가 될 수 있다고 한다.

이 네 가지 욕구들은

① 인간적 접촉과 친밀감을 느끼고자 하는 욕구

② 매일매일 어느 정도의 활동과 개인적 상호작용을 하고자 하는 욕구

③ 자기 역할과 상호 보완적으로 작용할 수 있는 역할에 관한 욕구

④ 개인이 가지고 있는 가치관에 대한 지지를 받고자 하는 욕구

이러한 욕구들을 바탕으로 맺어지는 형제자매 관계는 구체적으로 어떤 형태를 취하는가?

Goetting(1986)은 어린 시절과 청소년 시절 형제자매 관계의 특성을 우애와 감정적 지지, 부모 역할 대행, 원조와 봉사의 세 가지 측면으로 나누고 있다.

첫 번째 상호 지지 측면을 보면, 형제자매들은 서로서로 사랑, 우애, 편안함 등을 제공한다. 어린 시절의 형제자매는 흔히 감정적 지지의 일차적 근원이 되기도 하며, 이런 유대는 청소년기로 접어들면서 지속된다. 청소년들은 부모에게 말씀드리기 어려운 문제에 부딪치는 등 개인적인 고민을 갖게 되는데, 형제자매는 서로의 속마음을 털어놓고 얘기할 수 있는 좋은 상대가 되기도 한다. 이런 일들로 인해 형제자매 사이에는 강력한 유대가 맺어지게 되고 여기에서 부모는 제외되는 것이다.

둘째, 부모 역할 대행의 측면을 보면, 우리나라에서는 흔히들 첫째 딸은 가사를 돌보고 동생을 돌봐주는 살림밑천이라고 말한다. 부모가 역할을 제대로 하지 못하는 가족의 나이 많은 자녀들은 동생들에게 부모 역할을 대신하게 된다. 이런 부모 역할의 대행은 대가족, 한부모가족, 가난한 가족, 부모가 질병에 시달리는 가족, 부모가 모두 정규 직업을 갖고 있는 가족 등에서 볼 수 있다.

셋째, 원조와 보상의 측면을 보면, 형제자매들은 각자가 부모와의 관계에 있어서 문제가 생기거나 부모가 부모 역할을 효과적으로 수행할 수 없을 때 서로서로 다양한 원조와 봉사를 제공한다. 형제자매들은 그들 중에 어느 한 사람이 부모와 의견 충돌을 하게 되면 그 사이에 끼어들어 중재를 하기도 하고 서로 힘을 합쳐서 부모와 협상을 벌이기도 한다. 이렇게 부모를 상대로 하는 형제자매들의 연합은 다양한 해석 작업(translation service)의 형태를 취한다. 형제자매들은 부모와 충돌 상태에 있는 형이나 동생의 행동을 부모가 이해하도록 변호해 주어 형이나 동생이 부모로부터 벌을 받지 않도록 도와주기도 하고 부모의 행동, 기분, 태도 등에 대하여 서로 이야기하며, 앞으로 닥칠 부모로부터의 꾸중에 대해 서로가 마음의 준비를 하기도 하며 모두가 목소리를 높여서 부모가 청소년의 문화를 이해하도록 설득하기도 한다(Goetting, 1986).

4. 형제자매 관계의 발달

형제자매 관계도 다른 관계와 마찬가지로 시간과 함께 변화한다. 따라서 형제자매 관계의 양상을 보다 심층적으로 알아보기 위해 각 발달 단계별 형제자매 관계의 특성을 살펴보고자 한다.

1) 영유아기

영유아기의 형제자매 관계는 부모의 한정된 가족 자원을 나누어야 하는 경쟁자의 역할이 크다. 특히 첫째 자녀에게 형제자매의 출생은 상당한 심리 · 정서적 부담을 주기 때문에 첫째 자녀는 동생이 태어난 것을 반가워하는 긍정적인 반응과 함께 그동안 혼자 받아왔던 부모의 관심을 나눠야 하는 상황에 대해 심리적으로 스트레스를 받게 된다(Volling, 2005). 이러한 심리 · 정서적 부담으로 영유아는 극단적으로 잘 가리던 소변을 가리지 못하거나 아기 때의 행동을 하는 등 더 어린 나이로 돌아가는 퇴행(regression) 행동을 보이기도 한다(조성연 외, 2009). 그러나 이러한 변화 특성을 보이는 손위 형제라도 손아래 동생을 직접적으로 공격하는 일은 드물다. 이러한 사실은 손아래 형제의 출생으로 형제관계가 형성된 18~24개월의 손위 형제를 관찰한 Dunn과 Kendrick(1982)의 연구에서 잘 나타난다. 비록 이 연구에서 일부 형제 상호 간의 행동이 부정적인 것도 있었으나, 형제 간 상호작용은 매우 다양하고 긍정적인 행동과 감정을 보였다. 손위 형제 55%가 손아래 형제에 대해 온정적이고 애정적인 행동을 하였고, 손아래 형제 70%가 손위 형제에 대해 우호적인 행동을 하는 것으로 나타났다. 게다가 손위 형제 95%가 동생 보살피기를 돕고 싶어하는 것으로 나타났으며 동생의 출생 후 손위 형제가 보이는 문제 행동은 몇 달 사이에 대체로 사라지는 것으로 나타났다(전귀연 · 임주영, 2006).

2) 아동기

인생 초기의 형제자매 관계는 상호작용 행동들에서 상당히 가변적인 특성이 있지만, 그럼에도 불구하고 형제자매 간 좋은 유대관계의 초석은 초기 아동기에 형성된다. 즉, 초기 아동기에 형성된 애정이 어린 관계는 친밀함과 보살핌으로 변화되어 성인기 후기까지 그대로 지속되며 관계의 부정적인 측면도 어느 정도 지속성을 가지고 있다.

한편 초기 아동기부터 중기 아동기까지의 기간은 형제들 환경에 많은 변화가 있는 시기이다. 이 시기에 형은 동생보다 더 일찍 학교와 또래라는 세계에 들어가게 된다. 그 결과 동생이 학교에 들어갈 준비가 되었을 때, 형은 학교 관련 문제들에 대해 동생을 도와줄 수 있다. 이러한 과정을 거치면서 형제들은 점점 부모로부터 독립하게 되면서 더 밀접한 관계로 발전할 수 있다.

중기 아동기의 형제자매 관계는 이전보다는 더욱 평등하고 균형 잡힌 관계로 발전한다. 특히 맏이에 대한 양육의 부담이 줄어들면서 다른 자녀들에게 보다 균형 있게 부모의 관심을 쏟을 수 있게 된다. 이러한 변화는 동생에게는 독립심이 생기게 되고 형은 동생을 돌보아야 하는 책임감에서 벗어날 수 있다(전귀연 · 임주영, 2006).

아동기 형제자매 관계를 연구한 결과들은 형제자매 관계가 온정이나 애정 같은 긍정적 차원과 갈등이나 경쟁 같은 부정적 차원으로 구성된다고 보고한다(장휘숙, 2008; Stocker & McHale, 1992). 실제로 형제자매들은 동일한 부모의 자녀들이므로 서로 유전자를 공유하고 유사한 환경에서 오랫동안 생활하므로 온정과 갈등을 모두 경험할 수 있다. 그들은 서로 보살피고 상의하며 돕고 의논하며 의지하기도 하지만, 더 좋은 것을 갖고 더 우월해지기 위해 혹은 부모의 관심과 애정을 얻기 위해 갈등하고 경쟁할 수도 있는 양가적 관계를 형성한다.

3) 청소년기

다른 시기와 비교해서 청소년기의 형제관계에 대해서는 거의 알려진 바가 없다.

전체적으로 청소년기는 아동기에 비해 형제자매 관계의 긍정적 관계 유형인 친밀감, 지지, 동료의식이 약해진다(Brody et al., 1994). 그 이유는 청소년기에 접어들면서 청소년은 심리적 독립성을 추구하고 가족 외부 세계에 대한 관심이 커지며 가족관계의 몰입 정도가 줄어들면서 형제자매 관계라는 가족관계의 친밀도가 약화되기 때문이다.

형제자매 간 부정적인 관계 유형인 갈등도 청소년기 내의 어떤 발달 시기인가에 따라 그 결과가 다르게 나타난다. 전체적으로 경쟁과 갈등은 초기 청소년기에 최고점에 도달하고 후기 청소년기에 감소하는 경향이 있다.

일반적으로 청년 후기나 성인기에 이르면 Cicirelli(1991)의 주장대로 부모의 편애에 기인한 형제자매 간의 경쟁은 크게 감소하지만, 형제자매 간의 우월과 경쟁심, 적대감 및 말다툼은 여전히 계속된다.

4) 성인기

성인기 형제자매들은 서로 상의하고 협조하며 보살피지만, 자주 경쟁과 갈등을 경험한다. 일찍이 22세부터 93세까지의 형제자매 관계를 연구한 Ross와 Milgram(1982)은 표본의 45%가 형제자매 간에 경쟁한다고 보고하였다. 그러나 성인기 동안에는 형제자매가 부담스럽고 싫으면 스스로 접촉하지 않을 수 있으므로 성인기의 형제자매 관계는 아동기만큼 갈등이나 경쟁이 크지 않을 것으로 예상된다.

성인기의 형제자매 관계는 아동기나 청소년기에 비해 상호작용이나 접촉이 빈번하지 않지만, 직·간접적인 접촉과 부모를 매개로 한 우회적인 의사소통을 통하여 유대관계를 지속하는 특성이 있다(Lee, 1990).

성인기의 형제자매 관계는 여러 인생 사건들 혹은 외부의 압력 등을 경험하면서 관계의 질이 증진되기도 하고 붕괴되기도 한다(Cicirelli, 1995). 이러한 특징은 성인기에 들어서면서 형제자매 관계가 가족을 떠나 새로운 생식가족을 형성하게 됨에 따라 과거에 비해 다소 소원해지고 서로의 삶에 영향을 미치지 않기 때문일 수도 있다. 그러나 이러한 변화 가능성에도 불구하고 형제자매 관계는 노년기를 거치면서 서로에게 의미 있는 존재로 없어서는 안 될 중요한 역할을 수행하여 서로에 대한 정서적인 지지와 상호작용을 통하여 삶의 질을 향상시키는 데 기여한다(Ross & Milgram, 1982).

35~65세의 성인 형제자매를 대상으로 과거 자신의 형제자매 관계를 회상하고 미래의 형제자매 관계를 예상하게 하는 연구(Cicirelli, 1994)가 이루어졌다. 대상자의 연령에 따라 아동기, 청소년기, 초기 성인기, 중년기, 노년기의 형제자매 관계를 회상하도록 하였다. 이 연구에서 여자 형제들은 청소년기 동안 형제자매 관계의 긍정적인 측면이 감소했지만, 성인기를 통해 다시 증가하였고 노년기에도 그 관계가 변하지 않는 것으로 나타났다. 이에 비해 남자 형제들은 연령에 따른 형제자매 관계의 변화가 거의 없는 것으로 나타났다. 그러나 일부 연구자들은 전 생애를 통한 형제자매 관계의 변화는 단순히 연령에 따라 변화하기보다는 형제 개개인의 인생 환경과 경험에 따라 다른 특성이 나타난다고도 하였다.

5) 노년기

노년기의 형제자매 관계에 대한 연구는 주로 서구 사회를 중심으로 연구되어져 우리나라에서는 1990년대 들어서면서부터 연구가 시작되었다.

형제자매 관계는 전 생애를 통한 애정과 갈등의 양면적 감정이다. 아동기, 청소년기의 형제자매 간에 존재했던 경쟁적 관계가 노년기에 들어가면서 감소한다는 견해가 있고, 이와 상반된 연구 결과도 있다.

Gold(1989)는 연령 증가에 따라서 부러움, 질투, 분노의 감정은 감소되고 친밀성과 애정 그리고 감정적 차원 및 심리적 참여가 증가한다고 하였다. 왜냐하면 노년기가 되면 외로움을 느끼게 되어 따뜻한 인간관계에 대한 욕구가 커지는데, 노년기에 형제자매 간의 관계를 통해 이를 충족하기 때문이라고 하였다. 전혜정(1993)의 연구에서도 우리나라 노년기 형제자매 관계의 갈등은 성인기보다 갈등이 완화되는 경향이 있다고 하였다. 따라서 아동, 청소년기, 성인기를 통해 존재해 왔던 갈등관계가 완화 또는 해결되어 좀 더 긍정적인 관계로 발전되어 간다.

그러나 Laverty(1962)는 연령 증가에 따라서 경쟁심은 감소하지만, 아동기부터 지속되었던 경쟁심은 노년기에 재현된다고 하였다.

노년기의 형제자매 관계는 여성들이 남성들보다 형제자매에 대해 더 가까움을 느끼고 더 사이좋게 지낸다고 보고한다(Connidis, 2001; Spitze & Trent, 2006). 전통적으로 여성들은 가족 모임을 조직하고 가족 연결망이 유지될 수 있도록 하는 가족관계의 수호자들이기 때문에(Eriksen & Gerstel, 2002), 여성들은 남성들보다 형제자매들과 더 가까운 관계를 유지한다는 것이다. 그러나 여성들은 남성들보다 형제자매 관계에서 갈등이나 경쟁도 더 많이 경험한다는 보고도 있다(Stocker et al., 1997).

Chapter 7

친족관계

한국 사회는 전통적으로 가족주의가 강해 친족관계가 중시되는 경향을 보였지만 현대 사회가 되면서 전통적인 친족관계는 약화되었다. 한편 친족관계 중 시어머니와 며느리의 고부관계는 아들과 남편이라는 매개자를 통하여 맺은 간접적인 관계이기 때문에 여전히 어려운 관계이다. 아울러, 조부모와 손자녀의 관계는 손자녀에게는 중요한 심리적 발달을 도모할 뿐만 아니라, 조부모에게는 손자녀를 통하여 생의 보람과 의미를 느끼는 데 도움이 될 수 있다.

본 장에서는 친족관계의 범위, 고부관계의 특성과 갈등 원인 및 해결 방안, 조부모-손자녀 관계, 조손가족의 문제점, 바람직한 조부모 역할을 살펴볼 것이다.

1. 친족

친족이란 혈연으로 맺어진 관계와 그 배우자를 말한다. 법률상으로 친족의 범위는 ① 8촌 이내의 혈족, ② 4촌 이내의 인척, ③ 배우자로 되어 있다(민법 777조). 이와 같이 친족관계에 사회적으로 또는 법률적으로 일정한 한계를 긋게 된

근거는 당해 사회의 경제 구조에 따르는 공동생활 관계의 여부와 그 사회제도에 의한 사상적인 기초에 의하여 결정된다고 볼 수 있다. 법률상 인정되는 친족관계에 대하여서는 친족이란 신분에 의하여 부양관계, 상속관계 등 여러 가지 법률상의 권리와 의무를 가지게 된다.

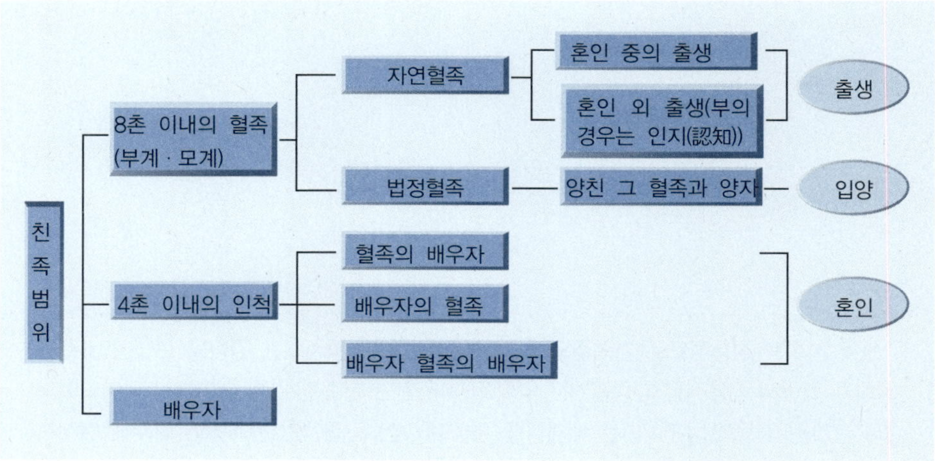

그림 7-1 친족의 범위

1) 혈족

혈족은 직접 피를 나눈 사람들을 말하며 부모와 자식 간을 1촌으로 놓고 촌수를 따진다. 가령, 내게 동생이 한 명 있다고 할 때 나와 나의 아버지 사이가 1촌이고 나의 아버지와 동생이 1촌, 합해서 나와 동생은 2촌이 된다. 이를 기준으로 촌수를 세어서 8촌 이내이면 여기에 해당된다. 혈족은 자연혈족과 법정혈족(또는 준혈족, 인위혈족)으로 구분된다. 사실상 혈연의 연락이 있는 사람을 자연혈족이라 한다. 예컨대 부모와 자녀, 형제자매, 숙질 등을 말한다. 자연혈족에는 부계혈족과 모계혈족이 있다. 이러한 자연혈족 관계는 출생에 의하여 발생한다. 다만, 혼인 외의 출생자는 모와의 관계는 출생에 의하여 생기지만, 부(父)와의 관계는 인지(認知)에 의하여 혈족관계가 생긴다. 자연혈족 관계는 사망으로 인하여 소멸하지만, 사망한 사람을 통하여 연결된 생존자와의 혈연관계에는 영향을 주지 않으므로 부모가 사망하더라도 조부모와 손자 또는 형제자매 상호 간의 관계는 소멸하지 않는다. 법정혈족 관계란 사실상 혈연관계가 없지만, 법률이 입양과 같은 사실에 입각하여 서로 자연혈족과 같은 관계를 인정한 관계를 말한다. 이러한 법정혈족에는 양친족 관계(養親族關係)가 인정되고 있다.

2) 배우자

혼인에 의하여 결합된 남녀를 서로 배우자라 하며 사실상의 부부나 부첩관계에 있는 자는 배우자가 아니다. 배우자관계는 혼인의 성립(혼인신고의 수리)에 의하여 발생하며 당사자 일방의 사망, 혼인의 무효 · 취소 또는 이혼으로 인하여 소멸한다.

3) 인척

인척의 계원(系源)은 혈족의 배우자, 배우자의 혈족, 배우자 혈족의 배우자이며(769조), 인척의 범위는 4촌 이내이다(777조 2항). 인척관계는 혼인에 의하여 발생하며 혼인의 무효 · 취소 또는 이혼, 배우자 사망 후의 재혼에 의하여 소멸한다(775조). 형제자매의 배우자(형수, 제수, 매제, 매부, 올케, 형부 등), 배우자의 형제자매(처남, 처제, 처형, 시누이, 시동생 등), 배우자 형제자매의 배우자(처남댁, 동서관계 등), 이모부, 고모부, 외숙모, 큰어머니, 작은 어머니 등이 해당된다.

예 • 나의 오빠가 결혼을 하였다. 나와 오빠는 혈족, 오빠와 오빠의 부인은 서로 배우자이므로, 즉 나에게 있어서 그 여자 분은 '혈족의 배우자'(시누이–올케 관계)가 되므로 인척이다.

• 이번에는 내가 결혼을 했다고 가정하자. 나와 나의 아내는 서로 배우자 관계가 된다. 또한 그 아내에게 남동생이 있다고 치면 아내와 남동생은 혈족 간이므로 나에게 있어서 아내의 남동생, 즉 처남은 '배우자의 혈족'(처남–매제 관계)이므로 이는 인척에 해당한다.

• 내 아내의 혈족인 처형이 결혼을 했다고 하면 처형과 처형의 남편은 서로 배우자가 되므로 나에게 있어 처형의 남편은 '배우자 혈족의 배우자'가 되므로 이 역시 인척에 해당한다.

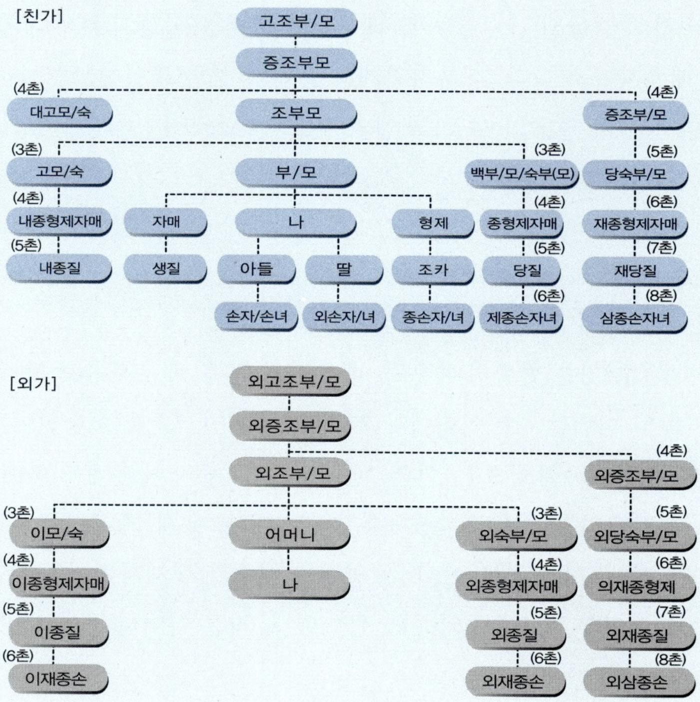

그림 7-2 친족관계 도표

♥ 국민들이 생각하는 친족은 몇 촌까지?

국민 10명 가운데 7명은 친족의 범위를 4촌 이내라고 생각하는 것으로 조사됐다. 전국경제인연합회가 리서치 전문기관에 의뢰해 전국 성인 남녀 800명을 대상으로 조사한 '친족범위에 대한 국민인식'에 따르면, 응답자의 68.6%가 4촌 이내를 친족으로 여겼다. 구체적으로는 응답자의 4.8%가 배우자 · 자녀, 18.0%가 부모 · 형제 · 3촌, 45.8%가 4촌까지를 친족으로 생각했다. 6촌까지를 친족으로 생각하는 응답자는 24.6%였다. 4촌 이내를 친족으로 생각하는 연령별 비율은 19~29세는 61.5%, 30대는 50.2%, 40대는 45.3%, 50대는 40.9%, 60대는 29.6%여서 젊을수록 4촌까지를 친족으로 생각하는 비율이 높았다. 반면 60대는 6촌까지를 친족으로 생각하는 비율이 30.6%, 그 이상까지도 친족으로 생각한다는 비율이 16.7%에 이르러 친족의 범위를 넓게 봤다.

(한국경제. 손형석 click@hankyung.com)

2. 가족 유형 및 인식의 변화

한국의 전통적인 3대 대가족은 1970년대 산업화 이후 핵가족을 거쳐 2인 가구로 수렴되고 있다. 통계청이 발표한 '2018년 인구 · 주택 총조사'는 한국의 주된 가구 유형이 종전의 4인 가구(17.0%)에서 2인 가구(27.3%)와 1인 가구(29.3%)로 옮겨 가고 있음을 보여준다(그림 7-3, 7-4). 가족 구성 인원은 줄고 아이가 없는 맞벌이부부, 이혼 등을 이유로 한 한부모가정, 미혼모가정, 조부모와 손자녀가 함께 사는 조손가정 등 형태는 오히려 다양해졌다.

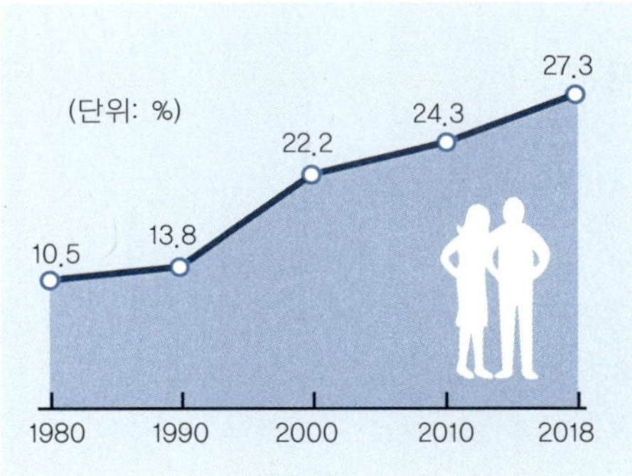

그림 7-3 2인 가구 비중 추이

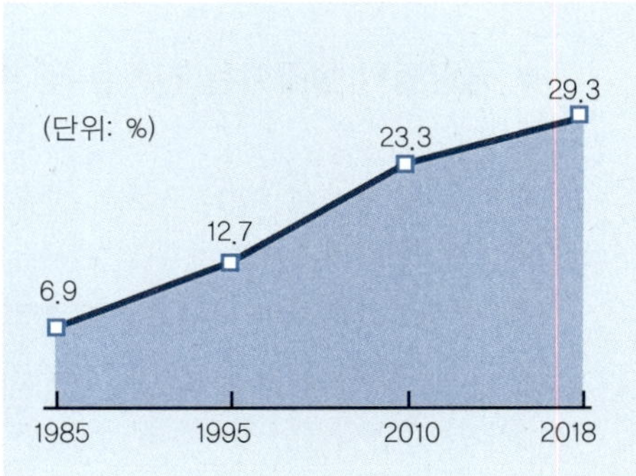

그림 7-4 1인 가구 비중 추이

여성가족부가 2005년부터 5년마다 조사를 실시해 2015년 발표한 '제3차 가족 실태' 조사 결과에서 가족의 범위는 대체적으로 축소되었다가 조금 늘어난 추세이다(그림 7-5). 즉, 배우자의 부모도 내 가족이라고 답한 사람은 2010년 50.5%로 줄어든 후 2015년 56.9%에 그쳤고, 자신의 부모를 가족이라고 생각하는 사람도 2010년 77.6%로 감소되었다가 2015년 조금 늘어난 86.3%로 나타났다. 이어 형제자매를 가족으로 여기는 응답자 역시 2010년 63.4%로 감소되었다가 2015년 76.0%로 조금 늘어났으며, 배우자의 형제자매까지라는 응답도 2010년 29.6%로 감소되었다가 2015년 43.2%로 늘어났다.

친조부모와 외조부모를 가족으로 인식하는 비율도 감소했다. 10년 전 각각 63.8%, 47.6%로 집계됐던 수치가 이번 조사에서는 각각 42.8%, 33.2%로 나타났으며 10년 전에는 친손자녀(58.9%)와 외손자녀(47.9%)를 가족이라고 생각했지만, 지금은 친손자녀 33.3%, 외손자녀 29.0%로 줄었다. 심지어 자녀와 배우자를 가족으로 인식하는 비율도 각각 83.8%, 82.1%로 감소했거나, 감소 후 비슷하게 유지되었다.

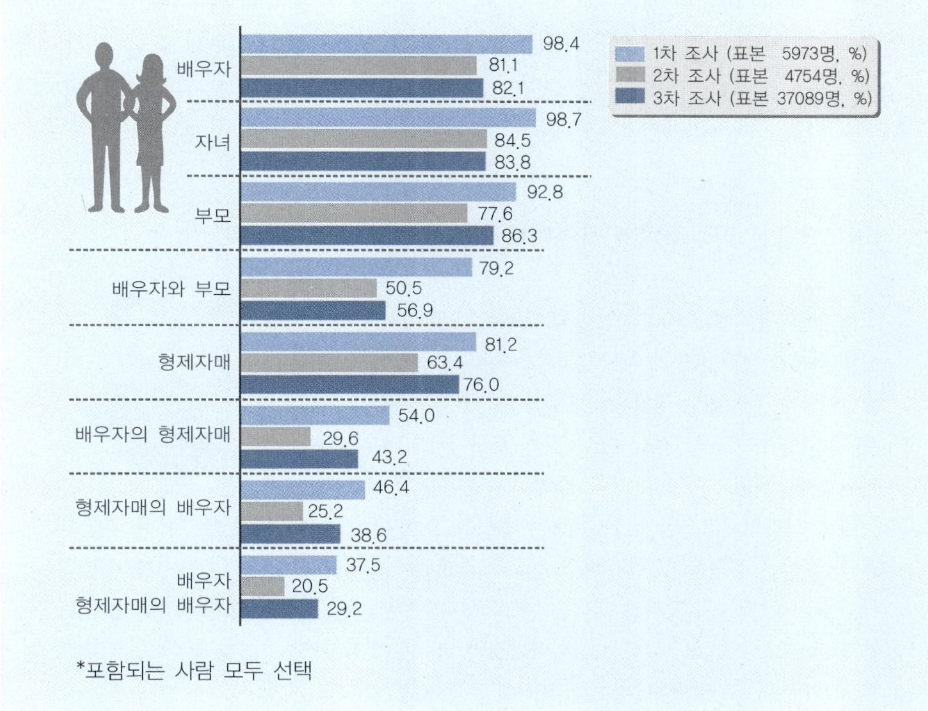

그림 7-5 2005~2015년 '우리 가족' 인식 비교

3. 고부관계

고부관계는 결혼에 의해 시작되는 가족 내 인간관계 중 하나로 기존 세대로서의 시어머니와 혼입 세대로서 며느리의 새로운 상호작용 관계를 말한다. 이러한 고부관계는 혈연의 연결이 없는 타인끼리 한 남성을 매개로 인위적 관계를 맺는 것이므로 가장 문제가 많은 가족 내의 인간관계이다(유영주 외, 1996).

통계청 조사 결과에 의하면, 매년 10,000 쌍의 부부들이 고부 갈등의 이유로 이혼을 선택하고 있을 정도로 누구나 공감할 만한 어려운 문제이다. 일반적으로 고부 갈등의 근본적인 문제는 서로에 대한 다른 기대에서 출발한다. 특히 도시화와 산업화 이후 가족관계에 대한 인식 변화와 함께 고부 갈등의 문제 또한 과거와 달리 표출되기 시작했다.

♥ **'요즘은 민주주의형 시어머니가 대세?'**

현대백화점은 30~50대 고객을 대상으로 고부관계에 대해 설문조사를 실시한 결과 40%가 자신이 보는 시어머니의 스타일은 민주주의형이라고 응답했다. 권위주의형이라고 응답한 경우는 32%였으며 자유방임형이 28%로 뒤를 이었다. 또한 응답자의 73%는 나중에 자신도 민주주의형 시어머니가 되고 싶다고 답했다.

현재 시어머니가 며느리를 부르는 호칭은 '~엄마'(45%)가 가장 많았으나, 며느리가 듣고 싶은 호칭은 이름(52%)인 것으로 조사됐다. 며느리들이 시어머니에게 가장 고마움을 느낄 때는 친딸처럼 대해줄 때(25%)이고 반대로 가장 서운할 때는 남편을 편애할 때(54%)인 것으로 나타났다. 시어머니와 마음을 맞춰 가장 즐겁게 할 수 있는 일로는 가사(26%), 쇼핑(18%), 취미생활(15%) 등이 꼽혔다.

고부 갈등 시 남편의 역할에 대해서는 적당히 내 편을 들어야 한다(43%)는 응답이 가장 많았고 합리적인 중재(33%), 엄정한 중립(14%) 등이 뒤를 이었다.

시어머니와 함께 사는 이유로는 불가피한 선택이라는 응답이 57%로 가장 많았고 육아 및 자녀 교육에 도움(18%), 경제적 이유(14%) 순이었다.

(국민일보, 김준엽 snoopy@kmib.co.kr)

1) 고부 갈등의 원인

우리나라의 고부 갈등이 조선 전기 제사 승계권을 둘러싼 시어머니와 며느리의 권력 다툼에서 비롯됐다는 가설이 있다. 즉, 종법(宗法) 질서의 확립 과정에서 적

장자가 아들을 낳지 못한 채 사망했을 때 누가 제사를 주재할 권한을 갖는가를 놓고 시어머니와 며느리가 대립을 벌이면서 이전까지 존재하지 않았던 갈등관계가 생겨났다는 것이다. 특히 우리나라의 가족 구조는 가족관계 내에서 가족 권력, 권위 등이 고부 갈등에도 중요한 영향을 미치는데, 현대가정에서 겪는 고부 갈등의 원인을 심리적 · 사회적 요인 등을 중심으로 살펴보면 다음과 같다(www.inbora.com).

첫째, 애정 구조에 따른 갈등이다.

지금 시어머니 소리를 듣고 있는 세대의 노인들은 지금 젊은 세대의 여인들과는 전혀 다른 결혼 배경을 갖고 있다. 즉, 지금처럼 결혼 당사자들의 의사(意思)가 고려되지 않고 부모들의 결정에 의해 결혼을 한 경우가 대부분이다. 이렇게 처음부터 마음에 안 맞는 결혼을 했으니 결혼을 하고도 남자들은 아내의 사랑을 찾기보다는 밖으로 돌아다니며 사랑의 유희를 즐겼고, 이것이 불가능한 여자들은 남편에게 쏟지 못한 사랑을 자식에게 쏟아부었다. 문제는 이렇게 키운 아들이 성년이 되어 결혼을 하게 되었을 경우이다. 며느리를 맞이하고 나니 어머니는 사랑을 쏟을 대상을 빼앗기고만 것이다. 즉, 어머니와 아들 사이의 특별한 모자관계로부터 고부 간의 갈등은 시작이 되었다.

둘째, 세대 차이의 갈등이다.

고부(姑婦)라는 말에서 볼 수 있듯이 시어머니는 옛날 여인이다. 따라서 그 세대의 부부가 사랑하는 방법과 지금 젊은 세대의 부부가 사랑하는 방법에는 차이가 있을 수밖에 없다. 이런 세대 간의 차이를 서로 이해하지 못할 때 고부 갈등은 증폭이 된다.

셋째, 열등감에서 오는 갈등이다.

시어머니와 며느리의 성장 배경과 가족 문화는 다를 수밖에 없다. 옛날 어려운 시대를 살아온 대부분의 시어머니들은 공부를 할 수 있는 기회가 없었다. 또한 여자는 배울 필요가 없다는 인식이 보편화되어 있었기 때문에 대부분의 여인들은 그저 소학교만 나올 수 있었으면 그나마 족했다. 그러나 지금 새로 들어오는 며느리들이야 고등학교 졸업은 기본이고 대학을 졸업한 며느리가 대부분이다. 따라서 며느리는 이런 시어머니의 못 배운 한이나 열등감을 이해하지 못한다. 열등감에서 나오는 고부 간의 갈등은 두 집안의 생활 차이가 심할 때 두드러진다.

넷째, 한국의 오래된 가정 전통이다.

젊을 때 시부모로부터 시집살이를 심하게 겪은 사람들이 늙으면 며느리에게 시집살이를 혹독하게 시킨다는 것이다. 이것은 시어머니된 사람들이 가지고 있는 전통적인 사고방식을 잘 나타내는 것이다. 이렇게 며느리와 딸이 엄격하게 구별되고 시어머니와 친정어머니의 한계가 분명한 가정 전통 속에서 고부 간의 갈등은 끝이 없다.

다섯째, 고부 간의 갈등 해소 기회 부족이다.

사람은 서로 가까이 하고 자주 만나 대화를 나누다 보면 미운 정 고운 정이 들게 되어 있다. 그러나 가까운 사이라도 오랫동안 서로 만나지 못하고 대화가 없다보면 사이가 점점 멀어지게 된다. 그러나 지금은 가족이 뿔뿔이 흩어져 사는 핵가족 시대가 되었다. 자주 만날 기회가 없으므로 갈등을 해소할 기회가 드문 것이다.

♥ 생각해 보기

서양에서도 시어머니와 며느리 간 갈등이 큰 것으로 조사됐다. 영국 대학 연구에 따르면, 기혼 여성의 60% 이상이 시어머니와 갈등을 느끼는 것으로 나타났다. 캠브리지 대학의 심리학자는 20년간 163명을 조사, 60% 이상의 기혼 여성이 시어머니와의 갈등으로 장기적인 스트레스를 받고 있다는 것을 알아냈다. 고부 갈등의 공통적인 원인은 여성의 전통적인 역할, 즉 아이 돌보기와 집안일에 관한 것이었다. 특히 시어머니의 경우 손자를 자신이 바라는 방식대로 돌보아지지 않으면 잘못 키워지고 있다고 생각한다고 설명한다. 연구는 또한 여성의 3분의 2가 시어머니가 남편과의 관계를 질투하고 있다고 느끼며, 시어머니의 3분의 2는 며느리가 자신을 따돌린다고 느낀다고 밝혔다.

(세계일보. 엄형준 ting@segye.com)

2) 고부 갈등 해소 방안

고부 간의 문제는 당사자 사이에만 국한되지 않고 다른 가족관계에도 영향을 미친다. 특히 고부 갈등이 심화될 때 가족 전체의 불안 상황이 조성된다. 예를 들면 부부관계에 악영향을 미치며 모자관계나 조부–손자녀 관계 그리고 남편의 좌절감, 며느리의 우울증, 시어머니의 가출이나 방황, 형제자매 간의 갈등을 초래할 수 있다.

일반적으로 갈등은 회피되어야 한다고 생각되지만, 고부관계에서 위험한 것은 갈등 그 자체가 아니라 갈등이 해결되는 과정이다. 따라서 갈등의 양상과 원인을 파악하고 타협과 조정의 기술을 통해 고부 간의 갈등을 현명하게 해결해 나가야 한다. 이를 위해, 개인과 가족 그리고 사회적 측면에서 다각도의 노력이 필요하다.

(1) 개인 · 가족적 측면

원만한 고부관계를 위해서는 시어머니, 며느리, 남편의 노력이 모두 필요하다. 시어머니와 며느리 모두 한 남성을 아들로 또는 남편으로 공유하는 같은 여성으로서 서로의 입장을 돌아보고 배려하는 자세를 가져야 하며 아들 또는 남편은 중간 역할자로서 중립자 역할을 잘 수행해야 한다. 시어머니 측, 며느리 측, 아들이자 남편 측에서 노력할 방안은 〈표 7-1〉과 같다.

표 7-1 개인 · 가족적 측면의 노력 방안

시어머니 측	며느리 측	남편(아들) 측
며느리에게 가사 주도권 및 경제권, 자녀 양육권을 양도하고 협조하는 입장에 선다.	시어머니에게 무조건 부정적인 선입관을 갖지 않도록 한다.	고부관계를 조정하는 역할을 요령 있게 한다.
아들가족을 하나의 독립체로 받아들이고 자녀의 부부관계에 간섭하지 않는다.	웃어른에 대한 예우를 하며 항상 의논하는 태도를 갖고 일상생활에 조언을 구한다.	남편에 대한 신뢰와 애정을 갖고 있도록 한다.
자신의 관심을 사회적인 일인 친구관계, 종교, 취미생활 등으로 돌린다.	집안의 중요한 행사는 어른의 의견을 존중하고 실행하는 등 집안의 어른으로 대우한다.	전체 가족 구성원의 역동성을 파악한다.
세속적인 가치로부터 벗어나 종교 등에 귀의하여 마음의 평화와 죽음에 대해 평정하고 안정을 추구한다.	세대차이란 필연적으로 있을 수밖에 없음을 인정한다.	부모의 특성, 과거의 배경 등을 이해시켜 오해의 소지가 없도록 한다.
며느리를 자신의 딸처럼 여기고 상호 존중하는 태도 · 인격체로 받아들임으로써 애정과 믿음을 갖는다.	기념일을 챙겨 부모님에게 생활의 잔재미를 마련해 드린다.	부모에 대한 존경의식, 어른을 예우하는 태도를 갖춘다.
항상 대화를 나누려는 분위기를 만들고 서로 이해하려고 노력해야 한다.	시부모님의 노인 특성을 비판하기보다는 그런 부분을 수용하고 이해하려 노력한다.	모임이나 여행 등을 통해 가족 전체가 공동체 의식을 갖도록 한다.
노인 대학이나 경로당, 평생교육 프로그램 등에 참여하여 변해 가는 시대를 경험하고 이에 적응하려는 자세 및 재사회화에 적극적으로 마음을 개방한다	친숙한 만남을 유지하도록 노력하며 규칙적으로 용돈을 드린다	애정표현을 자주 한다
노인이 될수록 가족 속에 의존할 수밖에 없음을 인식하고 가족과 화목하려는 성숙한 노인이 되도록 자신을 계발한다	손자녀와 좋은 관계를 유지할 수 있도록 환경을 제공한다	

출처 : 옥선화 외(2006).

♥ 명절날 고부 갈등을 부추기는 금기어

2005~2008년 가정법원 이혼 신청 통계를 보면, 설날과 추석 이후 이혼 신청이 크게 증가하는 것으로 나타났으며, 이로 인해 '명절 이혼'이란 신조어가 생겨났다.

시어머니 금기어

• "(내 아들) 밥은 잘 챙겨주니?"

아들에게 "밥은 먹고 다니니?", "왜 이렇게 말랐니?"라고 묻는 것은 며느리에게 남편 밥도 안 챙겨주느냐는 타박으로 들릴 수 있다. 아들에 대한 안쓰러움을 직설적으로 표현하기보다는 자연스럽게 근황을 묻거나 며느리의 건강도 챙기는 말을 건네보자.

• "세월 참 편해졌다."

며느리의 입장에서 "네가 하는 일이 힘든 건 줄 아니?" 혹은 "불평 말고 일하거라."라는 의미로 오해할 수 있다. 며느리에게 "너도 고생이 많다."라는 말로 조금이나마 위로의 말을 건네보자.

• "좋은 소식은 없니?"

걱정되는 마음에 건넨 말이지만, 많은 가족이 모인 명절날 임신 등의 부부문제가 공개되는 것은 며느리로서 큰 부담이다. 친척들까지 함께 하는 명절날 민감할 수 있는 프라이버시성 질문을 주고 받는 일은 삼가자.

며느리 금기어

• "돈 없어 힘들어요."

시부모님에게 마음 불편함과 괜한 걱정을 줄 수 있는 말. '소위 힘들어 앓는 소리'는 화기애애한 가족 분위기를 깰 수 있으니 주의한다.

• "이번만 봐주세요."

맞벌이가 고단한 것은 사실이지만 매번 명절 준비를 돕지 못해 이런 말을 반복한다면 아무리 너그러운 시어머니도 달갑지 않을 것. "빨리 가도록 노력해 볼게요.", "금방 가겠습니다."라고 말해 보자.

- **"애 버릇 나빠져요."**

명절날 친척들이 모인 가운데 공개적으로 시어머니를 탓하는 듯한 뉘앙스를 풍길 수 있는 말이다. 자녀 교육관이 다르겠지만 손주에 대한 시어머니의 사랑을 두고 너무 조목조목 따지지 말자.

(김수미 leolo@segye.com)

(2) 사회적 측면

고부 간의 관계를 증진시키기 위해서는 개인과 가족의 노력만으로 한계가 있으므로 사회적 뒷받침이 뒤따라야 한다. 첫째, 시어머니들의 여가생활을 위한 시설 및 프로그램의 활성화가 요구된다. 둘째, 다양한 고부 갈등 해소 프로그램이 보급되어야 한다. 셋째, 노인의 경제적 독립을 지원하는 제도 및 시부모를 부양하는 며느리와 가족에 대한 사회적 지원 및 혜택이 확대되어야 한다(최규련, 2007).

♥ 고부문제, 좋은 시어머니 되는 법 50가지

1. 며느리는 친정당을 탈당하고 시집당에 입당했다. 공로를 인정하라.
2. 며느리를 침입자로 보지 말라. 우호적인 감정을 가져야 공존한다.
3. 며느리는 내가 할 일을 대행하여 주는 존재다. 고마워하라.
4. 사돈끼리 잘 지내면 아들 내외도 잘 지낸다. 안사돈과 절친이 되라.
5. 현미경으로 며느리를 보지 말라. 망원경을 쓰고 보라.
6. 처음부터 원만히 지내라. 첫 단추을 잘못 끼우면 끝까지 힘들어진다.
7. 며느리는 가문의 대를 이어주려고 온 천사다. 인증사진을 날려라.
8. 큰며느리 작은 며느리 차별하지 말라. 당한 며느리 피눈물 난다.
9. 웃는 얼굴로 며느리를 대하라. 표정이 밝아지면 운세도 밝아진다.
10. 며느리를 개조시키려 말라. 며느리에 맞게 나를 고쳐라.
11. 며느리의 좋은 점만 칭찬하라. 좋은 점이 커지면 나쁜 점은 없어진다.
12. 며느리를 딸로 대하라. 말로만 하지 말고 행동으로 보여야 한다.
13. 행복한 시어머니가 되라. 좋은 점은 두 눈 뜨고 보고 나쁜 점은 한 눈 감고 본다.
14. 친구끼리 모여 며느리 흉보지 말라. 그처럼 흉한 모습도 없다.
15. 며느리 흉보는 시어머니는 IQ 64다. 바보가 되면 구제불능이다.

16. '내 며느리 최고' 라고 생각하라. 그래야 최고로 변한다.
17. 아들과 며느리 문제에 끼어들지 말라. 편들려면 며느리 편을 들어라.
18. 내가 잘못했을 때는 사과를 하라. 어른도 잘못하면 사과를 해야 한다.
19. 매주 1회는 가족회의를 하라. 대화 속에서 문제가 풀어진다.
20. 짐 되는 부모가 되지 말라. 짐 덜어주는 어른이 되라.
21. 나와 며느리는 세대가 다르다. 세대차이를 인정하라.
22. 같은 얘기를 자꾸 반복 말라. 좋은 말도 한두 번이다.
23. 사돈집 험담을 하지 말라. 자살 폭탄보다 더 위험하다.
24. 아들이 제 처 편든다고 섭섭해 말라. 그것이 아들의 생존전략이다.
25. 조금 잘해도 크게 칭찬하라. 칭찬의 위력은 기적을 만든다.
26. 이래라 저래라 간섭하지 말라. 불간섭주의를 유지하라.
27. 말대답한다고 속상해 말라. 며느리 입장에서는 의사표현이다.
28. 이 말 저리 전하고 저 말 이리 옮기면 배척당한다. 말 배달을 하지 말라.
29. 사랑으로 감싸줘라. 모든 부정적인 감정이 녹아내린다.
30. 며느리 말에도 귀를 기울여라. 경청은 대화의 예술이다.
31. 손자들과 잘 지내라. 손자가 따르는 할머니는 행복 종결자다.
32. 품 안에 자식이다. 아들이라고 내 마음대로 된다는 생각을 버려라.
33. 아들보다 며느리 파워가 배 이상 커졌다. 계란으로 바위를 치지 말라.
34. 누구나 지켜야 할 예절이 있다. 며느리에게도 예절을 지켜라.
35. '고맙다. 잘한다. 훌륭해' 등을 입에 달고 살라. 그래야 따라온다.
36. 며느리 일을 거들어 줘라. 협력관계는 아군을 만드는 관계다.
37. 인터넷하는 시어미가 되라. 동류의식을 갖게 된다.
38. TV채널권은 며느리에게 돌려줘라. 그래야 미움을 덜 받는다.
39. 자식 방이라고 문 벌컥 열지 말라. 며느리 가슴 덜컥 내려 안는다.
40. 가끔 용돈을 쥐어 줘라. '오가는 현찰 속에 우리 사이 좋은 사이' 다.
41. 쌀쌀한 말투 대신 정감 있는 말씨를 사용하라. 그래야 소통된다.
42. 섭섭한 일은 지워버려라. 그래야만 정신 건강에 유리하다.
43. 책 읽는 시어머니가 되라. 그래야 존경받는다.
44. '흥하는 말씨 망하는 말투' 가 있다. 불조심보다 말조심이다.
45. 바라기 때문에 갈등이 생긴다. 베푸는 쪽으로 생각을 전환하라.
46. 자식에게 짐 되지 말라. 짐을 들어주는 사람이 되라.
47. 악담 대신 덕담을 하라. 말에는 놀라운 에너지가 있다.
48. 누구나 좋아하는 일, 싫어하는 일이 있다. 며느리 성향을 파악하라.
49. 어떤 일도 강요 말라. 의사를 먼저 타진하고 협조를 구하라.
50. 사위만 100년 손님은 아니다. 며느리도 100년 손님이다.

(브레이크뉴스, 이상헌 injoyworld@hanmail.net)

한편 여성의 사회 참여가 늘어나면서 친정 부모들의 발언권이 강화되어 처가와 사위 간의 갈등이 새로운 가족문제로 등장하고 있다. 장모나 장인이 사위의 경제력이나 성격 등을 들면서 구박을 하거나 심지어는 이혼을 강요하는 사례가 늘고 있는 것이다. 특히 딸만 있거나 자녀 수가 적은 부모들은 기대가 큰 나머지 아들 같은 사위를 요구하거나 언제나 딸의 입장에 서서 사위에게 많은 주문을 하는 탓에 사위 입장에서는 때때로 감정이 상하는 경우도 적지 않다. 이제는 백년손님처럼 대접받던 사위들이 처가의 눈치 보기에 급급해지는 것이다. 문화가 다른 두 집안의 충돌은 부부간 갈등을 넘어서 처가와 사위 간의 갈등으로 확대되고 있는 것이 요즘의 세태다.

4. 조부모-손자녀 관계

조선 중기 이후의 한국 사회는 부계 사회였다. 즉, 큰아들은 결혼 후에도 부모의 집에서 동거하며 부모가 사망할 때까지 부모를 돌보며 지냈고 차남 이하의 아들들 역시 신혼 초에는 부모와 동거하다 가까운 지역으로 분가를 했다. 이러한 가족 유형하에서 아들들은 결혼 후에도 부모의 생활권에서 벗어나지 못한 상태로 생활해야 했으며 같은 공간에서 생활하는 조부모와 손자녀는 자연히 친밀한 관계를 형성할 수 있었다.

이에 비해, 딸들은 출가외인으로 간주되어 결혼과 함께 친정을 떠나 시집에서만 생활해야 했다. 딸이 낳은 자식들은 사위의 집단성원으로 간주되었으며 서로 분리된 공간에서 생활하는 외조모와 외손자녀는 소원한 관계를 형성할 수밖에 없었다.

그러나 최근의 가족 유형은 결혼과 함께 분가하는 핵가족의 형태로 바뀌고 있으며, 대부분의 결혼한 부부는 독립된 공간에서 그들의 신혼생활을 시작한다. 이와 같은 거주에서의 독립은 성인자녀와 노부모의 관계뿐만 아니라 조부모와 손자녀의 관계를 변화시키고 있다.

직업을 갖는 젊은 기혼 여성이 많아지면서 태어날 아이를 누가 키울 것인가 하는 것은 현실적인 문제로 대두된다. 여전히 육아는 한 개인의 집안문제로 남아 있으며 육아의 상당 부분은 직장생활로 어머니 역할을 충분히 할 수 없는 딸을 대신한 외할머니의 몫이 되고 있다.

이처럼 손자녀 키우기에서 외할머니의 역할이 커지면서 외가와의 관계가 점차 밀접해지고 있으며 전통적으로 내려오는 고부관계의 불편함이 외가와의 친밀감을 부추기고 있다. 이러한 상호작용에서의 변화로 인해 부계 중심의 일상생활이 그 무게 중심을 모계로 옮겨 가고 있다.

미국에서도 최근 계속되는 경기 침체와 고령화 추세로 손자녀를 돌보는 조부모들이 증가하고 있어 흥미롭다. 메트라이프 노년연구소 분석결과, 조부모가 가장 노릇을 하는 아동이 2000년 전체 아동의 6.3%(450만 명)에서 2010년에는 약 8%(580만 명)로 늘었으며, 이는 역대 인구 통계상 가장 높은 수치이다.

1) 조부모 됨의 의미, 유형 및 역할

평균 수명이 늘어나고 취업 여성이 증가함에 따라 조부모와 손자녀 관계는 조부모와 손자녀 모두에게 더욱 영향력 있는 중요한 관계가 되고 있다. 손자녀가 출생하면서 조부모가 되는 경험은 조부모들에게 긍정적 영향을 준다. 첫째, 손자녀와의 접촉을 통해 젊음과 활력을 다시 느끼게 되는 미래의 연결감을 경험한다. 조부모로서 성취감과 보람을 가지며 과거와 현재, 미래의 연결감을 경험한다. 둘째, 손자녀에게 지혜와 지식을 전수하거나 인격 성장에 도움을 주는 역할을 한다. 셋째, 손자녀를 통해 자신이나 자녀들이 이루지 못한 성취감을 기대할 수 있다(Newgarten & Weinstein, 1964; 최규련, 2007, 재인용).

조부모 됨의 유형은 소원한 유형, 적극 참여형, 동료적 유형, 조언자 유형, 대리부모형으로 구분되었다(표 7-2).

표 7-2 조부모 됨의 유형

유 형	특 성
소원한 유형	조부모와 손자녀가 멀리 떨어져 살고 서로 자주 볼 수 없으며 의례적인 모임이나 행사에서 가끔씩 만난다.
적극 참여형	대부분 같이 살거나 가까이에 거주하며 조부모가 손자녀를 키우고 지도하는 데 적극적으로 참여한다.
동료적 유형	손자녀와 따로 살면서 독립성과 자율성을 유지하며 손자녀와 함께 여가와 활동을 즐기면서 즐거움을 얻는 데 치중한다.
조언자 유형	가정 안에서 권위를 유지하고 경험과 연륜을 토대로 손자녀에게 다양한 조언을 해 주고 훈계한다.
대리 부모형	딸이나 며느리가 취업하거나, 이혼 · 경제 문제 등으로 부모를 대신하여 손자녀를 대리 양육한다.

출처 : Newgarten & Weinstein(1964), 최규련(2007, 재인용).

조부모의 역할은 가족 역사를 알려주는 역사가 역할, 생활의 지혜를 전수하고 성 역할 정체감을 형성하게 하는 훈육자 역할, 노화 과정과 미래의 가족관계와 조부모 역할을 보이는 모델 역할, 재미있는 이야기를 제공하고 상상력을 제공하는 마술사 역할로 볼 수 있다(그림 7-6).

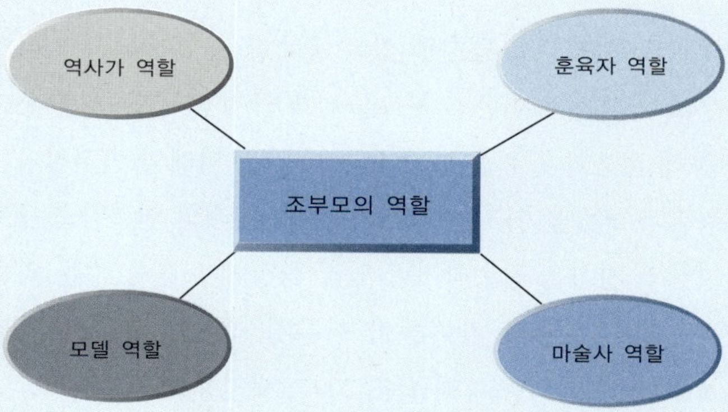

출처 : Kornhaber & Woodward(1981), 최규련(2007, 재인용).

그림 7-6 조부모의 역할

한편 손자녀 양육은 육체적 · 정신적 건강이 따라주지 않으면 어려운 일이며 육아 부담에서 벗어나 노후생활을 즐기고자 하는 조부모들에게 손자녀 양육은 달갑지만은 않다. 또한 자녀 세대와의 '육아관' 차이 탓에 손자녀 양육을 포기하는 경우도 있다.

♥ 생각해 보기

'대전지역 손자녀 돌보기 실태조사' 결과에 따르면, 대전지역에 거주하는 20~40대 기혼 여성을 대상으로 설문조사한 결과, 이 중 68.9%가 조부모에게 자녀 양육을 맡긴 적이 있는 것으로 조사됐다. 양육 기간으로는 5년 이상이 42.3%로 가장 많았으며 그 다음으로는 1년 이상~3년 미만 30.9%, 3년 이상~5년 미만 12% 등의 순으로 나타났다. 양육 장소로는 조부모 집에 맡기는 경우가 31.7%로 가장 많았으며 조부모 집에 동거하는 경우 28.5%, 조부모가 와서 아이를 키워주는 경우 25.2%로 뒤를 이었다. 양육 형태는 하루 종일 부모 대신 양육하는 경우가 41.5%였고 시간을 정해 부모 대신 양육하는 경우 23.6%, 전일 부모와 공동 양육하는 경우 17.9%로 나타났다.

조부모에게 양육을 부탁한 이유로는 직장생활이 압도적으로 많았고 조부모에게 양육을 맡겨본 적이 없는 기혼 여성(31.1%)도 64.2%가 '직장이 생긴다면 조부모에게 양육을 맡기겠다' 고 응답해 여성들의 취업이 아이 양육을 맡기게 되는 가장 큰 원인으로 분석됐다.

조부모에게 양육을 맡겨본 적이 없는 이들을 포함한 전체 응답자의 88.1%는 조부모가 손자녀의 양육에 참여하는 것에 찬성했으며 그 이유로 '자녀의 인격 발달에 도움이 되므로' (40.6%), '여성의 사회 참여가 가능해지기 때문' (21.7%), '가족관계가 더 친밀해질 수 있다' (14.9%) 등을 들었다.

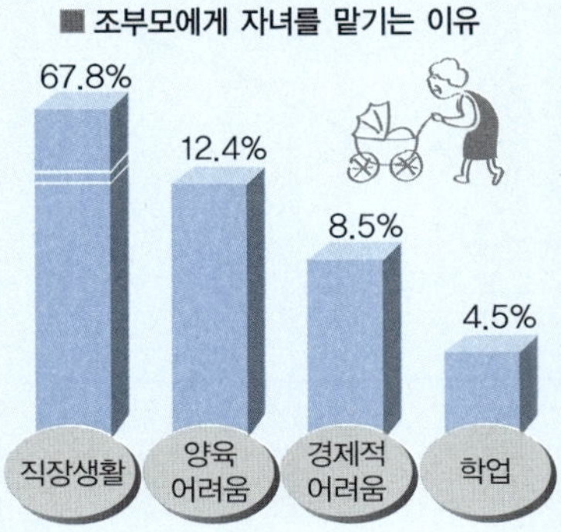

반면 조부모의 참여가 바람직하지 않다고 보는 이유로는 '양육관이 달라 갈등이 있을 수 있다' (67.1%), '자녀 양육은 부모의 책임이므로' (22.0%), '새로운 육아법을 적용할 수 없어서' (15.2%) 등을 꼽았다.

(연합뉴스. 임숙민 · 안혜영 교수 jyoung@yna.co.kr)

2) 조손가족의 실태

최근 맞벌이가정이 늘면서 부모가 아닌 조부모가 육아의 주체로 자리매김하고 있다. 보건복지부가 발표한 2018년 전국 보육실태 조사 결과에 따르면, 0~2세 영아의 어린이집 및 기관 이용률이 꾸준히 증가하고 있으나 어린이집 이용 이후에 부모가 맞벌이로 인해 자녀를 돌보지 못할 경우 여전히 조부모의 돌봄에 의존하고 있었다. 실제로 0세 자녀를 둔 가정에서는 조부모에게 육아를 맡긴 경우(21.4%)가 어린이집 외의 기관을 이용하는 가정(7.7%)의 3배 정도 높게 나타났다. 부모 다음으로 최고의 양육자를 조부모로 여기는 것이다.

또한 이혼과 재혼율이 증가하며 조손가족의 숫자 역시 늘어나고 있다. 조손가족은 부모와 동거하지 않고 조부모가 손자녀와 함께 살며 손자녀의 기본적인 의식주 및 생활 전반을 책임지고 있는 가족의 형태이다. 통계청 자료에 따르면 65세 이상의 조부모와 만 18세 이하의 손자녀로 구성된 전국의 조손가족이 2005년 58,101가구에서 2015년 149,000가구로 최근 10년 사이 2배 이상 늘어난 것으로 조사 됐다. 특히 조손가족은 다른 가족의 형태와는 다른 특성을 지니고 있기 때문에 조손가족에 대한 관심이 필요하다.

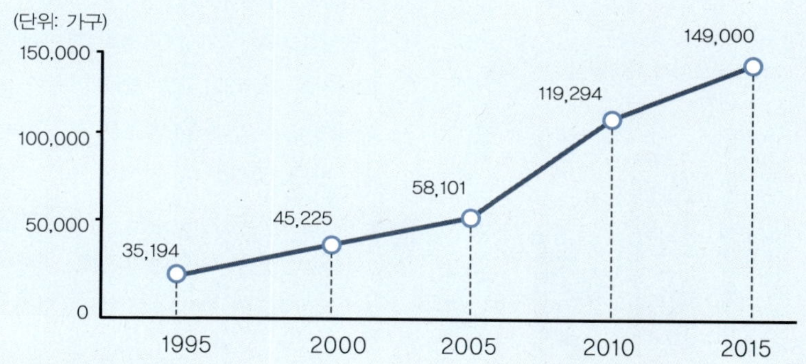

출처 : 통계청, 여성가족부.

그림 7-7 조손가족 증가 추이

여성가족부에서 발표한 '2019 조손가족 실태조사' 에 따르면, 조손가구의 82.9%가 조모 또는 조부 혼자 손자녀를 키우고 있으며 절반 이상인 53.2%가 '이혼과 재혼' 에 의해 손자녀를 양육하고 있었다. 그러나 요즘의 조손가족은 맞벌이 부부의 증가나 잦은 근무지 이동으로 생기는 경우가 많다.

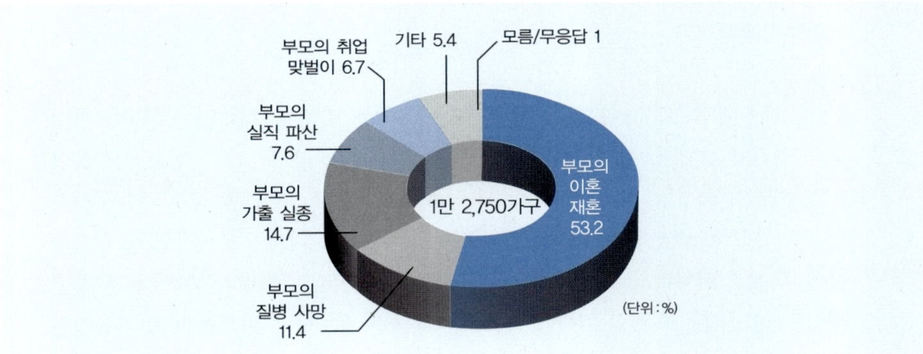

그림 7-8 조손가족의 손자녀 양육 이유

♥ 조부모-손자녀 관련 연구 결과

런던 대학 교육대학원과 옥스퍼드 대학 연구팀의 조사 결과, 조부모는 일하는 부모보다 더 많은 시간을 보낼 수 있어 어린 아이들에게 도움이 되는 것으로 나타났다. 1, 500명 이상의 어린이를 상대로 한 조사에서 조부모는 손자들의 장래 계획들을 함께 논의할 뿐 만 아니라 손자들의 어려움을 해결하는 데도 능숙했다. 특히 부모의 이혼처럼 위기상황에서도 아이들이 평상심을 유지하도록 도움을 준다는 것이다. 연구진은 손자들의 행복 증진을 위해서는 더 많은 조부모들이 손자들을 돌보는 일에 나서야 한다며 정부도 조부모의 중요성을 사회에 인식시키기 위해 더 힘을 쏟아야 한다는 입장을 보였다.

할머니와 할아버지의 손에서 자라는 유아들이 과체중이 될 위험이 월등히 높다는 연구결과가 나왔다. 영국 유니버시티 칼리지는 최근 3살 된 유아 12,000명의 데이터를 분석해, 조부모가 손자 · 손녀를 돌볼 경우 부모가 돌볼 때보다 과체중이 될 확률이 최고 34%나 높은 것으로 나타났다. 연구팀은 조부모의 경우 손자 · 손녀의 응석을 받아주고 신체적 운동을 덜 시키는 경향이 있다면서 이것이 과체중의 주요인일 가능성이 있다고 분석했다.

부모를 대신해 조부모가 기른 아이들은 또래 유아에 비해 더 버릇없는 행동을 한다는 연구 결과가 나왔다. 런던 대학교 연구팀은 맞벌이부모를 둔 4,800명의 4세 유아에게 행동과 지적 발달 등을 측정하는 테스트를 실시했다. 그 결과 조부모가 돌보는 아이들은 상대적으로 다른 아이들에 비해 버릇없는 행동을 하거나 또래들과 잘 어울리지 못했다. 뿐만 아니라 글자, 도형, 크기, 색깔, 숫자 등의 이해 테스트에서 낮은 점수를 받았다. 연구팀은 이러한 결과에 대해 조부모들은 유아에게 필요한 사회 교육적인 자극을 제공하기 힘들다고 설명했다. 한편 조부모 아래에서 자란 유아들은 어휘력에서는 또래보다 높은 점수를 받았다. 특히 부모가 일정 수준 이상의 교육을 받은 중산층이며 조부모가 키우는 어린이들은 또래에 비해 정확하고 다양한 어휘 구사 모습을 보였다. 연구팀은 조부모가 육아를 맡으면 긍정적인 부분과 부정적인 부분이 동시에 있다며 '조부모는 아이들이 좀 더 정확한 어휘를 구사하도록 관심을 기울이기 때문에 어휘발달에는 도움이 되는 것으로 나타났다' 고 덧붙였다.

조부모 자녀 양육의 긍정적인 변화

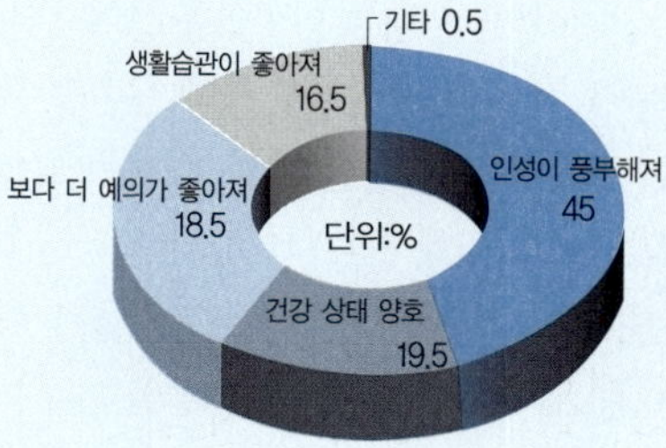

대전시가 조사한 '손자 · 손녀 돌보기 실태조사 결과' 에 의하면, 조부모 밑에서 자란 자녀들이 그렇지 않은 자녀에 비해 인성이 풍부하고 건강 상태가 양호한 것으로 나타났다.

(대전일보,
곽상훈 kshoon0663@daejonilbo.com)

3) 조손가족의 문제점

조손가족의 일반적 문제점을 살펴보면, 첫째, 손자녀로 인한 양육으로 인해 다양한 신체적, 정신적 건강 이상을 경험한다. 둘째, 경제적 문제이다. 우리나라의 조손가구는 대부분 경제적 형편이 어려워 손자녀의 양육에 대한 경제적 부담이 매우 크다. 셋째, 양육 기술의 부족을 들 수 있다. 즉, 전통적인 방식대로 손자녀를 양육하며 권위 · 통제적이면서 애정 · 수용적인 양육 태도를 많이 보여 정서적으로 따뜻한 관계를 형성하면서도 잔소리와 간섭 등으로 아동의 독립성을 인정하지 않는 경우가 많다(송정애 외, 2009).

여성가족부가 조사한 65살 이상의 조부모와 만 18살 이하의 손자녀로 구성된 조손가족 자료를 보면, 이들 조손가구의 월평균 소득은 597,000원에 불과한 것으로 나타났다. 하지만 이들 조부모의 평균 연령은 만 72.6세의 고령으로 이 중 절반가량인 46.7%는 정부나 공공기관의 지원금에 의존하고, 지원을 받지 못하는 경우에는 단순 노무직(20.2%)을 통해 어렵게 생활비를 벌고 있으며 친부모의 대다수(65%)가 양육비를 지원하지 않는 것으로 조사됐다. 이 때문에 조부모들은 손자녀 양육의 어려운 점으로 양육에 따른 경제적 문제(66.2%)를 꼽았고, 그 다음 아이의 생활 · 학습 지도문제(11.5%), 아이의 장래 준비문제(10%) 등을 꼽았다.

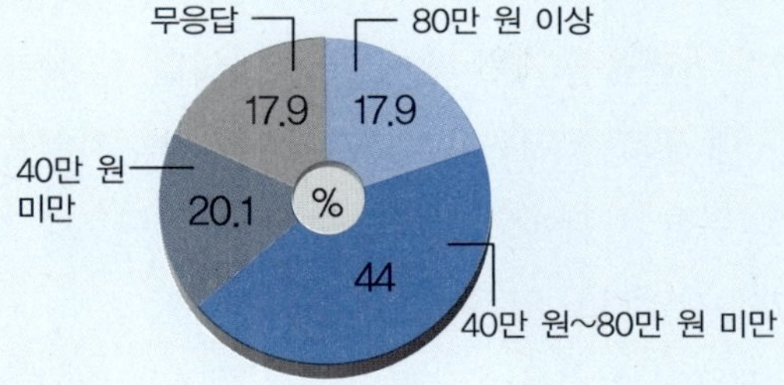

그림 7-9 조손가족 월평균 소득

우리나라 조손가족에서 양육되고 있는 손자녀 수는 가구당 평균 1.4명이며 손자녀 1인을 양육하는 경우가 전체 가구의 66.2%였다. 조부나 조모 모두 생존해 손자녀를 양육하는 가구는 17.1%에 불과한 반면, 조부나 조모 홀로 양육하는 경우는 82.9%나 됐다. 조부모 학력은 초등학교 이하가 82.3%, 중졸이 10.0.%, 고졸이상은 7%(고졸 5.5%, 대졸 이상 1.35%)에 미치지 못한 것으로 조사됐다. 중 · 고등학생 손자녀도 경제적인 생활비 지원(76.5%)이 압도적으로 많았고, 10명 중 4명이 경제적 어려움 때문에 고등학교나 대학교에 가는 대신 취업을 원한다고 응답했다. 조부모와 함께 사는 초등학생 손자녀(12,214명)의 절반 이상(56.8%)이 할아버지 · 할머니가 아프지 않았으면 좋겠다고 답했다. 고령이다 보니 6개 이상의 만성질환을 앓고 있거나(응답자 40.8%, 배우자 37.9%), 크고 작은 잔병에 시달리고 있고(응답자 33.1%, 배우자 30.8%), 거동이 불편한 이도 상당수(응답자 8.3%, 배우자 7.2%) 있어 손자녀들이 걱정하는 것은 당연하다. 그러면서도 조부모들의 경제적 어려움을 짐작하기 어려운 나이의 손자녀들은 필요한 물건을 사주지 않아 속상해 하고(33.7%), 자신들의 마음을 알아주지 못하는 것 같아 야속하게(20.5%) 느끼고 있다. 이밖에 손자녀들은 학교 공부를 도와주는 사람이 있으면 좋겠다(31.9%)는 바람과 함께 준비물이나 현장학습 등이 무료면 좋겠고(27.7%), 행사에 와줄 수 있는 사람이 있으면 좋겠다(24.0%)고 답해 부모의 빈자리를 크게 느끼는 것으로 드러났다. 방과 후에 학원이나 독서실에 다닌다고 응답한 초등학생은 32.8%밖에 안 됐다.현실을 제대로 바라볼 줄 아는 중고생 손자녀들은 조부모와 마찬가지로 경제적 어려움을 제일 크게 느끼고 있었다. 응답자의 76.5%가 조부모와 함께 살아가는 데 필요한 지원에 경제적인 생활비 지원을 들었다. 뿐만 아니라 장래 희망 실현을 위한 지원에도 장학금(26.9%) 지원보다 생활비(49.8%) 지원을 꼽을 만큼 생활고에 시달리고 있는 것으로 드러났다.

조부모들은 경제적인 어려움에도 불구하고 대부분 손자녀가 성인이 될 때까지(63.5%) 또는 부모가 찾으러 올 때까지(29.5%) 키우겠다고 답하고 있다. 중고생 손자녀들도 절반 이상(57%)이 조부모가 돌아가실 때까지 함께 살겠다고 응답해 가족 유대는 강한 것으로 나타났다. 종합해 보면, 손자녀를 양육하는 조부모의 경우 연로함과 학력, 경제적 수준이 낮아 손자녀를 양육하는 데 어려움이 있기 때문에 경제적 지원을 통한 양육스트레스 경감과 건강 지원을 하는 한편, 손자녀의 경우 학습 부진을 향상시키기 위한 학업지원, 부모의 유기에 따른 정서적 지원 및 취업 · 진로 지도 등을 통해 빈곤이 대물림 되지 않고 사회적 약자로 소외당하지 않도록 가족복지적 시각에서 지원이 필요함을 시사한다.

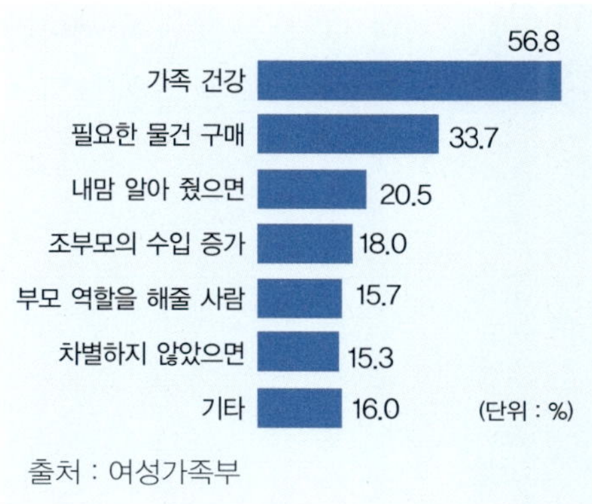

그림 7-10 **조손가족 중 초등학생 생활지원 희망 사항 (복수응답)**

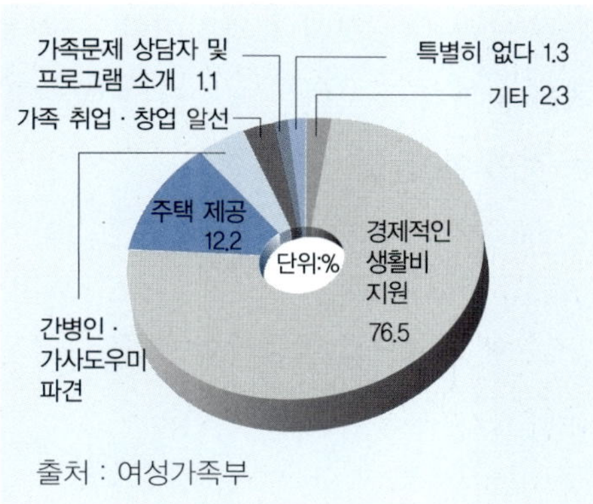

그림 7-11 **조손가족 중 고교생 지원 요구 사항**

4) 조부모의 바람직한 양육 태도

조부모들에게 손자는 소중한 존재여서 관대하기만 하다. 조부모들은 자녀를 양육할 때와 같은 엄격한 훈육을 손자녀들에게 실시하지 못해 버릇없는 아동으로 양육하기 쉽다.

자녀들과 협의해 일관성 있는 양육 태도를 유지하는 것이 중요하며 집안일과 양육을 병행하지 않는 것이 바람직하다. 또한 손자녀를 과잉보호하지 말아야 하며 육아에 대한 지식을 배워야 한다. 일반적으로 조부모가 손자녀를 기쁘게 해 주는 방법은 용돈 주기, 부모와 조부모의 어린 시절 이야기해 주기, 꾸중 들은 손자녀를 따뜻하게 위로해 주기, 잘한 일은 아낌없이 칭찬하기 등이다. 손자녀들이 싫어하는 조부모의 태도는 같은 말 반복하기, 부모와 갈등하기, 일방적으로 말하기, 손자녀의 잘못을 부모에게 이르기, 틀니를 빼놓거나 옷을 아무렇게나 입는 행동 등이다.

조부모는 훈계가 아닌 삶을 통해 가르쳐야 한다. '~하지 말라'는 말보다 행동으로 보여주는 것이 효과적이다. 조부모가 낮잠을 자거나 TV 보는 모습이 아니라 책을 읽거나 독서하는 모습을 보여주고 서로를 존중하며 살아가는 모습을 보여주는 것이 살아 있는 교육이다.

♥ 조부모의 바람직한 태도

- 따뜻한 미소로 손자녀를 맞이한다.
- 같은 말은 반복하지 않는다.
- 아낌없이 칭찬한다.
- 꾸중들은 손자녀를 위로해 준다.
- 손자녀를 과잉보호하지 않는다.
- 손자녀에게 또래와 어울릴 기회를 만들어 준다.
- 집안일과 손자녀 양육을 병행하지 않는다.
- 육아에 대한 전문적인 지식을 공부한다.
- 손자녀 부모와 불화하지 않는다.
- 손자녀 부모의 양육 방법에 따라 돌본다.

Part 3

가족의 변화와 적응

현대 사회는 점차 복잡하고 다양한 모습으로 변화되고 있으며, 그중에서도 가족 체계는 가장 큰 변화를 나타내고 있다. 여성의 사회 진출 확대에 따른 맞벌이가족의 보편화, 일-가족 양립의 어려움으로 인한 출산율의 저하, 평균수명 연장에 따른 고령 인구 비율의 증가와 같이 가족과 관련된 인구 사회학적 변화들은 가족의 형태와 기능, 역할에 있어서 새로운 변화를 낳고 있다. 또한 이혼율 증가로 인한 가족 해체의 가속화와 재혼의 증가는 기존의 가족 가치관에 대한 사회적 인식의 전환과 함께 변화된 가족 구조에 적응할 수 있는 적절한 대책을 모색토록 하고 있다.

Part 3에서는 일과 가족의 균형과 가족친화 사회환경의 조성, 고령화 문제 및 노년기 가족관계의 특성, 이혼에 따른 가족의 변화를 중심으로 가족 체계의 변화와 그 문제점 및 대책 등에 대해 살펴볼 것이다.

Chapter 8

일과 가족

일과 가족에 대한 전통적 시각은 두 영역이 분리되어 개별적 · 독립적으로 기능한다고 보는 것이다. 그러나 현대 사회에서의 일과 가족은 비록 영역적으로 분리되어 있기는 하지만, 상호 의존적으로 밀접하게 연계되어 서로 영향을 주고받으며, 이 과정에서 개인은 일-가족 간 갈등을 지속적으로 경험하게 된다.

본 장에서는 일과 가족 영역에서의 역할이 상호 양립하지 못함으로써 발생하는 일-가족 간 갈등과 일-가족 간 갈등이 거의 없이 일과 가정생활을 조화롭게 영위할 수 있는 상황을 의미하는 일-가족 균형, 그리고 일-가족 균형을 위한 사회적 차원의 지원 자원인 가족친화제도에 대해 구체적으로 살펴볼 것이다.

1. 일-가족 갈등

일이란 생계를 위해서 사회 구성원이 각자의 역량을 발휘하여 일정한 일에 지속적으로 종사하는 사회 활동을 뜻한다. 가족은 일을 통하여 사회 활동을 하며 경제적 자립이 가능하게 되지만, 일과 가족 영역에서 여러 가지 역할을 수행하면서 각 역할의 요구에 따른 수행 정도가 일치하지 못하면 일-가족 갈등이 발생하게 된다.

일-가족 갈등은 여성들의 사회 진출과 더불어 맞벌이부부의 증가와 이로 인한 여성들의 일과 가족에 대한 이중적인 부담으로 인한 갈등으로부터 시작되었다. 출산, 육아, 가사 등에 대한 부담과 경력 단절로 인한 직장으로의 재복귀 곤란 등은 일과 가족 간의 갈등을 증폭시키는 역할을 하게 된 것이다(이도화 · 정두영, 2010).

1) 일-가족 갈등의 개념

Kahn과 그의 동료들(1964)은 직장(work) 영역과 가족(family) 영역 간의 갈등을 직장에서의 역할로부터 나오는 요구가 가족에서의 역할로부터 나오는 요구와 갈등을 일으키는 일종의 역할 간 갈등(inter-role conflict)이라 하였다. Kahn과 동료들의 연구에 기초하여 Greenhaus와 Beutell(1985)은 일-가족 갈등(Work-Family Conflict: WFC)을 일과 가족의 두 생활 영역에서의 역할 압력이 여러 가지 이유로 상호 양립할 수 없는 경우에 발생하는 역할 간 갈등의 한 형태라고 정의하였다. 즉, 직장에서의 역할에 참여함으로써 가족 역할을 수행하는 것이 어려운 경우와 반대로 가족일에 참여함으로써 직장에서의 역할수행이 어려운 경우에 발생하는 역할 갈등이라는 것이다. 예를 들어 남편이 직장에서 초과근무를 요구받거나 집에 가서 일 해올 것을 요구받은 경우 저녁 시간에는 가족과 함께 하기를 원하는 아내와 자녀들의 압력과 갈등을 일으키게 된다. 이러한 갈등은 직장인으로서 개인의 역할과 남편과 아버지로서의 역할 사이에서 발생하는 것이다.

일-가족 갈등은 개인이 가진 신체적 · 정신적 · 정서적 자원들은 제한되어 있는 반면, 일과 가족 영역 각각에서 이런 자원들을 조화롭게 사용하지 못함으로써 나타나는 역할 갈등의 과정이라고 볼 수도 있고, 한 영역에서 적응하고 효과적으로 기능하기 위하여 학습한 기술이나 가치들이 다른 영역에서는 효과적이지 못한 경우라고 볼 수도 있다(Repetti, 1987).

일-가족 갈등에 대한 대부분의 연구들은 이를 역할 간 갈등의 한 유형으로 파악하고 있다(Higgins et al., 1992). 일반적으로 일-가족 갈등은 일로 인해 가족에서의 역할을 충실히 해내지 못함으로써 발생하는 역할 간 갈등(일→가족 갈등, Work Interference with Family: WIF)과 반대로 가족 안에서의 역할로 인해 직장에서의 역할을 충실히 해내지 못함으로써 발생하는 역할 간 갈등(가족→일 갈등, Family Interference with Work: FIW)의 두 가지 형태로 구분된다(Frone et al., 1992; Netemeyer et al., 1996).

일→가족 갈등(WIF)은 장기간 직장에서의 근무로 인해 가족과 함께 시간을 보내지 못하는 경우와 같이 일로 인해 가족 역할에 대한 책임을 다하지 못할 때 발생한다. 반면에 가족→일 갈등(FIW)은 자녀가 아파서 결근을 해야 하는 경우처럼 가족 역할에 대한 책임으로 인해 직장에서의 업무수행이 어려울 때 발생한다(Gutek et al., 1991). 이러한 두 가지 형태의 갈등은 어느 한 쪽이 일방적으로 다른 쪽에 갈등을 유발한다기보다는 양방향적인 관계로써 상호 순환적인 특성을 지니며, 두 갈등 간에는 정(+)적인 관계가 있다(Frone et al., 1992). 전통적인 성 역할의 관점에서 보면, 일→가정 갈등(WIF)은 남성에게 더 많이 나타나고 가정→일 갈등(FIW)은 여성에게서 더 많이 나타난다(Berk & Berk, 1979; Denmaker et al., 1985; Nieva & Gutek, 1981).

2) 일-가족 갈등의 유발 요인에 대한 제 관점

일-가족 간 역할 갈등관계를 이론적으로 설명하는 관점은 크게 네 가지로 나누어 볼 수 있다. 첫째는 직장일과 가족일에 사용하는 총 시간의 양과 갈등과의 관계를 보는 합리적 관점이며, 둘째는 성(gender)이 일-가족 갈등에 영향을 미친다고 보는 성 역할 관점이고, 셋째는 객관적 변수보다는 주관적·심리적 측면에 초점을 두는 가치기반 관점이며, 넷째는 역할이전의 용이성에 따라 일-가족 갈등에 대한 지각이 달라진다는 역할이전 관점이다. 이 네 가지 관점을 자세히 살펴보면 다음과 같다(전지현, 2004; 최수찬 외, 2006; Burr, 1972; Gutek et al., 1991; Lobel, 1992; Pleck, 1985; Voydanoff, 1988).

(1) 합리적 관점

합리적 관점(rational view)에서는 직장일과 가족일에 사용하는 총 시간의 양과 일-가족 갈등 간에 선형관계가 있다고 본다(Gutek et al., 1991). 즉, 개인이 직장 역할 또는 가족 역할에 더 많은 시간을 사용할수록 더 많은 직장-가족 갈등을 지각하게 된다고 설명한다. 따라서 일과 관련된 활동 시간이 많을수록 남성과 여성 모두 더 많은 일→가족 갈등(WIF)을 경험하고, 반대로 가족과 관련된 활동시간이 많을수록 남성과 여성 모두 더 많은 가족→일 갈등(FIW)을 경험하게 된다고 본다. 다만 남성은 여성보다 직장일에 더 몰입하는 경향이 있고 여성은 직장일을 하더라도 사실상 남성보다 가족일에 더 많은 시간을 소비하기 때문에 남성은 여성보다 더 많은 일→가족 갈등(WIF)을 경험하고 여성은 남성보다 가족→일 갈등(FIW)을 더 자주 경험한다고 본다(Gutek et al., 1991; Pleck, 1985).

또한 단순히 양적인 측면 이외에 다음과 같은 점도 고려할 수 있다. 즉, 대부분의 직장일과 가족일은 물리적으로 분리된 공간에서 수행되기 때문에 개인이 직장 역할과 가족 역할을 동시에 수행하는 것은 일반적으로 불가능하다. 따라서 한 역할에서 사용되는 시간은 다른 역할수행을 위해서 이용될 수가 없으며, 그 결과로 역할 간 갈등 발생의 가능성이 커지게 된다(Voydanoff, 1988).

(2) 성 역할 관점

성 역할 관점(gender role view)은 성(gender)이 일-가족 갈등의 지각에 직접적으로 영향을 미칠 뿐만 아니라 직장일과 가족일에 사용하는 시간과 일-가족 갈등 사이의 관계에서 조절 변수의 역할을 한다고 본다(Gutek et al., 1991).

성 역할 관점은 남성은 일을 통해 가족 생계 부양의 책임을 지고 여성은 가사일을 책임진다는 전통적인 성 역할 개념에 따라 남녀 각각의 고유 역할과 성별 역할의 상이성을 강조한다. 이러한 입장에 따라 자신의 고유 성 역할 영역에서의 추가노동 시간은 전통적으로 상대 성 역할 영역으로 간주되는 영역에서의 추가노동 시간에 비해 부담을 덜 주게 된다고 설명한다.

예를 들어 남성은 직장일에서의 추가 근로 시간이 가족일에서의 추가 근로 시간보다 부담을 덜 주게 되고 여성은 가족일에서의 추가 근로 시간이 직장일에서의 추가 근로 시간보다 부담을 덜 주게 된다는 것이다. 따라서 자기 고유 성 역할 영역이 아닌 영역에서의 추가 노동 시간이 일-가족 갈등에 더 강한 심리적 영향을 준다고 볼 수 있으며, 이는 시간의 양에 따라 갈등을 경험한다는 합리적 관점과는 구별된다(Gutek et al., 1991).

(3) 가치기반 관점

합리적 관점과 성 역할 관점이 기본적으로 시간이라는 객관적인 변수와 역할 갈등과의 관계에 주안점을 두는 데 반해, 가치기반 관점(value laden approach)은 주관적이며 심리적인 측면에 초점을 맞춘다(Lobel, 1992).

Rokeach(1973)에 따르면, 가치관이란 개인이 개인적으로나 사회적으로 선호하는 어떠한 구체적인 행동양식(modes of conduct)이나 결과적 상태(end-state of existence)에 대한 확신으로 개인의 행동과 사고에 질서와 방향을 부여하는 원칙인 동시에 중심적인 신념이다. 이 같은 개인의 가치관은 상대적 중요성에 따라 우선순위화되어 하나의 가치 체계를 형성하며 행동의 표준이나 지침, 선호의 기준 및 평가의 기능을 하고 시간과 정력을 투자하는 여러 가지 대안 간의 장 · 단점을 판단하고 의사결정을 하는 데 도움을 준다.

가치기반 관점에서는 개인이 직장 역할과 가족 역할에서 서로 다른 가치관을 표현해야 하는 경우에 일-가족 갈등을 경험하게 된다고 본다. 구체적으로 직장 역할 관련 기대와 가족 역할 관련 기대가 서로 상충하고 개인의 가치관과 조직의 가치관 사이의 적합성이 낮으면 개인이 그러한 낮은 적합성의 원인을 내부 요인이 아니라 외부 요인으로 돌리는 경우에 일-가족 갈등이 발생하게 된다고 본다(Lobel, 1992; 최수찬 외, 2006, 재인용).

(4) 역할이전 관점

역할이전 관점(role transition approach)에 의하면, 일-가족 갈등은 역할이전의 용이성에 의해서 그 지각 정도가 영향을 받는다. 역할이전이란 사회시스템에서 개인이 역할 속(intra-role)으로 혹은 역할 밖(our of role)으로 이동하는 과정을 의미하며 다른 역할에서의 변화가 없이 하나의 역할이 종료하는 것을 포함하고 하나 이상의 역할 종료와 다른 역할의 시작이 동시에 발생하는 경우도 포함한다(Burr, 1972).

역할이전 관점에서는 직장에서 가정으로 돌아온 개인은 직장인이 아닌 부모 또는 배우자로서의 역할을 해야 하지만, 직장일로 인해 심리적 압박을 받고 있는 경우 직장에서 가족 영역으로 역할이전이 용이하지 못하게 되고, 그 결과 일-가족 갈등을 경험하게 된다고 본다. 실제 역할이전이 이루어지기 전에 새로운 역할규범에 대해 학습이 잘 되어 있고 주어진 역할이 명료하며 명확한 이전 절차 등이 있는 경우, 또는 기존 역할에 비해 새로운 역할에서 목표 달성이 더 확실한 경우에는 역할이전이 용이하며, 반대로 역할이전에 필요한 규범적 변화가 크거나 역할긴장이 과도할 경우에는 역할이전이 어렵게 될 수 있다고 한다(Burr, 1972).

3) 일-가족 갈등의 유형

개인이 경험하는 일-가족 갈등은 시간, 긴장, 행동, 직장, 가족 등과 같은 다양한 요소들에 의해 영향을 받는다. 이러한 측면을 바탕으로 Greenhaus와 Beutell(1985)은 일-가족 간 갈등에 대한 연구들을 종합하여 일-가족 갈등은 세 가지 다른 상황일 때 발생한다고 하였다. 즉, 시간의 부족으로 인해 두 가지 역할을 잘 수행하지 못할 때, 하나의 역할에서 오는 긴장으로 인해 다른 영역의 역할을 수행하기 힘들 때, 하나의 역할에서 오는 어떤 특정한 행동들로 인해 다른 영역의 요구를 충족시키지 못할 때 갈등이 발생한다고 하였다(장영철 · 김은정, 2010). 이를 Elloy와 Mackie(2002)는 시간에 근거한 갈등, 긴장에 근거한 갈등, 행동에 근거한 갈등으로 분류하였다. 구체적으로 살펴보면 다음과 같다.

(1) 시간근거 갈등

시간근거 갈등(time-based conflict)이란 개인이 가지고 있는 정해진 시간에 비해 여러 가지 역할로 인한 시간의 총 요구가 너무 많아 역할을 적절히 수행할 수 없거나 한 역할에 소비되는 시간에는 동시에 다른 역할을 수행할 수 없어서 발생하는 시간 부족이나 시간 제약에 대한 심리적인 느낌이나 반응을 포괄하는 개념으로(Staines & Pleck, 1983), 초과 근무 시간으로 업무를 보는 것이나 시간적으로 유연성을 가지지 못하는 것 등이 이에 해당된다(Greenhaus & Beutell, 1985).

Chung(1988)은 시간 갈등에 관한 연구에서 다중 역할수행에서 오는 역할 과중이 시간 제약과 시간 부족을 초래하고 일과 가족 역할 간의 양립이 불가능한 시간 요구로 시간 갈등이 일어난다고 하였다.

(2) 긴장근거 갈등

긴장근거 갈등(strain-based conflict)은 한 역할에서 경험된 긴장과 피로가 다른 역할수행에까지 연결되어 그 역할수행을 방해하는 경우에 나타난다(Greenhaus & Beutell, 1985). 긴장근거 갈등은 시간근거 갈등과 구분되고는 있으나, 이는 지각된 갈등의 내용에 따른 것이며 실제로 시간 갈등이 크면 긴장 갈등이 유발된다고 볼 수 있다. 즉, 어느 한 역할에서의 수행 시간이 지나치게 길어지면 이로 인해 불안, 피로, 우울, 무감각과 같은 긴장 증상이 생기면서 다른 역할의 수행을 방해하게 되고 역할 간 갈등이 유발될 수 있다. 따라서 긴장근거 갈등과 시간근거 갈등은 매우 밀접한 관계가 있다(Greenhaus & Beutell, 1985).

한편 Small과 Riely(1990)는 긴장근거 갈등을 다시 세분화하여 심리적 제약과 에너지 제약으로 구분하였다. 심리적 제약은 일에 심리적으로 몰입함으로써 가족생활에 신경을 덜 쓰게 되는 경우를 뜻하고, 에너지 제약은 직장일을 수행하는 과정에서 생기는 피로감으로 가족 활동에 필요한 에너지가 고갈되는 상태를 가리킨다(이세인 외, 2007).

(3) 행동근거 갈등

행동근거 갈등(behavior-based conflict)이란 한 역할에서 기대되는 행동이 다른 역할에서의 기대와 불일치하는 경우에 발생하는 역할 갈등이며 넓은 의미의 긴장근거 갈등에 포함될 수 있다(O' Driscoll, Ilgen, & Hildreth, 1992).

예를 들면 남성은 직장일에 있어서는 객관적, 이성적, 적극적, 강한 추진력으로 행동할 것이 요구되는 반면, 가정일에서는 온화하고 부드러우며 배려심 있고 약한 모습도 보이길 기대 받게 되는데, 여기에서 역할 간 갈등이 발생하게 된다. 이처럼 한 개인이라도 일과 가족에서 기대되는 행동이 상충함으로써 행동에 기반을 둔 갈등이 발생하게 된다(Greenhaus & Beutell, 1985).

4) 일-가족 영역 간 관계 이론

일과 가족 간의 상호 영향관계를 설명하는 이론은 여러 가지 다양한 관점에 의해 접근되어져 왔다(Appelbaum & Milkman, 2006; Guest, 2002). 주요 이론들로는 분리 이론, 갈등 이론, 보상 이론, 전이 이론 그리고 경계 이론 등이 있다. 각각의 이론에 대해 살펴보면 다음과 같다.

(1) 분리 이론

분리 이론(segmentation theory)은 남성과 여성의 역할을 직장과 가족으로 구분하는 관점에 기초하여, 일과 가족 영역은 상호 관련성이 없이 독립적으로 존재하는 별개의 삶이라고 보는 이론이다(Dubin, 1973). 즉, 일의 영역과 가족 영역의 환경이 뚜렷이 구분되므로 두 영역은 본질적으로 분리되며, 한 영역에 관계되는 것은 다른 영역에 영향을 미치지 않는다고 본다(Payton-Miyazaki & Brayfield, 1976; Zedeck & Mosier, 1990). 예를 들어 직장에서의 스트레스는 가족과는 아무 관련성이 없는 별개의 문제라고 본다.

이 같은 분리적 관점에서 가족집단은 일차적으로 표현적이고 애정에 필요한 역할을 수행하는 반면, 일은 경쟁적 환경 내에서 수단적 목적을 달성하기 위한 역할이라고 가정한다(Parsons, 1970).

(2) 갈등 이론

갈등 이론(conflict theory)은 일과 가족 사이의 구분은 갈등을 초래한다는 이론으로 일과 가족 영역의 요구가 상충되어 어느 하나를 선택하여야 하는 상황에서 갈등이 빚어진다고 본다. 초기 가족 연구에 많이 사용된 갈등 이론은 일과 가족 두 영역의 충돌이라는 측면을 중점적으로 바라본 것으로 일에서 요구받고 있는 역할은 가족 영역에서 기대되는 역할과 균형을 이루기보다는 대립적인 관계에 놓이는 경우가 많다는 점이 주요 관심사로 다루어진다.

갈등 이론의 관점은 일과 가족 영역은 상이한 요구, 책임, 기대 그리고 관념들이 주어지는 일반적으로 양립할 수 없는 영역으로 유지되므로(Burke, 1994; Payton-Miyazaki & Brayfield, 1976; Zedeck & Mosier, 1990), 양쪽 영역에서 높은 수준의 요구는 개개인들에게 어려운 선택과 갈등적인 상황에 놓이게 한다는 것이다. 예를 들면 직장에 만족하고 의존하는 것은 가족 영역에서의 희생을 피할 수 없는 것이라고 본다(박주희, 2005).

(3) 보상 이론

보상 이론(compensation theory)은 일과 가족 사이의 관계에서 상호 보상적 역할을 설명한다. 즉, 보상 이론(compensation theory)은 가족 영역과 일 영역이 역의 관계이기 때문에 한쪽에서의 상실이나 부족 및 감소를 다른 영역에서 보상하려고 한다는 이론이다(Burke, 1986; Champoux, 1978; Hochschild, 1997; Neal et al., 1993; Staines, 1980; Zedeck & Mosier, 1990).

보상 이론은 전체적 총량으로서의 일-가족 균형의 어려움이나 갈등보다는 일-가족 균형방식에 있어 개개인의 선택에 관심을 둔다. 즉, 어떤 한 영역에서 불만족을 느끼면 다른 영역에서 주요한 역할을 함으로써 보상을 받고자 한다는 관점으로 만약 가족 내 생활이 만족스럽지 않은 경우 직장에서 더 중요하고 만족스러운 역할을 수행하고자 하며, 반대의 경우 가족 내 생활이 만족스러우면 직장에서 중요한 역할을 맡지 않거나 업무 줄이기 방식을 선택한다는 것이다(최수찬 외, 2006).

(4) 전이 이론

전이 이론(spillover theory)은 한 영역에서의 역할 긴장이나 만족이 다른 영역에서의 역할 긴장이나 만족으로 심리적 이전현상이 일어난다는 관점에 입각하여 한 영역에서의 태도, 감정, 행동들이 다른 영역으로 전이된다는 것을 나타내는 이론이다(Bolger et al., 1989; Greenhaus & Beutell, 1985). 즉, 일과 가족 영역이 물리적 · 시간적으로 경계를 이루고 있음에도 불구하고 한 영역에서의 태도나 감정, 행동은 다른 영역의 태도나 감정, 행동에 영향을 주거나 원인을 제공한다고 가정한다. 예를 들면 가족에게서의 만족이 직장에서의 만족을 갖도록 하고, 반대로 직장에서의 만족이 가족에게서의 만족을 갖도록 하거나, 직장에서의 스트레스가 직장 내에서 한정되는 것이 아니라 가정에 돌아와서도 남아 가족을 향한 행동에서도 나타나는 것이 그러한 예이다.

전이 이론은 하나의 영역이 다른 영역에 부정적 · 긍정적 양쪽 면에서 상호 영향을 미친다는 관점(Barnett, 1994; Champoux, 1978; Neal et al., 1993; Staines, 1980; Williams & Allinger, 1994; Zedeck & Mosier, 1990)에 기반을 둔 것으로 갈등 이론이나 보상 이론에 비해 일-가족 영역 간 상호 영향의 유기성을 강조한다.

일-가족 균형에 관한 많은 연구들은 전이 이론에 기초하여 직장생활이 가족생활에 끼치는 영향 또는 가족생활이 직장생활에 끼치는 영향에 관심을 가져왔고, 개개인들의 긍정적 또는 부정적 감정 전이에 초점을 맞추어 왔다(Keene & Reynolds, 2005; Mennino et al., 2005). 그러나 전이 이론도 두 영역에 대한 전통적인 틀, 적어도 하루에 많은 시간을 일터에서 보낼 뿐만 아니라 일을 우선시하는 사람을 정상적인(nomal) 직장인으로 전제하고 있다는 점에서 기존의 일-가족 틀의 연장선상에 있다고 볼 수 있다(최수찬 외, 2006).

(5) 경계 이론

경계 이론(border theory)은 일-가족 균형 문제를 설명하는 데 있어 갈등 이론, 보상 이론, 전이 이론의 유용성은 인정하지만, 여전히 그들이 가지고 있는 일-가족의 영역적 분리 인식을 한계로 지적한다. 또한 일-가족 균형을 선택적으로 바라보는 관점을 넘어서야 함을 강조한다.

Clark(2000)은 오늘날 개인은 일-가족의 경계를 오가면서 살아가고 있다고 하였다. 그는 개인을 '매일매일 일과 가족 간의 경계를 건너는 사람' 이라고 정의하고, 개개인들이 일과 가족의 균형을 위해 두 영역 사이에서 매일매일 협상한다고 보았다. 예를 들어 개인들은 직장에서 가족과 관련된 일들로 통화를 하거나, 관련된 일을 하기도 하고 가정에서는 직장과 관련된 일들로 이메일(e-mail)이나 전화를 주고받거나 하여 일을 처리하기도 하는 것이다.

이처럼 경계 이론은 한 영역에서 다른 영역의 일이 동시에 존재하는 상황, 즉 일터와 가정의 상호 침투성을 전제하고 있기 때문에 개개인들이 쉽게 가정과 일터를 물리적으로나 전화와 같은 연계망을 통해 오갈 수 있는 가능성을 강조하며 역할 갈등을 최소화하기 위한 일과 가족의 통합에 주안점을 두고 있다(Guest, 2002).

5) 일-가족 갈등의 영향

일-가족 갈등은 가족생활과 직장생활에 영향을 미치는데, 많은 연구들은 일-가족 갈등과 그에 따른 결과와의 강한 부정적 관련성에 대해 언급하고 있다. 즉, 일-가족 갈등은 개인의 전반적인 삶의 질을 저하시키고 가정생활의 불안과 해체를 초래할 수 있으며(Greenhaus & Beutell, 1985), 직무태도 및 직무 성과, 결근율 등에 부정적인 영향을 미칠 수 있다(강혜련 · 최서연, 2001)고 한다.

장영철과 김은정(2010)이 국내 · 외 선행 연구들을 분석한 결과에서도, 일-가족 갈등이 높으면 개인의 스트레스 수준이 높아지고 삶의 질적 만족도는 낮아지며 가정생활 불만족과 가족 관련 결근율이 높아지며 여러 가지 신체적 질병과도 관련되는 것으로 나타났다. 또한 직무 만족이나 조직 몰입, 직무 노력이 낮아지고 직무성과가 감소되며 결근율과 이직율은 높아지는 것으로 나타났다.

박정윤과 장영은(2010) 또한 선행 연구 분석을 통하여 일-가족 갈등이 미치는 영향을 분석하였는데, 일-가족 갈등은 개인의 생활 만족도와 결혼 만족도, 부모 역할 만족도 등에 영향을 미치는 것으로 나타났다.

2. 일-가족 균형

일과 가족 두 영역을 독립적인 것으로 보는 이전의 수많은 연구와는 달리 최근의 연구들은 일-가족 간의 갈등이나 조화가 개인의 생활뿐만 아니라 가족, 동료, 조직 성과에 적지 않은 영향을 미친다고 보고 두 영역의 균형이라는 주제에 대해 관심을 기울이고 있다. 이때의 균형이란 일과 가족의 중요성을 동시에 인정함으로써 두 영역에서의 역할이 공존하여 삶 속에서 통합되도록 하는 것이다.

1) 일-가족 균형의 개념

일-가족 균형(work-family balance)이란 일과 가족 영역에서의 역할로 인한 갈등이 거의 없이 두 영역에서의 생활이 원활하고 조화롭게 이루어짐으로써 오는 만족적인 상태를 의미한다(Clark, 2000). 즉, 개인이 일과 가족생활에 시간과 심리적 · 신체적 에너지를 효율적으로 분배함으로써 몸과 마음이 안정된 상태를 의미한다(김종관 · 이윤경, 2009). 일-가족 균형은 일 중심의 사회에서 일과 가족을 동시에 중요시하는 사회로 변화하는 것이며 여성만의 문제가 아니라, 여성과 남성 모두의 문제이다(정영금, 2004).

일부 학자들은 일-가족 균형 대신에 광의의 의미로 일-생활 균형(work-life balance)이라는 용어를 쓰기도 하는데, 이때의 균형이란 시간과 공간 차원 개념을 모두 포괄하는 것으로 개인적인 시간, 돌봄, 그리고 일을 포함한다(Ungerson & Yeandle, 2005). 즉, 일-가족 균형이 가정생활, 보다 구체적으로는 가족 돌봄을 목적으로 하는 개념이라면 일-생활 균형은 가족 돌봄뿐만 아니라 개인의 여가 활용까지 포함하는 개념이라고 본다. 김정운과 이장주(2005)는 일-생활 균형을 일과 일 이외의 영역(가정생활, 여가생활, 개인의 성장 및 자기계발 등)에 시간과 심리적 · 신체적 에너지를 적절히 분배함으로써 삶을 스스로 통제하고 조절할 수 있으며, 이를 통해 삶에 대해 만족스러워하는 상태를 의미한다고 하였다.

일-가족 균형은 일-가족 양립과 같은 용어로 혼용되어 사용되어지기도 하는데, 일-가족 양립은 일과 가족생활의 균형 있는 조화를 의미함과 동시에 일과 가족 두 영역의 생활이 개인에게 똑같이 중요하며 대등한 가치를 지닌다는 것을 강조한다(홍승아 외, 2008). 일-가족 양립은 개인이 직장으로부터 이탈 없이 가족생활을 원활하게 해결할 수 있는 상황, 즉 더 이상 일과 가족을 분리의 개념으로 보는 것이 아니라, 일과 가족이 삶에서 지나치게 한 영역으로 치우쳐져서 다른 한쪽 영역이 무너지는 현상을 막고 일과 가족생활이 병존할 수 있도록 하는 것이다(박정윤 · 장영은, 2010).

2) 일-가족 균형의 사회적 배경

일-가족 균형의 중요성이 대두된 사회적 배경으로서는 일에 대한 개념의 변화, 여성의 교육 수준 향상 및 경제 활동 참여 증가, 성 역할의 변화, 출산율 저하 및 육아기 여성의 경력 단절, 맞벌이가족의 보편화 등을 들 수 있다.

(1) 일에 대한 개념의 변화

산업화가 진전되고 소득 수준이 높아짐에 따라 사람들의 일에 대한 개념이 바뀌고 있다. 일이라는 것이 과거처럼 가족 부양의 의미가 강조되면서 가정생활보다 우선시되는 것이 아니라 좋은 삶이라는 시각에서 일이 필요하며 일 때문에 가정생활이나 개인생활을 희생할 수 없다는 인식이 확산되고 있다. 즉, 일을 함으로써 행복하고 보람을 찾으며 삶을 풍만하게 만든다는 개념으로 변화하고 있다.

특히 젊은 세대일수록 여가나 가정과 같은 개인생활을 중요시하는 경향이 있는 것으로 보고되고 있으며(강우란 외, 2006), 이미 영국이나 미국과 같은 선진국에서도 과거 일중독(workholic)이라 할 만큼 일 중심적 가치관을 지녔던 구세대와는 다르게 젊은 세대들은 삶을 즐기기를 원하고 일로 인해 개인생활이 방해받는 것을 기피하는 경향이 있다고 연구된 바 있다(Meaning of Work Team, 1996).

(2) 여성의 교육 수준 향상 및 경제 활동 참여 증가

30~40년 전부터 선진국을 중심으로 세계 여러 나라에서는 여성들의 교육 수준 향상과 함께 노동력의 여성화 현상이 공통적으로 나타났으며(장하진, 2002), 그에 따라 생산성이 눈부시게 향상되었다.

우리나라 또한 여성들의 교육 수준이 지속적으로 향상되어 여학생의 대학 진학률이 2005년에 73.6%로 사상 처음으로 남학생의 대학 진학률(73.2%)을 추월하였으며, 2018년 여학생과 남학생의 대학 진학률은 각각 73.8%, 65.9%로 2017년 대비 상승했지만, 2015년 이후 감소하고 있다. 그리고 여학생과 남학생과의 진학률 격차가 2008년도 3.3%p, 2010년도 5.0%p, 2013년도 7.1%p에서 2018년 7.9%p로 확대되는 모습을 보이고 있다(그림 8-1).

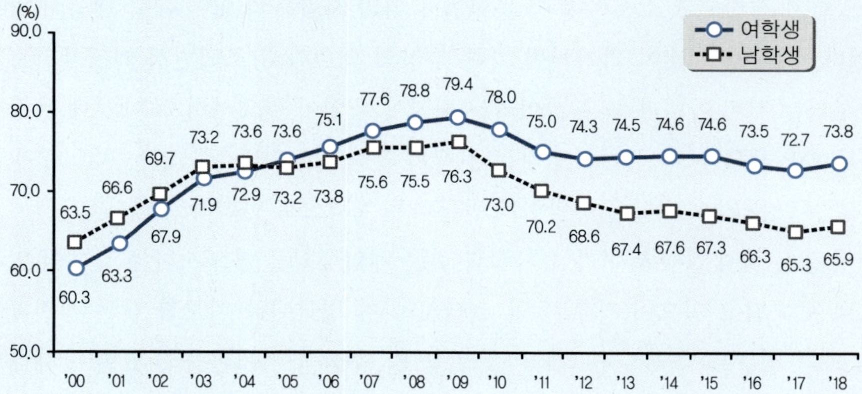

주 : 당해연도 졸업자 중 국내 · 외 상급학교에 진학한 학생 비율(재수생 미포함)
출처 : 통계청(2019). 2019 통계로 보는 여성의 삶. p. 38.

그림 8-1 우리나라 남녀 학생의 대학 진학률 비교

우리나라 만 15세 이상 여성의 경제 활동 참여율도 매년 증가하여 1965년 37.2%에서 2010년 49.4%로 높아졌으며, 2018년 52.9%로 나타났다. 그러나 우리나라의 여성 경제 활동 참여율은 OECD(Organization for Economic Cooperation and Development, 경제협력개발기구) 28개 주요 국가 평균(56.3%)에 비해서는 낮다(표 8-1).

표 8-1 2018년 OECD 주요 국가의 여성 경제 활동 참여율

(단위 : 천 명, %)

구분	2018년 경제 활동 참여 여성		구분	2018년 경제 활동 참여 여성	
	참여자 수	참여율		참여자 수	참여율
한국	11,893	52.9	아이슬란드	94	77.9
이스라엘	1,943	59.8	아일랜드	1,099	56.0
일본	30,140	52.5	이탈리아	11,072	41.1
캐나다	9,417	61.3	룩셈부르크	138	55.8
멕시코	21,298	43.5	네덜란드	4,262	59.1
미국	75,978	57.1	노르웨이	1,312	61.8
오스트리아	2,122	55.9	폴란드	7,703	48.5
체코	2,415	52.8	포르투갈	2,572	54.5
덴마크	1,426	58.4	스페인	10,600	52.4
핀란드	1,319	55.9	스웨덴	2,596	70.8
프랑스	14,401	51.6	스위스	2,290	62.9
독일	20,105	56.0	영국	15,831	58.0
그리스	2,098	44.3	호주	6,234	60.5
헝가리	2,107	48.7	뉴질랜드	1,307	65.7

주 : 만 15세 이상 여성 인구 중 경제 활동 참여자 비율
출처 : 통계청 「http://kosis.kr〉경제활동인구조사」 2019. 9.

(3) 성 역할 변화

초기 산업 사회에서는 직장과 일터가 가정으로부터 분리되어 남성은 직장과 생산, 여성은 가정, 재생산, 사적 영역을 책임지는 성별 역할 분리 체계가 사회의 기본 구조로 형성되었다. 그러나 후기 산업 사회로 다가갈수록 점차로 노동 시장에는 여성, 특히 기혼 여성들이 다수 참여하면서 남녀의 역할 분담 체계가 변화되기 시작하였다.

우리나라 역시 기혼 여성의 취업률 증가와 더불어 핵가족의 확산이 진행됨에 따라 남성은 생계 부양을 위한 일을 하고 여성은 가사 및 자녀 양육을 담당한다는 전통적인 성 역할의 분화에 변화가 초래되고 있다. 즉, 성 역할에 있어 유동성과 가변성이 증가하고, 이에 따라 부부간의 역할 공유나 평등한 부부관계에 대한 요구가 증가하고 있다.

(4) 출산율 저하 및 육아기 여성의 경력 단절

여성의 경제 활동 참여 증가와 함께 여성들은 취업을 가정과 독립적인 생애과업으로 수용하지만, 사회는 여전히 출산 · 양육의 책임과 부담을 여성과 개별 가족에게 부과하고 있다. 이러한 현실에서 여성들의 선택은 결혼 기피와 출산 연기로 이어지며, 이는 결국 저출산 문제를 초래하고 여성의 경력 단절과 노동 시장 퇴출로 이어진다.

우리나라의 연도별 합계출산율은 1970년 4.53명에서 1975년 3.43명, 1983년 2.06명, 1987년 1.53명, 1990년 1.57명, 2001년 1.31명, 2005년 1.09명, 2011년 1.24명, 2018년 0.97명, 2019년 0.92명으로 지속적인 감소세를 보이고 있으며, 최근 수치는 세계 최하위 수준이다(그림 8-2). 통계청의 2017년도 국가별 합계출산율에서도 우리나라는 1.05명으로 OECD 34개 회원국 중 최하위였으며 독일이 1.57명, 일본 1.43명, OECD 국가 평균 1.65명, 영국 1.74명, 미국 1.77명, 프랑스 1.86명이었고 이스라엘이 3.11명으로 최고 수준이었다.

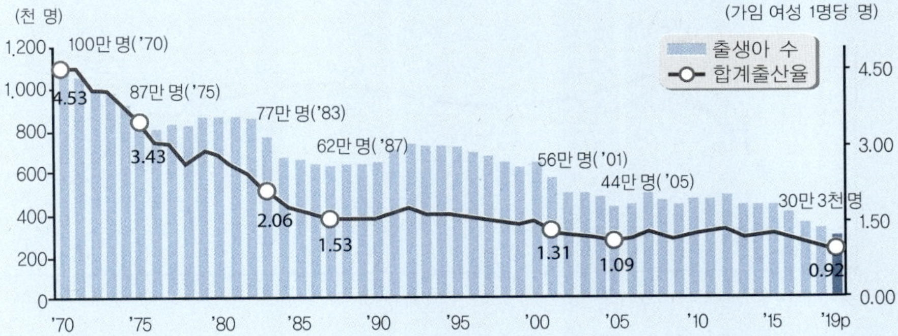

주 : 1) 합계출산율은 가임 여성(15~49세)이 출산한 자녀 수를 가리키며, 합계출산율이 2.1명이 되어야 현재 수준의 인구 유지가 가능함
2) p는 잠정치임

출처 : 통계청(2020a). 2019년 출생 · 사망통계 잠정 결과. p. 1.

그림 8-2 **우리나라의 합계출산율 연도별 추이 (1970~2019년)**

또한 우리나라 여성의 경제 활동 참가율은 결혼 연령기인 30대 전후로 큰 차이를 나타낸다. 통계청의 '2019 통계로 보는 여성의 삶' 보고서에 의하면, 2018년 우리나라 여성의 연령별 경제 활동 참가율은 25~29세에서 70.9%로 가장 높다가 결혼 · 임신 · 출산 · 육아 등으로 경력 단절을 겪는 30~34세에서 62.5%, 35~39세에서 59.2%로 하락하고, 재취업으로 40대 초반(62.2%)부터 40대 후반(68.7%)까지 다시 증가하다가 50대 초반(66.8%) 이후 다시 하락하는 M자형의 모양을 보인다(그림 8-3).

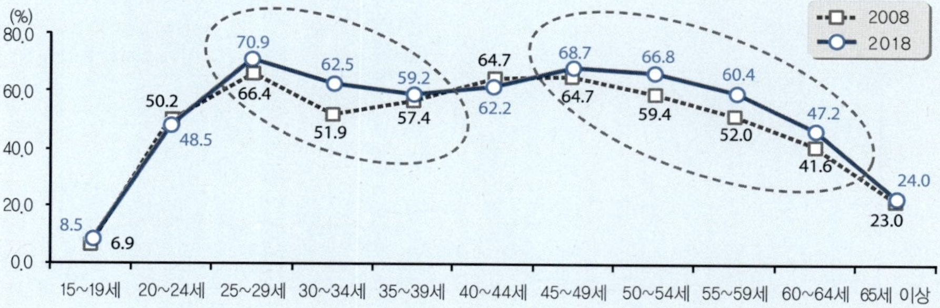

출처: 통계청(2019). 2019 통계로 보는 여성의 삶. p. 27.

그림 8-3 2018년도 우리나라 여성의 연령별 경제 활동 참가율

(5) 맞벌이가족의 보편화

여성 경제 활동 인구가 증가함에 따라 부부가 함께 직업을 가지고 사회 활동을 하는 맞벌이가족 형태가 보편화되고 있다. 맞벌이가족은 산업화가 진전되고 사회 구조와 가치가 변화하면서 사회적으로 중요성을 크게 느끼지 못하는 무보수의 가사 노동보다는 보람 있는 일에 대한 욕구, 또는 생활 수준 향상을 누리기 위한 지속적인 경제적 지출의 필요성 등과 같은 개인적 동기가 커지고 여성 취업에 대한 긍정적 인식과 사회적 지원이 확산되면서 점점 증가하고 있는 실정이다(곽형식 외, 2008).

그런데 맞벌이부부, 특히 취업주부는 직장생활과 가정생활을 동시에 관리함으로써 시간 부족과 함께 여러 가지 역할수행에 어려움을 경험하며 경제 활동의 참여에 위협을 받기도 한다. 직장생활과 가정생활의 병행으로 인해 겪는 가장 큰 어려움은 자녀 양육 및 교육 문제인데, 그에 따른 심리적 · 경제적 부담과 함께 신체

적 피로감은 취업주부로 하여금 개인생활을 가질 만한 여유를 주지 않고 정체감 상실의 위기를 초래하기도 한다(김혜선 · 김경신, 2003). 또한 주 양육자인 어머니의 취업으로 맞벌이가족의 자녀는 자기보호를 해야 하는 상황에 놓이기 쉽고 심리적으로 부적응 상태, 외부로부터의 위험 상황에 놓일 수 있다(김혜금, 2006). 맞벌이 남편의 경우에도 가족 영역을 전적으로 돌보는 전업주부의 부재로 인해서 일-가족 갈등을 겪는데, 이들의 일-가족 갈등의 상황은 부각되지 않고 있다(Levine & Pittinsky, 1997).

우리나라 전체 부부 가구 중에서 맞벌이부부 가구의 비율은 2011년도 44.6%, 2012년 44.0%, 2013년 43.3%, 2014년 44.2%, 2015년, 44.1%, 2016년 45.5%, 2017년 44.6%였으며, 2018년도 맞벌이부부 가구는 5,675,000가구로 46.3%를 차지하였다(그림 8-4).

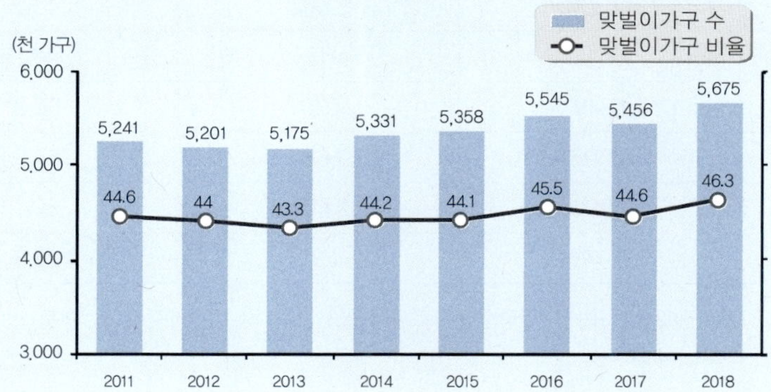

주 : 비율 = (맞벌이가구 / 유배우가구) × 100

출처 : 통계청. 「지역별고용조사」.

그림 8-4 맞벌이가구 비율 (2011~2018년)

2019년도 맞벌이가구는 5,662,000가구로 유배우가구인 12,305,000가구의 46.0%이었으며, 2018년 대비 0.3%p 감소하였다. 가구주의 연령 계층별 맞벌이가구 비중은 40~49세 54.2%, 30~39세 50.2%, 50~64세 50.1% 순으로 높게 나타났다(표 8-2). 또한 18세 미만 자녀를 둔 유배우 가구(4,366,000가구) 중에서 맞벌이 부부 가구는 51.4%(2,246,000가구)를 차지하였으며, 자녀 연령별로는 취학 이전인 6세 이하 자녀가 있는 유배우가구에서 맞벌이가구 비중이 44.6%로 가장 낮았고, 13~17세 자녀가 있는 유배우가구의 맞벌이가구 비중이 59.5%로 가장 높게 나타났다. 초등학생 시기인 7~12세 자녀를 둔 유배우가구에서는 54.8%의 맞벌이 비율을 보였다(통계청, 2020b).

표 8-2 가구주 연령대별 맞벌이가구 비중 (2019년 10월 기준)

(단위 : 천 가구, %)

구 분	유배우가구	맞벌이가구	비중
전체	12,305	5,662	46.0
15~29세	171	68	40.1
30~39세	1,849	929	50.2
40~49세	3,008	1,631	54.2
50~64세	4,800	2,404	50.1
65세 이상	2,478	631	25.5

출처: 통계청(2020b). 2019년 하반기 지역별고용조사(맞벌이가구 및 1인 가구 고용 현황).

3) 일-가족 균형에 영향을 미치는 요인

여성가족부의 2010년 가족 실태조사에서 나타난 일-가족 균형의 장애요인으로는 남성의 경우 업무의 과중함, 가족과 함께 하는 시간 부족, 자녀 양육 부담 등의 순이었으며 여성은 가사 부담, 자녀 양육 부담, 업무의 과중함, 가족과 함께하는 시간 부족 등의 순으로 나타났다. 2015년 가족 실태조사(여성가족부, 2015)에서는 일-가족 균형을 위해 가장 우선적으로 추진해야 할 정책으로 보육지원 확대, 초과 근무시간 단축, 재택 · 원격 근무, 시간제 근무 등 유연근무제 확산 순으로 나타났으며, 남성의 가사 및 육아 참여를 위해서 남성의 가사 및 육아 분담 인식 확대, 장시간 근로 관행 개선, 가족친화적 기업 문화 확산이 우선 추진해야 할 과제로 나타났다.

(1) 가족 관련 요인

일-가족 균형에 긍정적 또는 부정적 영향을 미치는 가족 관련 요인으로는 맞벌이 여부, 배우자 내지 가족의 지원, 연로한 생계 피부양자의 존재 여부, 자녀의 수와 연령 등을 들 수 있다(이희미 · 김영진, 2009). 또한 일하는 개인의 노력이나 능력도 일과 가족의 균형과 관련되어 있다고 연구되고 있다. 즉, 가정생활에 있어 제한된 시간과 자원을 능률적 · 효과적으로 배분하고 사용하려는 개인적 노력과 관리 능력에 따라 일과 가족의 균형이 다르게 나타날 수 있다(Heck, Winter, & Stafford, 1992). 이밖에 일하는 개인의 일과 가족에 대한 가치관과 연령, 성별, 혼인 상태 등과 같은 요인도 일과 가족의 균형에 영향을 미치는 것으로 연구되고 있다.

(2) 직장 관련 요인

일-가족 균형에 영향을 미치는 직장 관련 요인으로는 정규 근무 시간과 초과 근무 시간, 출 · 퇴근 시간, 업무 과중, 업무 효율, 직무 불안정, 업무 재량권과 같은 직무 특성, 역할 갈등과 같은 역할 특성, 일과 가족의 균형을 배려하는 상사의 리더십 스타일, 일과 가족의 균형을 지원하는 직장 문화와 복지제도 등이 있으며(Allen, 2001; Perry-Smith & Blum, 2000; Thomas & Ganster, 1995; Voydanoff, 2005), 각 요인의 성격에 따라 일-가족 균형에 긍정적 또는 부정적 영향을 미친다.

3. 가족친화제도

1) 가족친화제도의 의의

일과 가족은 분리되어 있는 것이 아니라 상호 순환적인 관계를 맺고 있으며(Frone et al., 1992), 개인은 일-가족 갈등을 경험하게 된다. 예를 들어 잔업이나 야근과 같이 직장일이 원인이 되어 가사일을 제대로 하지 못하여 가정에서의 역할수행에 어려움을 겪게 되거나, 반대로 가족의 질병 간호 등과 같이 가정일이 원인이 되어 결근하거나 업무를 제때 처리하지 못하여 직장에서의 역할수행에 어려움을 경험할 수 있다.

일-가족 갈등은 이를 해결할 수 있는 개인적 또는 사회적 차원의 자원들이 충분하다면 쉽게 예방하거나 해결할 수 있겠지만, 자원이 충분하지 못하거나 없다면 개인은 물론 그 가족과 직장에까지 부정적인 영향을 미치게 된다(최수찬 외, 2006). 일-가족 갈등을 해결할 수 있는 사회적 차원의 자원으로는 가족친화제도를 들 수 있다. 가족친화제도는 남녀 근로자들이 직장과 가정의 일을 조화롭게 병행할 수 있도록 사회 및 기업 차원에서 지원하는 다양한 제도를 의미하는데(이병훈 · 김종성, 2009), 일반적으로 육아 및 가족 관련 휴가 · 휴직제도, 유연 근무제도, 근로자 지원제도 등이 포함된다.

가족친화제도의 가족친화(family friendly)란 직장과 가정 사이의 요구를 조정, 조화, 양립을 의미하는 것으로서, 일-가족 양립(work-family balance), 일-가족 균형(work-family balance), 일-생활 균형(work-life balance) 등의 용어와 혼용되어서 사용되기도 한다. 즉, 직장에서의 요구와 가정에서의 요구가 양립되지 못함으로써 초래되는 일-가족 간의 갈등을 해결하고 일과 가족 또는 일과 삶의 조화를 유지하는 것이다(이도화 · 정두영, 2010).

2) 가족친화제도의 도입 경과

가족친화제도는 1980년대 이후 미국과 유럽 등 서구 사회가 여성의 사회 진출 증가와 가족 형태의 변화, 남녀 근로자들의 의식 변화 등을 경험하면서 근로자들의 가사 분담 책임에 대한 배려로서 도입되었다(이도화 · 정두영, 2010). 우리나라의 경우에도 일상생활과 삶의 질에 대한 사회적 관심이 증가하고 남성 가장 단독 부양의 가족 구조가 맞벌이 형태로 바뀜에 따라 일-가족 균형을 지원하기 위한 각종 가족친화 관련 법 · 제도들이 정비되기 시작하였다.

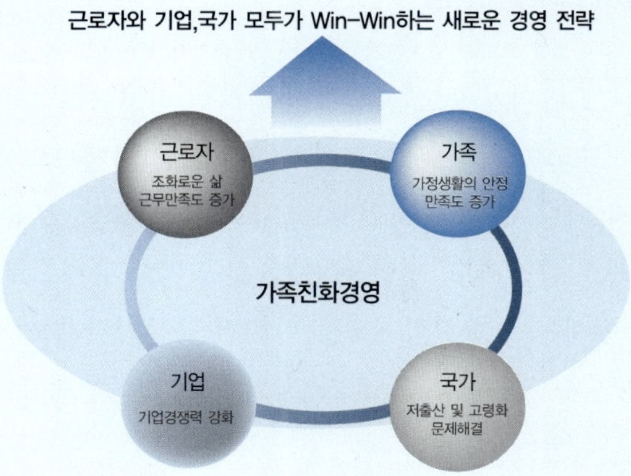

출처 : 여성가족부 가족친화인증제.

그림 8-5 가족친화인증제의 추진 목적

2008년 6월부터는 '가족친화 사회환경의 조성 촉진에 관한 법률(2007. 12. 14 제정, 법률 제8695호)' 이 시행되었으며, 같은 해에 가족친화인증제가 도입되었다(그림 8-5). 가족친화인증제는 가족친화경영을 실천하는 모범 기업이나 기관에게 정부에서 가족친화인증을 부여하고 격려하는 제도인데, 가족친화경영이란 남녀 근로자가 다양한 정책, 프로그램, 훈련 및 직장 문화를 통하여 직장과 가정일을 조화롭게 수행하고 자녀 출산과 양육에 어려움이 없도록 지원하는 정부와 기업의 경영방식을 말한다(주혜진 · 함은미, 2008).

또한 2009년 11월에는 대통령 직속 미래기획위원회에서 '일과 가정의 양립환경 조성'을 주요 정책으로 선정하였고, 2010년 2월에는 대통령 주재 국가고용전략회의에서 더 많은 사람이 더 편하게 일할 수 있도록 '유연근무제 확산 방안'을 발표하였다.

3) 가족친화제도의 유형

가족친화제도는 그 범위가 넓고 종류가 다양하여 학자들마다 유형을 다르게 규정하고 있다. Galinsky와 그의 동료들(1991)은 가족친화제도의 유형을 탄력근무제도, 휴가 및 휴직 제도, 경제적 지원제도, 사회 공헌 활동, 보육 및 돌봄 지원제도, 일-가족 스트레스 관리제도, 경영 혁신 등 일곱 가지 유형으로 나누었다. 또한 여성가족부(2006)에서는 가족친화제도를 탄력적 근무시간제도, 자녀 양육 및 교육 지원제도, 부양가족 지원제도, 근로자 지원제도, 가족친화 문화 조성 등 다섯 가지 유형으로 구분하였다.

가족친화제도의 유형은 크게 복지형 가족친화제도와 유연근무제로 나누어 살펴볼 수 있다. 복지형 가족친화제도는 직장일과 가정일의 조화를 목적으로 남녀 근로자를 대상으로 금전 및 서비스 급부의 방법으로 행하여지는 여러 활동들을 의미한다. 반면 유연근무제는 근로 시간을 유연하게 적용하는 등의 일하는 방식의 개선을 통해 가족친화적 직장 문화와 관행을 만들고 일과 가족 영역의 균형, 나아가 일과 삶의 조화를 추구할 수 있도록 도와주는 것을 의미한다. 복지형 가족친화제도와 유연근무제의 유형을 구체적으로 살펴보면 다음과 같다.

(1) 복지형 가족친화제도

복지형 가족친화제도의 유형으로는 보육 및 돌봄 지원제도, 근로자 지원제도, 휴가 · 휴직 제도, 경제적 지원제도 등이 있다.

① 보육 및 돌봄 지원제도

보육 및 돌봄 지원제도는 근로자의 자녀 양육, 노인 부양, 가족 간호 및 돌봄 등을 효과적으로 수행할 수 있도록 지원하는 제도이다(김태홍 · 고인아, 2001). 구체적으로 근로자 자녀를 위한 보육정보 제공 및 어린이집 알선, 직장어린이집 설치 · 운영, 보육료 지원 및 보육수당 제도, 방과후아동지도제도, 자녀학습지원 프로그램, 일시적 아이 돌봄이 필요한 가정을 위한 아이돌보미사업, 여성근로자의 모유 수유를 돕는 직장 내 수유 지원 프로그램 등을 들 수 있다.

또한 노인을 위한 방문요양, 방문목욕, 방문간호 및 요양원 등의 복지서비스 이용을 지원하는 노인장기요양보험제도와 장애인을 위한 방문보조(가사 및 일생생활 지원), 방문간호, 방문목욕 등의 복지서비스 이용을 지원하는 장애인활동지원제도 등도 돌봄지원제도로 볼 수 있다.

② 근로자 지원제도

근로자 지원제도는 근로자와 그 가족을 대상으로 상담, 교육, 컨설팅, 정보제공, 문화행사, 서비스 연계 등의 프로그램을 통하여 정서적 지원 및 정보 서비스를 제공하는 지원제도이다(여성가족부, 2006). 즉, 근로자의 다양한 욕구와 문제를 진단해서 이를 지원하는 제도이다.

근로자 지원제도는 근로자의 다양한 개인적인 문제를 완화하고, 직무 스트레스와 이직율을 줄이며, 업무에 대한 몰입 수준을 높인다. 그에 따라 직장과 가족생활을 원만하게 영위할 수 있게 되고 근로자와 그 가족의 삶의 질이 향상되는 효과를 가져온다.

③ 휴가 · 휴직 제도

휴가 · 휴직 제도는 일과 가족의 균형을 추구하는 근로자들에게 출산과 양육, 가족 돌봄 등을 위한 법정 휴가 · 휴직뿐만 아니라 일상생활에 필요한 유, 무급 휴가 · 휴직을 보장해 주는 제도이다.

주요 법정 휴가 · 휴직 제도로는 임신 중인 여성근로자에게 산전 · 산후 90일(산후 최소 45일)의 휴가를 보장하는 출산전후휴가(급여)제도, 여성근로자의 유산 · 사산에 대해 휴가를 보장하는 유산 · 사산 보호휴가(급여)제도, 아내가 출산한 경우 남성 근로자에게 휴가(유급 10일)를 부여하는 배우자 출산휴가(급여)제, 만 8세 또는 초등학교 2학년 이하 자녀가 있는 경우, 최대 1년 동안 휴직 및 급여 일부를 지원하는 육아휴직(급여)제도와 육아휴직 기간과 별도로 최대 1년간 근무 시간을 줄여 일하고 급여 일부를 지원하는 육아기 근로시간단축(급여)제도, 가족(부모, 자녀, 배우자, 배우자의 부모)의 질병 · 사고 · 노령 등을 이유로 돌봄이 필요한 경우 최대 90일까지 무급휴가를 부여하는 가족돌봄휴직제도 등이 있다.

④ 경제적 지원제도

경제적 지원제도는 근로자의 출산과 양육, 가족생활을 급여 지급 이외에 대출이나 지원금, 장려금 등과 같은 명목으로 보조하는 현금지원제도이다. 구체적으로 근로자의 주택마련 및 생활안정을 위한 각종 대출, 학자금이나 의료비, 휴양시설 이용, 예술공연 관람 등을 위한 각종 지원금, 출산이나 금연 등을 위한 각종 장려금 등이 이에 해당한다.

(2) 유연근무제

유연근무제(flexible working arrangement)는 복지형 가족친화제도와는 달리 일하는 시간과 방식에 대해 근로자 개인에게 더 많은 재량권을 주는 제도이다. 즉, 정형화된 근무 시간과 장소를 요구하는 근무제도에서 탈피하여 개인이 근무 시간과 장소 등을 자신의 상황에 맞게 탄력적으로 선택, 조정할 수 있게 함으로써 직장과 가족 영역의 일을 조화롭게 수행하고 일과 가족이 양립할 수 있도록 지원해 주는 제도이다. Thomas와 Ganster(1995)는 자율적인 시간근무제를 도입하는 직장의 근로자들이 일-가족 갈등을 적게 느끼고 신체적 · 정신적으로 건강하다고 하였다. 유연근무제는 탄력근무제와 혼용해서 사용되기도 하며, 오전 9시부터 오후 6시까지 근무하는 전통적인 근무방식에 대해서 대안적인 근무방식이라는 점에서 대안근무방식(alternative working arrangement)이라는 표현을 쓰기도 한다(서울대학교 경영연구소, 2010).

유연근무제는 미국과 영국 등의 선진국을 중심으로 다양한 유형으로 발전해 왔는데(표 8-3), 대표적인 것으로 탄력근로, 압축근로, 단시간근로, 원격근무, 잡 셰어링(job sharing) 등을 들 수 있다. 탄력근로와 압축근로가 근로 시간은 그대로 두면서 일을 시작하고 끝나는 시간에 대한 유연성을 제공하는 것이라면 단시간근로와 잡 셰어링은 근로 시간의 길이에 있어서 유연성을 제공하는 것이며 원격근무는 장소에 대한 유연성을 제공하는 것이다(서울대학교 경영연구소, 2010).

표 8-3 영국 기업의 유연근무제 유형

<table>
<tr><th colspan="2">구분</th><th>명칭</th><th>내 용</th></tr>
<tr><td rowspan="4">시간단축형</td><td rowspan="4">노동 시간 단축화</td><td>파트타임</td><td>주 30시간 미만의 노동</td></tr>
<tr><td>학기 시간 노동</td><td>학교의 학기 중만 노동하는 취업 형태</td></tr>
<tr><td>기간 한정 시간단축제도</td><td>일정 기간만 노동 시간을 단축하고, 그 후 통상 노동 시간으로 회복해 가는 취업 형태</td></tr>
<tr><td>잡 셰어링</td><td>유연적 노동을 복수의 사람이 나누어서 노동 시간을 분할하는 취업 형태</td></tr>
</table>

구분		명칭	내 용
재량형	근무 시간 유연화	유연적 근로	1주일의 총 노동 시간은 정해져 있지만 근무 시작 시간과 근무 완료 시간을 종업원이 자유롭게 설정할 수 있는 취업 형태
		집중노동일제	1주일의 총 노동 시간은 줄이지 않고 1일의 노동 시간을 증가시켜 출근 일수를 줄이는 취업 형태
		연간 노동 시간 계약제	연간 총 노동 시간을 미리 사용자와 계약하여 종업원이 원하는 시간에 일할 수 있는 취업 형태
	근무 장소 유연화	재택근무	종업원이 노동 시간의 전부 또는 일부를 자택에서 근무하는 취업 형태

출처 : 김은숙(2009).

유연근무제의 대표적인 유형을 구체적으로 살펴보면 다음과 같다.

① 탄력근로

탄력근로(flex time)는 누구나 의무적으로 근무해야 하는 핵심근로시간(core time)을 제외한 나머지 시간에서 근로자가 출·퇴근 시간을 자율적으로 선택, 조정하고 정해진 근무 시간 총량을 맞추는 제도이다. 예를 들어 오전 7시에서 10시 사이에 자유로이 출근하고, 오전 10시에서 오후 3시까지는 핵심근로시간으로 전원이 공동으로 일하며, 출근 시간으로부터 8시간을 근무한 후에 퇴근하는 것이다. 최근에는 핵심근로시간을 없애고 근로 시간의 자유재량을 획기적으로 실현하는 슈퍼 플렉스 타임(super flex time)도 등장하고 있다.

② 압축근로

압축근로(compressed work weeks)는 근로자가 정해진 근무 시간 총량을 유지하면서 집약근무로 주 5일보다 짧은 기간 동안 근무하고 대신 추가 휴일을 가질 수 있도록 하는 제도이다. 예를 들어 1주 40시간의 법정근로시간을 기준으로 1일 10시간씩 주 4일을 근무하거나, 1일 12시간씩 3일간을 근무하고 4일째는 4시간을 근무하는 방식 등이다. 경우에 따라서는 2주에 걸쳐서 9일을 일하고 10번째 날에 쉬는 형태를 취하기도 한다.

③ 단시간근로

단시간근로(reduced-load work)는 근로자의 과도한 업무량과 스트레스를 줄이고 생활의 여유를 찾아주기 위해 정해진 근로 시간보다 적은 근로 시간을 선택할 수 있도록 하는 제도이다. 통상 파트타임(part time)으로 일하는 경우가 이에 해당하나, 최근에는 정규직이면서도 단시간근로를 도입하는 사례가 증가하고 있다. 정규직의 경우 1주일 중 하루를 쉬어 주 4일제(주 32시간)로 근무하거나, 여름 휴가철을 비롯한 연중 약 3개월 동안은 50%만 근무하고 나머지 9개월은 정상 근무하는 방식을 취하기도 한다.

④ 원격근무

원격근무(telecommuting)는 ICT(Information & Communication Technology, 정보통신기술)를 활용하여 시간과 장소의 제약 없이 일을 할 수 있도록 하는 유연근무제이다. 즉, 근로자가 사무실이 아닌 집에서 일을 하거나, 주거지 인접지의 원격근무용 사무실(smart office)에 출근하여 근무하거나, 휴대용 기기를 이용하여 사무실이 아닌 장소에서 일을 하는 근무 형태를 말한다. 원격근무는 ICT의 발전으로 가상 공간(virtual space)에서의 일 처리가 가능하게 됨으로써 생겨났으며, Raghuram과 Wisenfeld(2004)는 가상 공간을 이용한 원격근무가 업무 스트레스를 경감시킨다고 하였다.

⑤ 잡 셰어링

잡 셰어링(job sharing)은 근로자 1인당 근무 시간을 줄이고 그에 따라 발생하는 근무 시간 및 임금 감소분으로 더 많은 근로자를 고용하는 제도로서 일자리 나누기로 불리기도 한다. 근무 시간을 단축해 일감을 나누는 워크 셰어링(work sharing)이나 직무 분할을 통해 일자리를 나누는 협의의 잡 셰어링을 포함하여 임금 동결 · 삭감 등을 통한 고용 유지 및 창출까지 포괄하는 개념으로(기획재정부, 2010), 경제환경이 어려울 때 고통 분담을 통한 일-가족 양립에 도움이 된다.

♥ 포스코, 경력 단절 없는 '육아기 재택근무제' 도입

포스코가 직원들의 출산 장려와 육아기 경력 단절 방지를 위해 육아와 업무를 병행할 수 있도록 국내기업 최초로 '육아기 재택근무제'를 2020년 7월부터 본격 시행한다.

'육아기 재택근무제'는 만 8세 또는 초등학교 2학년 이하 자녀가 있는 직원이면 직무 여건에 따라 전일(8시간) 또는 반일(4시간) 재택근무를 신청할 수 있다.

'전일 재택근무'는 일반 직원 근무 시간과 동일(08~17시)하게 일하고 급여도 동일하게 지급된다. '반일 재택근무'는 국가가 시행하고 있는 육아지원 제도인 '육아기 근로시간단축제'와 포스코가 시행 중인 '전환형 시간선택제'에 '재택근무'를 연계했으며, 근무 시간을 08~12시, 10~15시, 13~17시 중 육아 환경에 맞게 선택할 수 있도록 했다. 상여금과 성과급 등이 절반씩 지급된다.

'전일 재택근무'나 전환형 시간선택제 '반일 재택근무'는 재직 중 최대 2년까지 사용할 수 있으며, '(육아기 근로시간단축제) 반일 재택근무'는 육아휴직과 합산해 자녀당 최대 2년까지 사용할 수 있다. 이 제도를 적극 활용하면 육아기 자녀 1명이 있는 직원은 전일 또는 (전환형 시간선택제) 반일 재택근무 2년에 (육아기 근로시간단축제) 반일 재택근무 2년을 더해 최대 4년까지 재택근무로 전환 가능하며, 자녀가 2명일 경우는 최대 6년까지 사용 가능하다.

포스코는 재택근무 기간 동안 급여, 복리후생, 승진 등을 일반 근무 직원과 동일하게 적용해 경력 단절과 가계 소득 감소 등으로 육아휴직을 고민하는 직원들이 이 제도를 적극 활용할 것으로 기대하고 있다.

전환형 시간선택제란 임신, 육아, 학업, 간병 등 근로자의 필요에 따라 일정 기간 동안 전일제에서 시간선택제로 전환(근로 시간 단축)하여 근무하다가 그 사유가 해소되면 다시 전일제로 복귀하여 근무하는 제도이다(고용노동부, 『2018 시간선택제 일자리 안내서』).

(조선일보. 2020. 06. 24)

Chapter 9

노인과 가족

급격한 산업화로 인해 핵가족화와 계속적으로 증가하는 노인 인구의 수는 사회 변동과 가치관의 변화를 가져왔다. 특히 고령화 사회로 변해감에 따라 생애 있어서 노년기의 삶이 차지하는 비중이 높아지면서 노인과 노인가족에 대한 관심이 점점 증가되고 있다.

따라서 급증하는 노인의 역할 상실과 여가문제, 경제적 빈곤문제, 질병과 건강 보호 문제, 고독과 소외 문제 등을 살펴보고 노년기의 가족관계와 성공적인 노화에 대해서도 살펴볼 것이다.

1. 노인의 개념

Frank Lioyd Wright는 '오래 살면 살수록 인생은 아름다워진다' 라고 했다. 얼마나 살면 오래 사는 것일까?

노인의 개념을 엄밀하고 정확하게 규정하기란 쉬운 일이 아니어서 노인복지법에서도 역연령(만 65세 이상)으로만 정의되어 있으나, 학계의 견해는 두 가지로 대별된다.

노인이란 인간의 노화(aging) 과정에서 나타나는 생리적 · 심리적 · 환경적 변화와 행동의 변화가 상호작용하는 복합 형태의 과정에 있는 사람이라고 정의하였다(이혜원, 1999).

그 내용을 살펴보면, 노인은

① 환경 변화에 적절히 적응할 수 있는 자체 조직에 결함이 있는 사람

② 자신을 통합하려는 능력이 감퇴되어 가고 있는 시기에 있는 사람

③ 인체기관, 조직 기능에 쇠퇴현상이 일어나는 시기에 있는 사람

④ 생활 자체의 적응성이 정신적으로 결손되어 가고 있는 사람

⑤ 조직 및 기능 저장의 소모로 감퇴되어 가는 시기에 있는 사람

으로 규정되어 있다(한국노인문제연구소, 2002).

또한 Breen은 고령자를 ① 생리적 · 생물학적 면에서 쇠퇴기에 있는 사람 ② 심리적인 면에서 정신 기능과 성격이 변화되고 있는 사람 ③ 사회적인 면에서 지위와 역할이 상실되어 가는 사람이라고 정의하였다(김대빈, 2006).

다른 하나의 견해는 Atchley(1994)의 역(曆)연령(chronological age), 기능적 능력, 인생 주기, 인지 나이를 기준으로 한 것으로 먼저 역연령은 출생 후 달력의 시간에 의한 연령으로 65세 이상인 사람을 노인으로 규정하고 있다. 국제적으로 65세는 각종 연금 혜택이 주어지고 정년 퇴직을 하는 시기로 되어 있어 국가 간 비교를 위한 65세 이상 인구는 사회통계에서 흔히 볼 수 있다.

둘째, 기능적 연령으로는 개인의 신체적 · 심리적 기능 정도에 따라 노인으로 규정하는 것이다. 보편적으로 적용되는 기준은 주름진 피부, 회색 머리, 굽은 자세, 시력 및 청력 감퇴 등이나 실제로는 이러한 기능적 쇠퇴는 점진적으로 진행되는 경우가 많아서 판단을 내리기가 용이하지 않다. 그러므로 이러한 지표는 학문적인 연구, 법적 적용, 사회적 프로그램 등에 드물게 적용된다.

셋째, 인생 주기에 의한 노인의 정의이다. 흔히 우리는 신체적 · 심리적 · 사회적 특성을 종합적으로 고려하여 인생을 영유아기, 아동기, 청소년기, 중년기, 장

년기, 노년기로 나눌 수 있다. 이때 각 인생 주기의 역연령 경계는 불명확하나 각 단계마다 보편적으로 일어나는 성향들이 있다. 노년기에는 신체적 쇠약, 심리적 위축, 사회적 역할 상실 등을 경험하게 된다(유성호 외, 2002).

넷째, '개인의 지각에 의한' 연령을 노인의 지표로 지적하기도 한다(김대빈, 2006). 이는 개인적으로 스스로 노인이라고 여기는 나이를 중요시하는 입장이다. 신체적 · 심리적 · 사회적 노화는 개인차가 있으므로 주관적인 종합 판단으로 노인을 정하는 것이다.

이러한 관점들은 종합하면, 노인이란 인간의 노령화 과정에서 나타나는 생리적 · 육체적 · 정신적 · 환경적 기능이 감퇴하거나 퇴화됨은 물론 심리적 변화로 개인의 자기유지 기능과 사회적 역할 기능이 약화되어 정상인으로서의 기능에 지장을 받고 있는 사람이라고 정의할 수 있다(이계탁, 1997).

♥ '노인의 연령 기준 더 높여야' 고령화 사회 70~75세가 적당

결혼하라는 주변의 성화에 흔히 하는 대답은 '내가 결혼하고 싶을 때가 결혼 적령기'이다. 그런 관점에서 볼 때 자신이 늙고 힘이 빠졌다고 생각할 때가 '노인 적령기'라고 할 수 있다.

국립중앙의료원에서 개최된 '고령자란 심포지엄'에서 고령화 사회에 접어든 지금 노인의 기준인 65세 이상을 75세로 높여야 한다는 주장이 나왔다. 노인의 연령 기준을 높여야 하는 이유로는 장애 없는 고령자가 지속적으로 늘고 있는 점이다. 여기에 저출산 고령화 사회에서 15~64세의 경제 생산 가능 인구는 줄어들고 있다는 점도 들 수 있다.

이날 심포지엄에 참석한 서울대 노화고령사회연구소 박상철 소장은 '노화를 수동적이고 비생산적이며 비효율적인 현상으로 보는 사회적 인식을 개선하여야 한다'며 인식 개선의 필요성을 강조했다. 한국노년학회 윤가현 회장도 '평균 수명이 80세를 넘는 지금 고령자의 기준을 70세나 75세 등으로 조정할 필요가 있다'고 말하고 '기능 유지에

> 대한 개인차를 반영한 탄력적 복지제도 역시 필요하다' 고 덧붙였다.
>
> 분당 서울 대학 병원 김철호 교수도 '서구에서 유래한 고전적인 「노인의학」의 개념은 만성질병을 가진, 독립적인 삶이 불가능한 고령자' 라며 '질병 예방과 조기 발견, 위험 인자 관리, 건강 증진 등을 포함한 포괄적인 노인의학의 관점이 필요하다' 고 주장했다.
>
> 국립중앙의료원 박재갑 원장은 '노인의 기준이 65세 이상으로 정해진 것은 평균 수명이 50세 미만이던 19세기 후반 독일 재상 비스마르크에 의한 인위적인 기준' 이라며 개념의 재정립의 필요성을 강조했다.
>
> 하지만 개념이 정립돼도 법이나 사회적 제도가 따라주지 않으면 무용지물이다. 박원장은 '정부가 고령자의 능동적 사회 참여와 봉사를 정책적으로 뒷받침해 준다면 고령화로 인한 사회 경제적 비용을 대폭 줄이는 긍정적인 결과를 얻을 수 있을 것' 이라고 강조했다.
>
> (국민일보. 2011. 01. 12)

2. 현대 사회의 노인가족

1) 노인가족의 의의

우리나라 인구 10명 중 1.5명이 노인 인구로서 2019년 우리나라의 65세 인구는 8,030,000명으로 총 인구의 15.5%를 차지하고 있다. 2000년에 7.2%로 고령화사회에, 2017년에는 14.2%로 고령사회에 진입하였으며 2016년에는 노인 인구가 유년 인구를 추월하였다(행정안전부, 2019).

최근 우리나라는 노령화의 속도가 급속도로 빨라지고 있어 사회적으로나 개인적으로 적응할 수 있는 능력과 여유를 갖고 있지 못한 실정으로 점차 늘어나는 평균 수명에 비해 출산율은 떨어지면서 노인 인구의 비율이 빠르게 증가하여 노인 시대가 될 것이라고 전망하고 있다.

노인(older person, the aged, the elderly)가족이란, 노인이 부모나 부부, 자녀, 형제 등 혼인 또는 혈연관계에 의해 맺어지는 가족의 한 구성원으로 이루어진 집단, 혼인이나 혈연에 의한 가족은 아니라 하더라도 동거하는 친족 및 비 친족을 포함하는 가구로서 정의하고 있다(김양희, 1991).

우리나라에서는 노인복지법, 생활보호법상 공식적 · 행정적 규정에 따른 노인의 개념 정의는 65세 이상으로 국민연금법상 노령연금 대상자로 노인의 정의를 말하고, 이러한 노인의 범주에 포함되는 노인들로 구성된 가족집단을 노인가족으로 정의하고 있다.

2) 노인가족의 발생 원인

현대적 노인문제의 발생 원인은 전통적 가치관의 변화와 사회 · 경제적 변화, 가족 결속력, 산업화 등의 원인으로 시작된다.

선진국의 경우, 산업혁명 이래 기술과 생산의 향상으로 부의 축적과 과학적 문명의 발달은 국민들의 평균 수명을 연장하게 되었고 사회적 · 문화적 · 질적 향상과 함께 갈수록 노인 인구 증가를 가속화하여 노인가족을 탄생시켰다. 우리나라의 경우에도 아래와 같은 원인에 가장 커다란 비중을 두고 노인가족의 원인을 설명하고 있다.

(1) 인구 증가

산업화에 따른 경제 발전과 더불어 현대의학이 발달하고 공중보건 및 각종 위생시설이 개선되면서 사망률은 감소하고 평균 수명은 연장되면서 노인 인구는 자연히 증가하게 되었다.

(2) 평균 수명의 연장

경제 성장과 과학화의 발달로 생활이 개선되면서 국민의 평균 수명이 연장되고 있으며, 이는 인구의 고령화를 촉진시켜 노인 인구를 증가하게 만들고 있다.

(3) 사회적 요인(핵가족화 현상)

핵가족화라는 사회환경의 변화와 아울러 국민들의 경로효친 사상이나 자녀들의 효도관 역시 달라지고 있는 현실이다. 과거 부자 중심의 전통적인 대가족주의 가치관에서 부부와 자녀 중심의 핵가족 위주로 변화하고 있다. 이런 현상은 노인이 자녀의 부양을 받으며 살아가기 어려워진다는 사실을 나타내고 있기 때문에 노인가족이 증가하게 되는 원인이다.

(4) 문화적 요인(산업화에 따른 도시화)

산업화가 진행되면서 농촌 인구는 점차 줄어들고 도시 인구 및 도시화는 상대적으로 증가하였다. 즉, 사회적 이동에 의한 인구 구조의 변화는 산업 구조 변화에 따른 도시화 현상과 밀접하게 관련됨을 나타낸다. 산업화와 도시화는 인구와 가구, 가족의 이동을 유발하여 가족의 분화를 가져왔으며 그로 인해 대도시에는 많은 저임금, 저소득 생활자, 무주택가구를 증가시켜 가족 분화가 불가피하게 일어나게 되고 곧 노인가구를 증가시키게 하였다.

우리나라도 전통적 사회에서는 노인문제가 거의 없었으나, 1970년대 이후 경제 발전의 가속화로 사회 구조 변화와 산업화 · 도시화 · 핵가족화에 따라 노인가족의 증가는 사회적 문제가 되어버렸다. 이로 인한 노인문제는 빈곤, 질병, 고독, 역할 상실의 문제와 노인의 의존성 · 종속성에 대한 문제를 수용하는 것이 하나의 과제로 발생되었다(통계청, 2008).

3) 노인가족의 증가에 따른 현황 및 실태

우리나라의 급속한 노인 인구의 증가는 다른 나라에 비해 빠를 것으로 예측된다. 우리나라의 경우 불과 18년만에 노인 인구의 비율이 전체 인구의 7%가 넘는 '고령화 사회(Aging Society)' 에서 노인 인구 비율이 14%가 되는 '고령 사회(Aged Society)' 로 진입하였다. 또한 '고령 사회' 에서 노인 인구 비율이 20%가 되는 '초고령 사회' 로 도달하는 기간은 8년에 불과할 것으로 예상된다.

다른 선진국의 고령화 속도를 보면, 노인 인구가 7%에서 14%에 도달하는 데 기간이 프랑스 115년, 미국 73년, 이탈리아 61년, 독일 40년, 일본 24년, 그리고 노인 인구가 14%에서 20%에 도달하는 기간은 프랑스 39년, 미국 21년, 이탈리아 18년, 독일 37년, 일본 12년이 소요될 것으로 예상된다.

표 9-1 인구 고령화 국제 비교

국명	도달 연도			소요 연수	
	7%	14%	20%	7%~14%	14%~20%
한국	2000	2018	2026	18	8
일본	1970	1994	2006	24	12
프랑스	1864	1979	2018	115	39
독일	1932	1972	2009	40	37
이탈리아	1927	1988	2006	61	18
미국	1942	2015	2036	73	21

출처 : 통계청(2019).

사회가 산업화 · 도시화되면서 가장 두드러지게 나타나는 현상 중의 하나가 노인 혼자 사는 가구나 노부부만 사는 노인단독가구의 증대라 할 수 있다. 전통적인 가족 구성 형태인 자녀동거가족은 점차 감소되는 반면, 노인독신가구와 노인 부부가구는 지속적인 증가 추세를 보인다.

보건복지가족부 전국노인생활실태에 의하면, 노인가구 형태별 구성비는 1994년에 1,599,000가구에서 점차적으로 증가하여 2008년에는 10,798,000가구로 증가하였다.

표 9-2 노인가구 형태

(단위 : %)

		2008	2011	2014	2017
노인가구 수*		10,798	10,674	10,451	10,299
노인가구 형태별 구성비	계	100	100	100	100
	노인독신가구	19.7	19.6	23.0	23.6
	노인부부가구	47.1	48.5	44.5	48.4
	자녀동거가구	27.6	27.3	28.4	23.7
	기타 가구	5.6	4.6	4.0	4.4

* 조사 대상 가구 수에 해당하는 65세 이상 노인가구 수

출처 : 정경희 외(2017).

고령화 사회의 두드러진 특징 중의 하나는 평균 수명의 연장이다. 우리나라의 평균 수명은 1970년대에는 61.9세(남자 58.7세, 여자 65.6세)에 불과하였으나, 1980년 65.0세, 1990년 70.3세, 2000년 74.9세, 2010년에는 79.5세(남자 76.0세, 여자 82.7세)로 증가하여, 지난 1970년 이후 40년간 평균 수명이 18세 높아졌다. 2020년에는 82.8세, 2030년에는 84.2세, 2040년에는 85.5세, 그리고 2050년에는 86.7세로 추계된다.

표 9-3 평균 수명 추이 (1990~2070년)

	1990	2000	2010	2020	2030	2040	2050	2060	2070
평균	70.3	74.9	79.5	82.8	84.2	85.5	86.7	87.9	89.1
남	66.1	71.0	76.0	79.6	81.2	82.6	83.9	85.1	86.3
여	74.6	78.8	82.7	85.7	87.1	88.4	89.7	90.9	92.1

출처 : 통계청(2019).

우리나라는 급격한 사회의 변화로 아주 짧은 기간에 노인 인구가 급속히 증가하여 노인가구의 실태는 갈수록 심각해질 것으로 전망된다.

또한 생산 대비 노인 인구를 나타내는 노년 부양비는 2006년 13.2%에서 2020년 21.7%, 2030년 38.2%, 2050년 77.6% 등으로 급속히 증가할 것으로 전망된다. 따라서 저출산 현상으로 인하여 유년 부양비는 다소 감소된다 하더라도 노년 부양비의 증가폭이 더욱 크기 때문에 생산 인구가 부담하는 총 부양비는 지속적으로 증가하게 될 전망이다. 즉, 총 부양비는 2006년 39.1%에서 2040년 77.5%로 약 2배 증가하게 될 것이며, 2050년에는 95.0%에 달하게 되어 생산 인구 한 명이 약 0.95명의 부양 인구를 갖게 되는 것이다.

더군다나 이러한 경향으로 노인 1명을 부양하여야 할 생산 인구를 의미하는 잠재적 부양비(potential supportive)는 현재의 8명에서 2022년 4명, 2034년 2명, 그리고 2066년에는 1명으로 낮아질 것으로 예측된다.

표 9-4 부양비의 변화 추이

(단위 : 천 명)

연도	총 부양비	유년 부양비	노년 부양비
2000	39.5	29.4	10.1
2010	36.9	22.0	14.8
2020	38.6	16.9	21.7
2030	53.0	14.7	38.2
2040	77.5	17.4	60.1
2050	95.0	17.4	77.6
2060	108.2	16.7	91.4

출처 : 통계청(2019).

〈표 9-4〉에서 보는 바와 같이 노년 부양비 증가는 노인 인구 부양을 위해 생산가능 인구의 조세, 사회보장비 부담 증가로 세대 간 갈등을 유발할 가능성이 있으며, 특히 연금 수급권자 증가에 따른 연금재정 위기, 노인 의료비 증가에 따른 건강보험 재정 불안 등 젊은 세대의 경제적 부담을 초래하는 등 전통적 가족 문화 약화에 따른 노인의 사회적 부양 책임의 문제가 대두하게 되었다.

노년 부양비가 향후 급격하게 증가될 전망은 최근 심각한 사회문제로 떠오르는 고령화 사회에 대한 실상을 보여주는 것이며 고령화 사회에 대한 대응의 필요성을 나타내는 것이다.

4) 노인가족 문제

노인문제란 노인을 위한 사회적 성격을 갖는 문제를 일반적으로 노인문제라 부른다. 여기서 사회적 성격을 갖는 문제란 반드시 모든 노인에게 공통적으로 발생한다고 볼 수 없지만 대체로 사회의 다수집단에게 바람직하지 못한 조건에 놓이는 비율이 증가할 때 나타나는 문제로서, 즉 빈곤, 질병, 고독, 역할 상실 등을 우리는 노인문제라고 한다(김익균 외, 2002).

일반적으로 노인문제는 빈곤, 질병, 고독, 무위 등의 4고(四苦)로 표현되고 때로는 빈곤, 병고, 고독의 3악(三惡)으로 일컬어진다. 대체로 개발도상국에서의 노인문제는 빈곤과 질병이며, 선진국에서는 노인문제의 빈곤과 질병을 사회보장제도로 해결해 나가고 있으며 여가 활동이나 사회 참여 그리고 소외감 등의 사회, 심리적 문제들은 노인문제의 중요한 과제로 다루고 있다.

갈수록 심각해지는 노인문제는 현대 사회에서 다양한 가족 구조의 한 형태로서 노인가족의 현재 문제를 해결할 수 있는 방안을 마련하는 데 최선을 다하는 것이 우리의 과제이다.

(1) 노인가족의 여가 시간 및 활동 문제

의료 기술의 발달로 사망률이 점점 낮아지고 인간 수명이 연장되면서 55세에서 65세 사이가 정년인 우리나라의 사회 구조 속에서 실질적으로 55세 이후부터 사회적인 의미에서 노인이 되어 노령기가 더욱 길어지게 된다. 그렇게 되면 여가 시간과 활동문제는 퇴직으로 인한 사회적인 직업 활동을 상실함으로써 재취업 실패와 소득 감소로 야기된다.

노령기는 역할 없는 역할에 사로잡히는 시간이 되어 오늘날 산업 사회의 많은 노인은 고령의 축복 속에서 무엇을 하며 지내야 할 것인지 또는 어떻게 하면 시간을 잘 보낼 수 있을 것인가 하는 문제를 안고 고민하고 있다. 결국 여가에 대한 사회화의 부족, 여가 시설의 부족, 여가 프로그램의 미개발로 인해 많은 노인들은 여가문제로 고민하고 있는 실정이다(최성재 · 장인협, 2010).

노인들 대부분은 친구나 친척 방문, TV나 라디오 시청, 집안일, 장기나 화투 놀이, 단순한 잡담 등 여가 시간을 질적으로 활용하지 못하고 있는 것으로 나타나고 있다.

(2) 노인가족의 역할 상실

가족 노동력의 저하와 출산율 저하는 노인 인구의 수와 비율을 증가시키고, 생산 기술의 발전과 기계화로 생산 노동력의 감소를 가져왔다. 이에 노인 인구는 많아지고 노동력은 제한되게 됨으로써 젊은 세대와 노인 세대 간에 취업 및 직업 역할수행에 있어 경쟁이 생기게 되었다.

신체적 및 정신적 기능이 약화되는 노인은 경쟁에서 뒤지게 되고 연령 제한으로 노인들은 생산현장에서 물러나게 되어 직업적 역할 상실뿐만 아니라 생계 유지자로서의 역할도 상실하게 된다.

20세기 들어서면서 급속히 증가된 노령 인구와 퇴직이라는 새로운 제도로 많은 노인들이 역할을 상실하게 되는 현상이 나타났으며 선진 산업 사회라 할지라도 오늘날과 같이 많은 노령 인구를 가져 보지 못했고, 이에 대한 준비와 대책이 부족하여 퇴직 후 노령기에 있어서의 적절한 규범을 확립하지 못하고 있다.

(3) 노인가족의 경제적 문제

직업적 역할 상실로 인해 정기적인 수입원의 단절로 연금, 퇴직금, 저축, 재산수익 등으로 주요 수입이 대치된다. 노령연금을 오랫동안 실시해 온 영국에서는 15세부터 61세까지의 모든 국민은 정부가 관리하는 국민보험제도에 가입하여 보험료를 지급받는다. 이에 의하여 퇴직연금 등이 지급되며, 이러한 정부관리 퇴직연금뿐만 아니라 기업연금 등이 지급되고 있는데, 이 기업연금의 수혜자 1/4 정도는 퇴직자로 알려지고 있다. 그러므로 기업연금의 유무가 노후생활의 여유를 결정한다고 할 수 있다(황진수, 1993).

노령연금제도가 시행되고 있는 다른 나라에서도 퇴직 후의 수입은 절감 현상을 보이고 있으며, 우리나라의 경우도 국민연금이 아직 시작 단계이고 많은 노인들이 연금혜택을 받지 못하고 있는 형편이라 노인들의 경제적인 상태는 더욱 악화되고 있는 실정이다.

수입 감소는 대부분의 노인들을 빈곤 상태에 빠지게 하며 또한 자녀에게 경제적으로 부분적 또는 전적으로 의존하게 만들기 때문에 노인들은 물질적인 어려움과 동시에 심리적인 고통을 겪게 된다.

조사 결과에 따르면, 노인들이 생각하는 노인을 위해 가장 시급한 사회적 관심사로서는 기본적인 생활 유지를 위한 노후소득 지원이 49.4%로 가장 높게 나타났으며, 일하고 싶어하는 노인을 위한 취업지원이 23.6%, 수발을 필요로 하는 노인을 위한 요양보호서비스가 16.8%로 조사됐다(보건복지가족부, 2009).

(4) 노인가족의 부양 및 보호 문제

노인들은 퇴직 후 수입의 절감 또는 부수입으로 자녀들에게 경제적으로 의존하게 되는 것이 일반적이다. 나이가 들면서 건강이 약화되어 자녀들로부터 간호를 받거나 시중이 필요한 때가 많으나 핵가족화, 가족 수의 소수화, 영세가정의 취업 등으로 부모를 보호할 수 있는 사람이 없거나 부족화 현상으로 부양 및 보호 문제가 심각해지고 있다.

또한 경제적 여건이 어렵거나 가치관의 퇴락과 차이로 인해 부양을 받지 못하는 경우가 점점 늘어나고 있다. 따라서 노인들이 자녀의 집을 나와 무료·유료 양로원 입소를 원하는 현상이 늘어나고 있어 심각한 이슈로 대두되고 있다.

전통적으로 당연시되던 기혼 자녀와의 동거는 더 이상 당연시되지 않아 기혼 자녀와 동거하는 경우에도 장남이라는 응답보다는 형편되는 자식이라는 응답이 높게 나타나 전통적 가치관에 대한 변화를 엿볼 수 있다.

표 9-5 노부모 부양책임자에 대한 의식

(단위 : %)

	60세 이상	60세 미만
장남	14.6	6.00
아들	9.73	5.08
딸	0.73	0.49
형편되는 자녀	20.35	22.98
노부모 단독	15.46	20.61
기타	0.18	0.55

출처 : 통계청(2010).

최근 노인 부양의 어려움과 더불어, 전통적 효사상으로는 받아들여지기 어려운 노부모를 시설에 모시는 문제에 관한 논의가 진행되고 있다.

한국여성개발원(2001)에 따르면, 노인을 시설에 모시는 것에 대한 성인 남성의 60.6%, 성인 여성의 78.2%가 찬성하는 것으로 나타났다. 또한 남성의 64.4%, 여성의 68.6%가 '노인을 돌보는 일을 국가가 책임져야 한다' 라고 답해 노인 부양의 문제가 더 이상 한 가정 안에서 해결할 문제가 아니라 국가가 개입해야 하는 사회적 과제라는 인식이 확산되고 있음을 알 수 있다.

(5) 노인가족의 질병 및 건강 보호 문제

신체적 · 생물학적 노화에 대한 노인들의 건강 악화는 수입 부족으로 인해서 보호를 받기가 더욱 어렵다. 노인은 젊은이에 비하여 유병률이 2~3배 이상이 되며 만성적 질병과 합병증적 현상도 빈번하여 의료적 진료가 필요하므로 많은 의료비가 필요하다. 특히 노인 질병의 진료는 고액 진료가 많으므로 의료보험이나 의료보호의 제도적 뒷받침 없이 개인적으로 일시에 진료비를 부담하는 일은 상당히 어려운 일이다.

노인들의 건강 상태는 노화로 인해 많이 약화되지만 정기검진과 적절한 의료적 치료를 받아 건강을 유지하고 노화 속도를 지연시키면서 활발한 노후생활을 연장시킬 수 있다는 전제하에서 질병과 건강 보호 문제는 크게 나타나고 있다(김호식 외, 2005).

(6) 노인가족의 사회적 · 심리적 고립과 소외 문제

갈수록 쉽게 변화되는 정보화 사회에서 노인들의 세대 간 갈등과 사회 · 문화적 교육과 가치관의 차이는 노인들을 더욱더 고립, 소외시키게 만들며 세대 간, 가족 간 의사소통을 단절시켜 노년기의 갈등을 야기시킨다.

대다수의 노인들은 사회, 심리적 갈등으로 인한 소외문제를 겪고 있다. 세대 간 교육 수준 및 가치관의 차이, 가족 내 노인의 지위 저하, 그리고 핵가족화로 인하여 노인은 가족들로부터 심리적 소외감과 고독감을 경험하게 될 뿐만 아니라 노인 유기 및 학대를 경험하기도 한다(이혜원, 1996).

3. 노년기의 가족관계

오늘날 산업화 · 도시화로 인해 핵가족화되면서 노인단독가구가 증가하고 있으며 생활양식과 다양한 변화로 전통적인 위계관계에서 부부 중심의 수평적 관계와 평등하고 우애적인 가족관계로 변화되면서 노년기 가족관계는 노인 삶의 질을 결정하는 중요한 요소가 되었다(정순둘, 2007). 특히 노년기에는 이차적 사회집단과의 관계가 축소되면서 노인의 사회적 관계는 크게 친족(배우자, 성인 자녀, 형제 · 자매 포함), 친구, 이웃, 일차적 지원망으로 옮겨지게 되는 데 노인이 원하는 지원의 관계는 일차성, 친밀감, 책임감에 따라 우선순위가 정해진다고 한다. 그러므로 일차적으로 노인의 관심은 배우자나 자녀에게로 집중된다고 할 수 있다.

이효재 외(1979)의 조사 연구에서는 자녀와 동거하지 않는 노인에게 가장 즐거울 때가 언제인가 하는 질문에 남녀 응답자가 거의 비슷한 비율로 가족이나 친척의 방문이 있을 때라고 대답하여 노인들에게 즐거움을 주는 것은 무엇보다 혈연과의 상호작용임을 보여준다(류점숙 · 조옥희, 1995). 따라서 노년기 가족관계는 사회적 지지를 제공해 주고 안정감 · 유대감 · 소속감을 제공해 주는 가장 중요한 관계망이기 때문에 더욱 중요하다(권중돈, 2010; 모선희 외, 2009). 그러므로 노년기의 원만한 가족관계가 노인 삶의 질에 미치는 결정적 변수임을 아무리 강조해도 지나치지 않을 것이다.

1) 부부관계

노년기의 가족관계 중 최근에 사회적으로나 학문적으로 관심이 높아진 영역이 노년기의 부부관계이다. 특히 노년기가 길어지는 가족생활주기의 변화로 노년기의 부부관계에 많은 변화가 일어나고 있다.

기혼자녀와 함께 사는 가족의 수가 점점 줄어들고 더불어 손자녀와 한집에서 생활하는 시기도 대폭 축소되었다. 자녀들 중에서도 교육과 결혼 등의 이유로 노인부부를 떠나는 비율이 늘어남에 따라 부부가족으로 남을 가능성이 커지고 있다. 어린 자녀를 낳아 키우느라 시간에 쫓기던 시기에 비해 부부의 결혼 만족도가 증가하기 때문에 부부관계에 있어서 노년기를 제2의 신혼이라 부르기도 한다(손승영, 2005).

과거 가족 구조상 전통 사회에서는 부부관계보다는 부자관계가 중요시되었고 평등한 관계가 아니라 수직적 관계로서 대부분의 부부관계가 주변적 가족관계이었으므로 중요성을 지니지 못하였다.

그러나 현대에서는 최근 들어 저출산과 평균 수명의 연장으로 가족생활의 관심이 자녀로부터 배우자에게로 이동하게 되고 평균 수명의 연장으로 퇴직 후 집안에서 지내야 되는 시간이 많아지고 노인부부 단독 세대가 늘어나 가족생활주기에서 빈둥우리(empty nest) 시기로 부부가 함께 지내는 기간이 길어짐에 따라 부부 관계가 더욱 중요하게 되었으며 남은 긴 여생동안 서로를 지지해 줄 수 있는 중요한 역할을 하게 되었다(김태현 · 한희선, 1995; 권중돈, 2010).

역할분담에 있어서도 노년기의 노부부들은 가사일에 평등하게 되는 경향이 있으며 전통적인 성 역할의 규범이 유연해지고 서로 의존하게 되며 안정을 느끼게 되고, 한쪽 배우자 또는 쌍방이 은퇴를 하게 되어 대부분의 시간을 함께 보내게 되는데, 이때 서서히 성 역할 전환이 일어나서 노년기의 남성은 덜 도구적이고 더 양육적인 전통적인 여성성의 특성이 나타나며 여성은 더 독단적인 남성성의 기질로 변화하기 시작한다.

현대 사회는 자녀의 노부모 부양 능력이 감소되고 있으며 노인들의 의식 변화로 여건이 허락한다면 노부부만의 단독생활을 희망하고 있는 노인들도 많아졌다. 그리고 노인에게 애정이나 삶의 의미 같은 정서적 욕구를 충족시키는데, 그 누구보다도 배우자가 필요하고 건강한 부부관계는 인생을 풍요롭게 할 수 있어 중요한 영향을 미칠 것으로 예상된다.

2) 노년기 성인 자녀관계

부모-자녀 관계는 모든 가족관계의 출발이며 노후의 삶을 영위하는 데 있어서 다른 무엇보다 중요하다(윤현숙 외, 2008). 원활한 가족관계를 유지하려면 부모-자녀 관계가 기초가 되어야 한다(김익균, 2008). 특히 노인의 가족관계 중에서 부부관계와 함께 성인 자녀관계는 개인의 일생을 통하여 가장 오래 지속되는 관계 중 하나로 가족 내의 어떠한 가족관계보다도 핵심적인 관계로 유지되고 있다(박옥임, 1997).

노인에게 있어서 성인 자녀와의 관계는 배우자의 상실이나 질병 등의 이유로도 흔들리지 않는 매우 안정된 특성으로 다른 어떤 사회관계와도 대체될 수 없는 경향을 띤다. 또한 자녀는 노년기의 가장 중요한 물리적 · 도구적 · 심리적 지원을 해 주는 지원망으로서 배우자와 함께 중요한 비공식집단이 된다(박선희, 2005; 문아람, 2007).

부모와 자식 간의 관계는 사실상 전 생애를 통하여 유지된다. 하지만 노인에게 있어서 성인 자녀와의 관계는 특히 중요한 의미를 갖는다. 직업적인 면에서나 역할적인 면에서 노인의 은퇴는 관심과 접촉 영역의 축소로 이어지고, 이는 자연스럽게 자녀에게로 관심 영역의 변환을 초래하게 된다. 또한 가족관계에 있던 배우자의 사망이라는 가족 상실을 겪은 노인은 남은 가족인 자녀에게 사랑과 기대를 하게 된다. 따라서 노인들에게는 자녀와 어떠한 상호작용을 하는가에 따라 노인들의 행복과 불행을 좌우하는 주요 요인이 된다고 해도 과언이 아닐 것이다.

또한 한국 노인은 가족주의의 성향이 강하여 정서적 지원뿐 아니라 자신의 모든 물리적인 지원을 자녀의 양육과 교육, 결혼 등에 쏟아부음으로써 막상 노후에 자녀에게 제공할 수 있는 혹은 독립적인 삶을 유지할 수 있는 자원이 부족하게 되어 상당 부분 자녀에게 의존적인 관계가 발생하기도 한다.

부모-자녀 관계에 있어서 출생 시의 자녀는 전적으로 부모에게 의존하게 되고 영아기 · 유아기 · 청소년기를 거치며 부모에게 정서적 · 경제적 · 서비스적 측면에서 지원을 받으면서 자라지만 자녀가 점차 성장하면서 부모에 대한 의존율은 낮아지는 반면, 부모는 노쇠해짐에 따라 부모-자녀 관계에서 지지의 제공과 수혜의 방향에 전환이 오게 된다(김순기, 2000).

유아기와 노년기는 '절대 의존기'에 속하는 시기로서 노인은 경제적 · 신체적 · 사회적 · 심리적 의존성을 가지고 있으며, 이러한 의존적 욕구는 그 대상을 통하여 실현되는데, 한국의 노인들은 문화적 · 전통적 특성상 그 대상이 자녀가 되기 쉽다(장선주 · 서병숙, 1991).

3) 노년기 형제자매 관계

'관계' 란 혈연적 관련 상태와 상호적 · 호혜적 관련 상태를 말하는 것으로 형제관계는 이 두 가지 상태를 모두 포함하는, 즉 혈연관계를 맺으며 서로에게 관심을 갖고 상호작용하는 관계이다(임선영 · 김태현, 1994).

비슷한 시기에 태어나 같은 가정의 울타리 안에서 자라면서 가정적 · 사회적 경험을 공유하며 친구같이 자라난 형제자매는 동년배집단(cohort age)으로서 노년기에 서로를 이해하며 심리적인 지지기반이 될 수 있는 중요한 가족관계가 될 것이며, 특히 배우자를 상실한 경우에는 더욱더 중요한 지지기반이 될 수 있으며 독신노인에게는 가족 중에서 일차적인 관계를 맺을 가능성이 높은 사람이다.

따라서 노년기에 겪게 되는 은퇴, 자녀 출가, 배우자 사망에 의한 사회적 지위 상실과 같은 생활 변화와 그에 따른 관계망 축소에 의한 상실감을 형제자매가 서로 지원체제 역할을 할 수 있기 때문에 중요한 관계라 할 수 있다(조병은, 2007).

이러한 노년기의 형제자매 관계는 몇 가지의 독특한 상호작용 특성을 보인다(윤희 · 한경혜, 1994).

첫째, 형제자매 관계는 비교적 고정적이며 영구적인 성격을 가진다. 성인기에 직업, 결혼, 독립의 이유로 가족을 떠나 일상생활의 지속성과 연결되지 않을 수 있으나, 혈연만이 가질 수 있는 유대의 지속성을 가진다.

둘째, 가족 내 모든 관계 중에서 가장 평등한 관계로서 이들은 동일 세대의 세대간 결속력을 공유하기 때문에 독특한 감정 이입 능력을 가진다. 아동기의 형제 서열에 비해 노년기에는 그 엄격성이 완화될 수 있다는 점에서 노년기 형제자매 관계는 비교적 평등성을 유지한다.

셋째, 형제들이 공유하는 일대기에서 발생하는 독특한 지위로, 가족 정체감의 공유로 아동기 · 성인기를 통해 공유된 가족관계의 사건과 경험, 추억 등은 노년기 형제자매들이 과거를 회상하고 향수를 달랠 수 있는 독특성을 부여한다. 이러한 과정에서 비롯되는 정서적 안정과 즐거움은 노인 사기 증진의 중요한 요인이 된다.

넷째, 아동기, 청소년기의 형제자매 간에 존재했던 경쟁적 관계가 노년기에 들어서면서 감소한다.

다섯째, 노년기 형제자매는 사별, 은퇴 시에 성공적인 노화의 역할 모델로서 기여한다. 노년기 형제자매는 다른 형제자매의 비교 표준으로서 기여하고 규범, 가치에 대한 옳고 그름의 안내자로서 기능을 하게 된다.

노년기의 가족관계 중 앞으로 많은 관심과 연구가 있어야 될 분야가 형제자매 관계이다. 노년기가 길어짐에 따라 형제자매 관계의 중요성은 부각되고 있지만 그에 대한 연구는 별로 많지 않다.

4. 성공적인 노화와 가족관계

1) 성공적인 노화의 개념

노화란 G. Stanly Hall이 최초로 노년기 규정에서 만들어낸 개념으로 'normal aging'과 'senescence'의 개념을 포함한다. 'normal aging(정상적인 노화)'이란 발생학적으로 대표적인 유기체가 정상적인 환경 조건 속에서 살아가면서 시간과 흐름에 따라 자연히 일어나게 되는 변화를 말한다(하정연, 2003).

'senescence'란 생물학적인 측면에서 말하는 노화로 전 생애 가운데서 퇴화 과정(degenerative process)이 재생적인 생물학적 과정(regenerative biological process)을 통하여 결국 유기체의 파괴가 일어나는 시기를 말한다(김영순, 2006).

노화는 인간의 정상적인 성장과 발달 과정 전체의 한 부분이며 적어도 세 가지 면에서의 변화 과정을 포함하는 것으로 이해되어야 한다. 즉, 생물학적 노화, 심리적 노화 및 사회적 노화 과정을 포함하는 넓은 뜻으로 이해되어야 한다는 것이다(Birren, 1959).

생물학적 노화(biological aging)는 신체기관과 체계의 구조 및 기능이 시간 경과에 따라 변화하는 것을 의미한다. 심리적 노화(psychological aging)는 축적된 경험에 의한 행동, 감각, 지각 기능, 자아에 대한 인식 등이 시간의 변화에 따라 변화하는 것을 의미한다. 마지막으로 사회적 노화(sociological aging)는 생활주기를 통하여 일어나는 규범, 기대, 사회적 지위 및 역할의 변화를 의미한다(최성재 · 장인협, 2010). 그러므로 노화는 시간의 변화 과정이며 정상적인 노화의 부수적인 과정이라 볼 수 있다.

한편 노화를 가령(加齡)으로 나타내기도 하는데, 이것은 인간이 출생에서부터 성장기를 통하여 노화가 서서히 진행되므로 '나이가 먹는다' 는 의미에서 일컫는 것이다. 쇠퇴 과정이나 진보 및 퇴화적인 변화가 인간의 연령 증가로 나타나는 것이라는 견해이다. 즉, 노화에 따라 인지적 기능이나 감각적 기능 등과 같이 쇠퇴의 국면에 자리 잡은 상실분만을 의미하지 않고 삶의 지혜와 같이 점차 늘어나는 성장분도 있다는 것을 의미하는 것이다. 따라서 인간의 노령화가 아닌 가령화의 시각에서 인간의 노년기를 성공적 노화로 바라보아야 한다는 것이다.

'성공적 노화' 개념의 기원은 고대 로마의 문인 Ciecro가 쓴 훌륭한 노화(good aging)의 본질에 관한 수필에서 찾을 수 있다. 키케로는 훌륭하게 나이 들어가기 위해서는 건강을 돌보고 적당히 술을 마시며 음식을 먹고 독립성을 유지하며 사고력을 유지하는 것이라고 하였다(Torres, 2002; 김미혜 · 신경림, 2005).

성공이란 일반적으로 증가, 획득, 승리, 보상과 같은 개념과 연결되어 있는 반면, 노화는 상실, 감소, 쇠퇴, 죽음과 같은 개념들로 연관되어 생각하기 마련이다. 이 두 단어들을 종합해 '노년기의 성공' 으로 간주하여 젊은 시절 도전의 성취와 관계된 성공과 동일하게 생각할 수 있다. 그러나 성공적 노화가 꼭 동일할 필요는 없다. 왜냐하면 성공적인 노화의 복합적 기준을 다음 일곱 가지, ① 수명, ② 생물학적 건강, ③ 정신건강, ④ 인지적 효능, ⑤ 사회적 능력과 생산성, ⑥ 개인적 통제, ⑦ 생활 만족도 등으로 분류(Bengtson & Kuypers, 1985: 안지연, 1998, 재인용)하고 이러한 기준에 기초하여 객관적 기준과 주관적 기준의 두 가지 측면에서 파악해 볼 수 있다. 객관적 지표로는 정신건강 수준, 생애목표, 생성감과 지혜, 환경 변화에 대한 적응 능력, 즉 행동의 가소성(plasticity)과 같은 기준이 있다. 주관적 지표로는 자아개념, 생활 만족도, 자아존중감, 지각된 또는 개인적 통제(perceived or personal control)와 같은 기준들을 중요하게 여기기 때문이다.

한편 성공적 노화에 관한 사회학적 연구 중 가장 대표적인 연구는 학제 간 연구를 시도한 맥아더재단의 성공적 노화의 연구이다. 맥아더 연구는 1986년 Rowe와 Kahn에 의하여 성공적 노화의 개념이 미국 노년사회학회의 주제로서 처음 제시된 이후로 1990년대부터 생물학, 사회과학, 의학 등의 다양한 학문 분야에서 성공적 노화에 관한 연구들이 이루어졌다.

Rowe와 Kahn(1998)은 성공적 노화의 개념을 세 가지 주요한 행동 특성 능력으로 기술하고 질병과 질병 관련 장애의 위험이 낮은 상태와 높은 수준의 인지적 기능과 신체적 기능, 그리고 삶에 대한 활동적인 참여로 성공적인 노화를 정의하였고, 이러한 세 가지 성공적 노화의 구성 요소는 위계적인 순서를 이루고 있다고 하였다.

즉, 질병과 장애가 없으면 정신적 · 신체적 기능의 유지가 더 쉽고, 이러한 정신적 · 신체적 기능 유지는 차례로 적극적인 인생이 가능하여 노화 수준 구분에서 최적의 노화에 해당하는 것으로서 생물학적 · 심리학적 · 사회학적 기능 수준이 높고 삶의 만족과 환경에 대한 적응 수준이 높은 상태라는데, 노년학자들은 전반적으로 일치된 견해를 보이고 있다(Wong, 1989; 권중돈, 2010).

홍승우(2001)는 성공적인 노화는 최후의 상태가 아니라 계속 적응해 가는 과정으로서 노년기는 결코 모든 것이 종료되는 시기가 아니며 신체적 · 심리적 또는 사회적으로 주어진 발달과업을 수행함으로써 전 생애에 걸친 발달 과정을 마무리하는 것이라고 정의하고 있다.

최혜경, 백지은과 서선영(2005)은 상층 노인의 경우 그들이 생각하는 성공적인 노화란 중용으로서의 삶(어딜 가나 떳떳하다, 아무에게도 짐이 되지 않는다, 욕심을 버린다, 시간을 보람 있게 잘 보낸다, 자식이 잘 컸다)으로 요약될 수 있고, 중층 노인이 지각하는 성공적 노화란 자식에게 투영된 삶(자녀의 성공은 나의 노력이며 나의 공, 자녀로 인해 부러움을 산다)으로 언급할 수 있다고 하였으며 하층 노인의 경우, 이들이 살아온 맥락에의 성공적 노화란 내 한 몸 추스르는 삶으로 일축될 수 있다고 하였다.

결국 성공적 노화에 대한 개념 정의에 있어서 생리적인 측면에만 초점을 맞춘 신체적으로 '건강한 노후' 중심의 개념에서 탈피하여 성공적 노화는 신체적 · 심리적 · 사회적 기능 수준이 높고 삶의 만족이 높은 상태이며 적응 수준이 높은 상태라는 데 일치된 견해를 보이기 시작했다(Wong, 1989).

2) 성공적인 노화의 접근 방법

(1) 주관적인 신체적 측면(subjective physical feature)

인간의 기본적인 욕구 중의 하나가 건강한 삶이다. 신체적 측면에서의 성공적 노화는 질병이나 장애가 없거나 있어도 최소한도로 방해하고 일상적 활동을 자립적으로 할 수 있는 신체적 기능 수준을 유지하고 신체적 활력을 보유하는 상태를 말한다. 노인의 신체적 능력은 일반적으로 신체적 노쇠현상으로 신체적 · 사회적 활동 능력이 떨어진다.

Maddox(1964)는 노인에게 좋은 건강의 의미는 아무런 질병도 없는 온전한 상태가 아니라 가지고 있는 질병이 자신의 신체적 · 사회적 기능을 방해하지 않는 상태를 말한다고 하였다. 노인에게 있어 건강문제는 어느 연령층보다 중요하고 노후생활에 즐거움과 행복을 가져다 줄 수 있다.

노인이 여러 신체적 기능이 모두 활발하게 움직이고 활동하는 데 아무 장애를 느낄 수 없는 정도로 건강을 유지하고 있으면 노인에게 심리적 안정감을 갖게 하고 직 · 간접적으로 긍정적인 삶에 영향을 미치게 된다. 그러므로 노인의 신체적 건강은 성공적 노화의 가장 중요한 위치를 차지한다고 하겠다(박미숙, 2010).

(2) 심리적 측면(psychological feature)

심리적 측면의 노화는 과거 정신적 노화라고 불리었다. 이는 생활 사건들을 효과적으로 다루는 능력, 즉 개인의 행동 적응력을 말한다. 그리고 생물학적 노화에 비하여 이 정신적 노화는 지능 및 감정 기능의 변화를 말한다(오병훈, 2004). 다시 말하면, 노인이 되어가면서 일반적으로 변화하는 심리적 반응으로 의존성, 신뢰감, 애정과 기분의 변화, 자아존중감 및 행복감 등을 갖게 된다. 그리고 노화된 자신에 대한 수용감, 주관적인 만족감, 삶에 대한 긍정적 감정, 외로움을 느끼지 않는 것, 즉 자신 삶의 목적을 가지는 것이 심리적 측면이라 말할 수 있다(김영순, 2006).

성공적인 노화 연구 문헌에서는 심리적 측면에 영향을 미칠 수 있는 요인들로는 자아존중감, 자아효능감과 통제감 등 성격 혹은 자아의 측면과 인지적 측면의 지혜 혹은 자아통합을 들고 있다(홍현방, 2002).

심리적 측면에서의 성공적 노화는 삶의 목표의식이 뚜렷하고 건강한 인지 기능을 유지하며 자신을 수용하고 통제하며 자신의 능력에 대하여 신뢰하고 자신의 성장을 도모하면서 환경적 요구에 잘 대처하고 적응하면서 주관적으로 만족스러운 삶을 영위하는 상태를 의미한다. 그러므로 자아통합을 이룬 사람은 노년을 동요 없이 평온하게 보낼 수 있으며 다가오는 죽음에 대해서도 의연하게 대처할 수 있다(이영숙, 2009).

(3) 사회적 측면(sociological feature)

사회적 측면에서 보면, 인간은 태어나면서 사회에 속하고 사회를 떠나서 삶을 영위할 수 없다. 특히 노년기에 들어서면서 가장 뚜렷한 변화가 지위와 역할의 변화이다. 노년기 이전의 삶은 자신의 성장과 발전이 이루어지는 시기였다면 노년기에 접어들면서 역할의 축소와 사회화 과정에서 사회적 역할이 계속 변화한다(남기민, 2006).

Erikson(1963)의 발달과업에서 보듯 마지막 단계의 자아통합감에서 더욱 중요한 것이 사회적 측면이다. 노인들은 나이가 들어가면서 가족이나 친족과의 유대와 친밀감은 사회 구성원들 간의 관계에서 예민하게 영향을 받는다.

성공적 노화의 사회적 측면 요인들로는 가족과의 화목, 사회 참여, 현재 활동의 유지, 따뜻한 대인관계나 타인의 긍정적인 관계로 표현된다. 모든 인간이 그러하듯 노년기에 나이가 많아진다고 해서 다른 구성원으로부터 인정받고자 하는 것이 줄어들지 않으며 성취욕도 마찬가지이다. 직장에서의 은퇴, 가족 내의 역할 변화로 사회적인 기능이 축소되고 상대적으로 인정받고 활기 넘치던 젊은 시절보다 인간관계 단절과 자아존중감의 저하로 삶의 의욕도 감소되고 자신에게 부정적인 인식을 갖게 될 수 있다. 따라서 노인의 사회적 관계는 사회적 연계로 오랜 시간에 걸쳐 사회적 통합을 증진시켜 줌으로써 노년기의 보다 나은 적응을 가능하게 한다.

더 나아가 노년기의 사회 활동은 안정된 소득의 확보, 사회 발전의 기여와 자기 유용감의 확인, 건강 유지 효과, 사회적 소외와 고독감의 억제 등과 같은 긍정적 효과를 지니고 있으므로 노년기 삶의 만족도를 증진시키는 성공적 노화의 요인으로 작용할 수 있다(권중돈 · 조주연, 2000).

♥ 예순 넘어 시작한 일, 천직 같아요

복지관에 들어서자마자 달콤한 냄새가 식욕을 자극한다. 복지관 안에 있는 와플하우스에서 나는 냄새다. 어르신들이 와플을 만들어 파는 이곳에는 와플과 커피를 즐기는 사람들로 가득했다.

부드러운 와플을 앞에 둔 어린이들도, 향긋한 커피를 홀짝이는 여대생도, 오랜만에 만난 친구와 정다운 이야기를 나누는 할아버지도 모두 웃고 있었다. 바로 광진노인종합복지관에 있는 '사랑의 와플 하우스' 다.

광진고령자취업알선센터에서는 2008년 노인 일자리를 만들고 수익을 지역 사회에 환원하기 위해 복지관에 와플가게의 문을 열었다. 이후 이곳은 2010년 2월 서울시 예비 사회적 기업이 됐고, 지난해 12월에는 노동부 사회적 기업으로 인정받았다.

이곳에선 아침 7시부터 밤 10시까지 문을 연다. 와플과 커피의 매력에 빠진 지역 주민들의 호응에 힘입어 아침 9시에 문을 열던 것을 앞당겼다고 한다.

총 12명인데, 4명은 매일 오전 9시부터 저녁 6시까지 일하고, 나머지 8명은 2명씩 네 팀을 짜 오전 6시부터 오후 2시까지, 오후 2시부터 오후 10시까지 격일제로 일한다. 그래서 오전 9시부터 오후 6시까지는 6명이 매장을 지키고, 나머지 시간에는 2명이 있는 식이다. 어르신들이 일하고 받는 돈은 한 시간당 4,320원이라고 한다.

고소하면서도 바삭한 와플, 속이 꽉 찬 샌드위치는 복지관의 어르신들뿐 아니라 인근 지역 주민들의 입맛마저 사로잡았다. 인근 초등학교에 다니는 어린이들까지 복지관의 문을 두드릴 정도다.

광진고령자취업알선센터의 김재성 과장은 '기존의 어르신 일자리는 청소, 경비, 아기 돌보기 등 단순 노무직이 많았다' 면서 '취업을 원하시는 어르신들에게 전문적이면서도 자부심을 가질 수 있는 일자리를 제공하고 싶었다' 라고 말했다.

김 과장은 '와플은 남녀노소 누구나 좋아하는 기호 간식일 뿐 아니라 만들기도 쉽고 커피를 만드는 기술은 전문 기술이지만 다른 기술에 비해 배우는 기간이 짧다' 며 와플을 선택한 이유를 설명했다.

복지관에 매장을 마련한 것은 어르신이 자주 올뿐 아니라, 주변에 아파트, 주택가, 대학교가 있어 손님이 많을 것이라고 판단했기 때문이라고 한다.

김 과장은 '어르신들이 열심히 일해 주신 덕분에, 지난 한 해 8,000만 원가량의 매출을 올렸다' 고 밝혔다. 김 과장은 '여기에서 얻은 수익금은 2호점에 재투자할 뿐 아니라 지역 사회에 환원하고 있다' 면서 '이 수익으로 어르신들이 독거노인이나 노인보호센터에 와플과 샌드위치 같은 간식을 드리는 자원봉사를 지원하고 있다' 고 말했다.

현재 광진고령자취업알선센터에선 지역 주민들의 호응에 힘입어 지난 1월에 2호점을 개장했고 복지관 옆에 100m² 가량의 매장을 새로 지을 계획이다. 새 매장에선 쿠키 등 간단한 제과류를 팔고 배달도 할 계획이라고 한다.

진정 일을 즐기는 사람에게는 일이 힘들지 않은 법, 와플과 커피로 제2의 인생을 찾으신 어르신들의 얼굴에는 행복이 가득했다. 이런 일자리가 늘었으면 한다.

(공감코리아, 2011. 02. 23.)

Chapter 10

이혼 및 재혼 가족

결혼이 현대 사회에서 개인의 선택적 행위가 되고 있듯이 이혼과 재혼이 새로운 삶의 방식을 선택하여 부부문제를 해결하려는 노력의 과정이라고 보는 긍정적 인식이 높아지고 있다. 그러나 이혼으로 부부관계가 해체되더라도 부모-자녀 관계가 지속되므로 가족의 해체가 이루어지는 것은 아니며 재혼에 의한 가족의 재조직은 가족 구조상의 문제 발생 가능성을 안고 있다는 점에서 가족관계학은 이혼과 재혼을 예방하고 대응하는 데 높은 관심을 가지고 연구한다.

이와 같은 배경에서 본 장에서는 이혼가족과 재혼가족 각각의 개념과 유형, 경향과 원인, 특징을 살펴보고 지원대책을 모색해 볼 것이다.

1. 이혼가족

1) 이혼의 개념과 유형

이혼은 법률상 유효하게 성립한 혼인을 결혼 당사자들이 모두 살아 있으면서 그 결합관계를 협의 또는 절차를 거쳐 소멸시키는 것을 말한다(유영주 외, 2010). 어느 일방의 사망에 의한 혼인관계 해소와 달리 부부관계에서 발생하는 문제로부터 탈피하는 한 방법이며, 또한 부부관계를 해소시킬 방법을 법률상으로 인정하는 제도이다.

1980년대에 들어서 체계적인 이혼 연구의 배경을 제공한 이론적 관점들은 이혼의 개념을 달리 제시하고 있다(유영주 외, 2010; 정현숙 · 유계숙, 2001).

기능주의적 관점	이혼은 가정 내 가족 구성원의 변화를 초래하여 안정되고 균형된 가정 기능을 파괴하는 사회문제이다.
갈등주의적 관점	이혼은 부부관계의 갈등을 해결하기 위해 더 나은 대안을 찾는 과정이다.
사회교환론 관점	이혼은 현재의 결혼생활 비용이 많이 들고, 다른 대안이 더 큰 보상을 준다는 지각에 의해 결정된다.
위기 이론적 관점	이혼은 하나의 사건이 아니라 사회 심리적 스트레스를 동반하는 위기의 과정이다.

민법에 의하면, 이혼의 유형은 크게 협의이혼과 재판상 이혼 두 가지로 나뉜다.

협의이혼은 이혼을 초래한 원인이 무엇이든 부부가 서로 협의하여 이혼하는 것이다. 부부관계가 불화하여 결혼생활을 계속하는 것이 서로에게 불행인 경우에 이혼 합의를 한 후 이루어지는 것이므로, 어느 일방의 의사만으로는 이혼할 수 없으며 부부 이외의 다른 사람의 의사에 의해서도 이루어질 수 없다. 즉, 부부의 자율을 존중하는 제도이다. 협의상 이혼은 가정법원의 확인을 받아 「가족관계의 등록 등에 관한 법률」이 정한 바에 의하여 신고함으로써 그 효력이 발생한다.

신고까지 완전히 마쳐 이혼이 성립된 후에라도 부부의 어느 일방이 모르게 이혼

신고가 되었거나 가장(假裝) 이혼을 한 때에는 이 이혼은 무효이다. 그리고 사기 또는 강박에 의해 이혼 의사를 표시한 때에도 이혼 취소를 청구할 수 있다.

재판상 이혼은 부부 중 한 배우자가 상대방에게 이혼 의사가 있는가를 묻지 않고 법에 정한 이혼 원인이 발생한 때에 가정법원에 이혼의 조정 또는 심판을 청구하여 일방적으로 부부관계를 소멸시키는 것이다. 뿐만 아니라 법률에 예시된 이외의 사유로 인해서 부부관계가 파탄하여 도저히 혼인생활을 계속할 수 없는 때에도 이혼을 청구할 수 있다. 가정법원에 이혼을 청구할 경우에 우선 조정을 신청하여 양 당사자의 대화에 의한 해결을 도모한 후에야 심판을 청구할 수 있다. 가정법원의 심판에 대해서도 불만이 있으면 항소, 상고를 할 수 있다.

과거에는 부부 중 한 배우자가 혼인생활의 의무를 위반한 사실이 있을 때에만 이혼을 인정하는 '유책주의(有責主義)' 를 취하였으나, 최근에는 쌍방에게 모두 책임이 없는 원인으로 해서 혼인생활이 파탄에 이르렀더라도 이혼을 성립시키는 '파탄주의(破綻主義)' 가 일반적이다. 우리나라의 현행 민법은 유책주의를 원칙으로 하고 파탄주의는 예외적으로 인정한다.

2) 이혼의 경향과 원인

(1) 이혼의 경향

20세기의 가족생활 변화 중 가장 급진적인 것이 이혼율의 증가라고 할 만큼 OECD 주요 국가의 이혼율은 1970년대 이후 계속 증가하고 있다(이기숙 외, 2009; Eshleman & Bulcroft, 2010). 우리나라에서도 이혼에 대한 태도가 보다 관대해지면서 2000년대 중반까지 지속적으로 증가하는 경향을 보였다. 이혼숙려제의 도입으로 총 이혼 건수는 다소 감소하는 경향을 보이고 있으나, 인구 천 명당 이혼 건수를 의미하는 조이혼율은 2.1~2.3건으로 거의 비슷한 수준으로 유지되고 있다.

표 10-1 이혼에 대한 견해

(단위 : %)

연도	어떤 이유가 있더라도 이혼해서는 안 된다.	이유가 있더라도 가급적 이혼해서는 안 된다.	경우에 따라 이혼할 수도 있고 하지 않을 수도 있다.	이유가 있으면 이혼을 하는 것이 좋다.	잘 모르겠다.
2008	16.8	41.8	31.9	7.1	2.4
2012	13.3	35.4	37.8	10.9	2.7
2016	9.5	30.0	43.1	14.0	3.4
2018	7.7	25.5	46.3	16.7	3.8

주 : 2010년 이전 조사는 15세 이상 인구, 이후 조사는 13세 이상 인구 대상

출처 : 통계청(2019). 사회조사(2008~2018).

표 10-2 이혼 건수, 조이혼율 및 유배우 이혼율

구분	2010	2011	2012	2013	2014	2015	2016	2017	2018	2019
이혼 건수	116.9	114.3	114.3	115.3	115.5	109.2	107.3	106.0	108.7	110.8
증감(천 건)	−7.1	−2.6	0.0	1.0	0.2	−6.4	−1.8	−1.3	2.7	2.1
증감률(%)	−5.8	−2.2	0.0	0.9	0.2	−5.5	−1.7	−1.2	2.5	2.0
조이혼율*	2.3	2.3	2.3	2.3	2.3	2.1	2.1	2.1	2.1	2.2
유배우 이혼율**	4.8	4.7	4.7	4.8	4.8	4.5	4.4	4.4	4.5	4.5

* 인구 1천 명당 건

** 15세 이상 유배우 인구 1천 명당 건

출처 : 통계청(2020a). 2019년 혼인·이혼 통계.

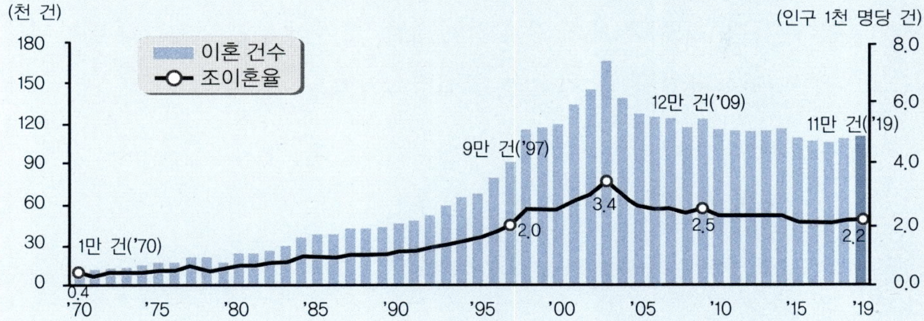

출처 : 통계청(2020a). 2019년 혼인·이혼 통계.

그림 10-1 **이혼 건수 및 조이혼율 추이 (1970~2019년)**

통계청(2020a)이 발표한 2019년 이혼 관련 통계치에 근거하여 이혼 경향을 구체적으로 살펴보면 다음과 같다.

2019년 평균 이혼 연령은 남자 48.7세, 여자 45.3세로, 이는 10년 전인 2009년에 비해 남자 4.2세, 여자 4.6세 상승한 것이다. 이혼 시기가 늦어지는 것은 초혼 연령의 상승, 그리고 '황혼이혼'을 비롯한 고연령층의 이혼 증가를 의미하는 20년 이상 동거부부의 이혼이 높은 비율을 차지하기 때문으로 보인다. 만성적인 부부 갈등을 겪으며 자녀 혼인 후 또는 자녀의 동의를 얻어 이혼 신청을 하는 건수가 늘고 있고 이혼 때 재산분할 청구가 제도적으로 가능해지면서 중·노년 여성의 이혼 경향이 높아지는 것이다(최규련, 2007).

이혼의 주된 이유는 성격 차이, 경제 문제의 순으로 높게 부각되고 있다. 부부간 성격의 차이는 부부간 이해 부족, 애정 문제, 의사소통과 같은 부부 상호관계적 문제를 발생시킨다. 경제 문제는 개인적으로 경제적 낭비나 무능의 성격 문제뿐 아니라 경제 파탄이나 실직과 같은 상황적 · 환경적 문제가 복합적으로 작용하여 나타날 수 있다. 사회 · 국가 전체의 경기 침체, 고용 불안이 부부관계의 해체에 관련됨을 보여준다(이성희, 한은주, 왕석순, 임선영, 2019).

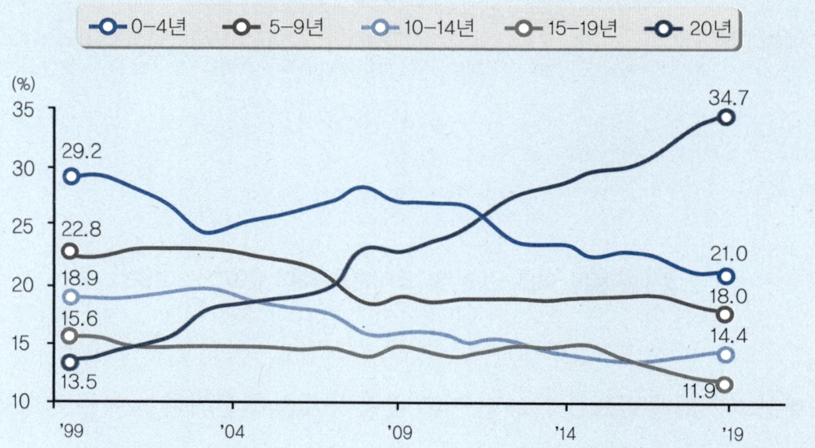

출처 : 통계청(2020a). 2019년 혼인·이혼 통계.

그림 10-2 혼인 지속 기간별 이혼 구성비 추이 (1999~2019년)

표 10-3 이혼의 주된 이유

(단위 : 건)

연도	부부 불화 및 가족 간 불화	배우자 부정	정신적, 육체적 학대	가족 간 불화	경제 문제	성격 차이	건강 문제	기타	미상	계
1990	38,836	–	–	–	927	–	673	5,258	0	45,694
2000	–	9,729	5,205	26,195	12,786	48,067	1,053	15,500	920	119,455
2010	–	10,001	5,559	8,564	14,017	53,032	794	23,605	1,286	116,858
2017	–	7,528	3,837	7,523	10,742	45,676	594	21,195	8,937	106,032

출처 : 통계청 (2020b). 인구동향조사.

한편 이혼 종류별 이혼은 2019년에 협의이혼이 78.9%, 재판이혼이 21.1%를 차지한 바와 같이 최근 10년간 협의이혼이 대부분을 차지하고 있으나 재판이혼은 2008년 이혼숙려제 도입 이후 크게 증가하고 있다.

2019년에 이혼 당시 미성년 자녀가 없는 부부의 이혼 비율은 10년 전에 비해 9.1% 증가한 53.6%를 차지한다. 반면 미성년 자녀가 있는 부부의 이혼은 전체 이혼의 44.2%로 지속적으로 감소하는 추세를 보이고 있다.

2019년 전체 이혼의 6.2%를 차지하는 외국인과 결혼한 부부의 이혼 건수는 전년보다 3.4% 감소하였고, 외국인 여자와의 이혼은 전년에 비해 5.0%감소한 것으로 나타난다. 이는 한국 남자와 외국 여자의 이혼 건수가 크게 감소하는 최근 10년간의 경향과 일치한다. 한국 남자와 이혼한 외국 여자의 국적은 여전히 중국이 다수를 차지하지만 10년 전에 비해 중국 국적의 건수는 크게 감소하고 베트남 국적의 건수는 증가한 것으로 나타난다.

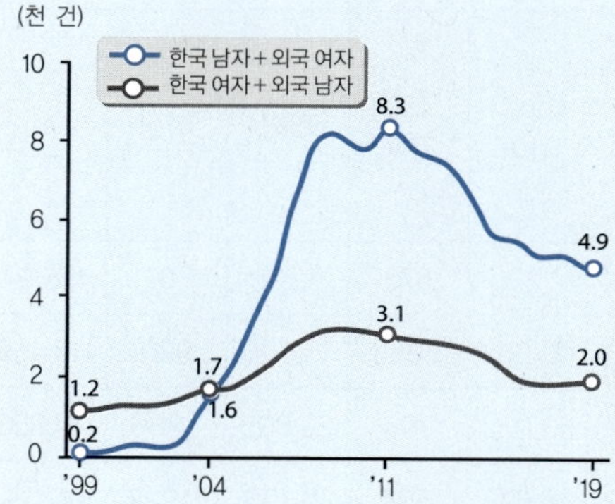

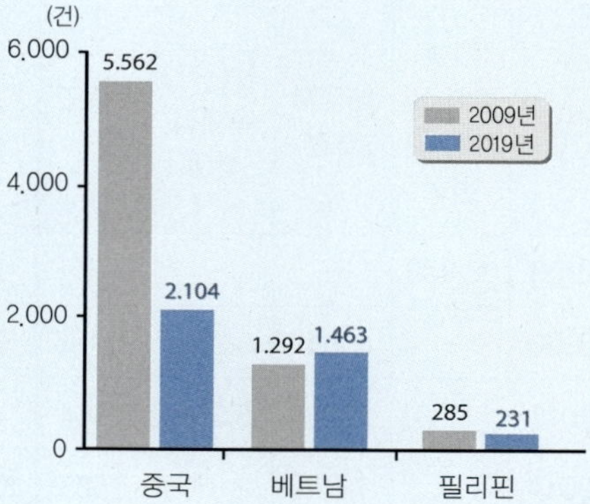

출처 : 통계청(2020a). 2019년 혼인·이혼 통계.

그림 10-3 **외국인과의 이혼 건수 추이 (1999~2019년)**

그림 10-4 **한국 남자와 이혼한 외국 여자의 국적 (2009년, 2019년)**

(2) 이혼의 원인

이혼의 원인은 다음과 같이 요약된다(유영주 외, 2010; 이기숙 외, 2009; 정현숙 · 유계숙, 2001).

첫째, 결혼과 이혼에 대한 가치관이 유교적 가족 중심주의적 가치관에서 벗어나 개인주의적 가치관으로 변화되었기 때문이다.

둘째, 부부간의 성 역할 변화에 따른 잦은 갈등 때문이다. 남녀평등사상이 팽배해지고 성 역할이 변화하는 가운데 남성은 전통적인 가부장제도에 따른 남성의 역할을 지속적으로 원하지만 여성은 성 역할의 변화를 적극적으로 수용하기를 원하는 것이다.

셋째, 부부 상호 간의 경제적 의존 필요성의 약화, 자녀 수의 감소, 친족과 지역사회 공동체의 이혼 조정이나 제재력의 약화는 이혼의 선택을 용이하게 하였다.

넷째, 무과실이혼이나 협의이혼이 가능하도록 이혼법 제도가 변화됨으로써 법제도에 의한 이혼의 억제 기능이 약화되었다. 또한 가족법 중 이혼과 관련한 불평등 법조항이 개정됨으로써 여성이 과거에 비해 쉽게 이혼할 수 있게 되었다. 이는 이혼을 하면 혼인에 의해 부부 사이에 생겼던 신분상 · 재산상의 모든 권리 의무는 물론 배우자 혈족과의 인척관계도 소멸하지만, 협의상 이혼에 대해서는 재산분할청구권, 손해배상청구권을 인정해 주고 있고, 자녀 양육의 선택과 조정이 가능해지고 면접교섭권이 신설됨으로써 여성의 불이익이 줄어들게 되었기 때문이다.

이혼의 이유는 이혼을 하게 되는 원인의 소재를 중심으로 네 가지로 분류, 제시되기도 한다(최규련, 2007). 첫째는 신체적 · 정서적 폭력과 폭언, 주벽, 외도, 불성실, 경제적 무능력과 같은 개인적 소재의 이유이다. 둘째는 부부 성격 차이, 신앙차이, 애정 상실, 성격 불만과 같은 부부 상호관계의 소재 이유이다. 셋째는 혼수문제, 시부모 부양 거부, 친정가족 학대, 처가나 시가의 간섭 및 학대와 같은 제3자와의 관계 소재의 이유이다. 넷째는 자녀 출산 불능, 생사 불명, 질병, 장기 별거 등 환경적 · 상황적 소재의 이유가 있다.

3) 이혼가족의 특징

이혼에 대한 사회적 시각은 이혼을 결혼 또는 가족 체계의 실패라기보다는 더 나은 삶의 만족과 안정을 찾는 돌파구로 인식하는 보다 긍정적인 시각으로 변화하고 있다. 그러나 한부모가족 유형으로 분류되는 이혼가족은 대부분 이혼에 따른 부정적인 변화를 겪게 되므로 이혼가족의 특성은 이혼가족이 부딪히게 되는 문제를 중심으로 논의된다.

여기서는 이혼가족의 특징이자 문제점을 살펴보기로 한다(유영주 외, 2010; 이기숙 외, 2009; 정현숙 · 유계숙, 2001; 정현숙 외, 2003; 최규련, 2007).

(1) 심리적 및 신체적 건강문제

이혼 후 남성과 여성 모두 가족생활 변화에 따른 낮은 자존감, 외로움과 불안감, 사회적 위축감, 우울, 분노와 원망, 배우자가 없음으로 인한 역할 과중과 역할 긴장감 등의 심리적 어려움을 호소한다. 이혼자들이 겪는 삶의 기본적인 변화, 즉 친밀감 근원의 상실, 삶의 일상적 변화, 이혼자라는 새로운 지위에 대한 자각과 같은 변화는 절망을 경험하게 하며 자살 확률도 높일 수 있다(Knox & Schacht, 1999). 또한 이혼의 결정 과정에서 이혼을 제기한 사람은 스트레스와 죄책감을, 이혼을 당한 사람은 실패나 패배의 감정을 느끼기도 한다.

이혼으로 인해 경험하게 되는 스트레스는 이혼자들의 신체적 건강에 악영향을 미친다. 스트레스로 인한 면역 체계의 약화는 질병에 취약하게 하고 심지어 사망에 이르게 할 수도 있다(Kiewlt-Glaser et al., 1987).

(2) 자녀의 문제

협의이혼 부부의 미성년 자녀는 '자녀의 양육과 친권자 결정에 관한 협의서' 에 근거하여 법원에서 확정해 준 부모와 살게 된다. 어떠한 유형의 이혼이든 부모의 이혼으로 인해 자녀들은 비자발적으로 이혼문제에 부딪히며 심리적 · 경제적 문제를 경험하게 된다. 부모의 이혼이 임박하면서부터 부모가 자신을 버릴지도 모른다는 극심한 불안과 우울증, 죄책감을 느끼거나 타인과의 친밀감을 형성하는데 어려움을 보인다. 한쪽 부모의 부재로 동일시 대상이 없어져 발달장애나 역할모델 결핍의 문제를 겪을 수 있고(김미숙 외, 2000), 부모의 감독 소홀로 가출 · 비행 · 일탈적 행동 · 공격적 행동이나, 학업생활 부적응을 보이기 쉽다. 또한 이혼에 의한 가정 수입의 감소라는 경제적 문제를 겪게 됨으로써 자녀들은 원하는 양육이나 교육을 충분히 받을 수 없다는 욕구 좌절을 경험하기도 한다.

마찬가지로 부모의 입장에서도 이혼하고 홀로 자녀를 양육하게 된 남녀 모두 자녀 양육과 직장의 양립, 자녀와의 대화 시간 부족에 직면하게 된 반면, 자녀를 양육하지 않는 이혼자는 자녀에 대한 그리움이 크지만 이혼 부적응 상태에서 자녀를 충분히 지지해 주지 못한다는 점에서 자녀와의 관계에서 문제를 겪는다. 이에 자녀와의 만남이 가능한 면접교섭권이 인정되어 왔고 2008년부터는 아동의 권리 강화 차원에서 아동이 직접 자신을 양육하지 않는 부나 모와 면접교섭을 할 수 있는 권리를 인정하는 민법 개정이 이루어진 바 있다.

Wallerstein(1986)은 종단 연구를 통해 이혼가족의 자녀들이 부모 이혼 후 10년까지도 심리장애를 겪는다고 보고했다. 그러나 대체로 이혼 후 시간이 흐를수록, 다양한 문제해결 방식을 이용할수록, 친권 부모와 개방적인 대화를 통해 긍정적인 상호작용을 할수록, 비친권 부모와 접촉을 많이 할수록 이혼가족 자녀의 생활적응력은 높았다. 따라서 이혼 자체가 자녀의 장기적인 삶에 부정적인 영향만 미친다고 볼 수는 없다.

(3) 경제적인 어려움

이혼으로 인한 수입 감소는 남성과 여성 모두 경험하지만, 여성이 겪는 경제적 어려움은 상대적으로 더 크다. 특히 전업주부였던 여성들은 주거 및 생계의 어려움을 겪게 되고 노동시장에서 저임금과 취업 기회의 제한과 같은 불리한 위치에 놓이게 된다. 개정된 가족법은 배우자의 재산분할청구권을 인정하였고 주부의 가사 노동 대가를 인정하도록 명시하고 있다. 그러나 이혼 후 전배우자가 협의이혼 과정에서 작성한 양육비 부담 조서상의 양육비 지급 의무를 이행하지 않을 때 이행 명령 소송을 제기해야 할 만큼 양육비 충당에 어려움을 겪는 경우가 많다(여성가족부, 2011).

이혼한 남성은 이혼에 따른 재산분할로 재산이 감소되거나 불규칙한 생활로 인한 지출 과다의 문제로 경제적 어려움을 겪는다. 그러나 여성들과 달리 상대적 빈곤감으로 인한 심리적 문제라고 볼 수 있다(변화순, 1997).

(4) 사회적 관계망의 축소

Bohannan(1970)은 이혼 과정에서부터 사회적 관계상의 이혼(community divorce)이 일어난다고 보았다. 이혼하는 과정 중이나 이혼 직후 부부가 공유하던 친지와의 사회적 관계가 분리, 상실되는 것이다. 확대가족 내 가족 구성원들과의 관계는 법적인 관계의 소멸과 그에 따른 사회적인 교류가 감소함으로써 점점 멀어지게 된다. 또한 이혼에 대한 사회적 시각이 부정적이므로 이전에 형성되어 있던 사회적 관계망이 한번 축소되면 대체하거나 보상할 수 있는 새로운 관계망을 형성하기 어렵다.

(5) 사회적 편견

한부모가족은 불완전한 가족이라는 부정적 시각에서 보는 경향이 많다. 흔히 남편의 부재는 경제적 부양자의 상실을, 아내의 부재는 가정살림과 자녀 양육자의 상실을 의미하기 때문이다. 이혼가족은 이러한 한부모가족에 대한 사회적 편견으로 인해 고통을 겪는다. 이에 많은 이혼가족은 자녀에게 부정적인 영향이 미칠까봐, 문제 있는 여자로 보일까봐, 쓸데없는 동정심이 싫어서, 무시당할까봐 주위에 이혼 사실을 숨기려 한다(변화순 외, 2000).

그러나 부부간의 갈등과 긴장이 지속되는 양부모가족보다 따뜻하고 수용적인 분위기의 한부모가족은 더 나은 가족이라고 할 수 있다. 최근에는 이혼가족을 포함한 한부모가족을 병리적 현상이나 기능의 결손을 가진 가족으로 보지 않고 특수한 요구를 지닌 다양한 가족 유형의 하나로 간주하는 경향이 나타나고 있으므로 이혼가족에게 더 많은 사회적 지지를 보내야 할 것이다.

표 10-4 한부모가 된 후 달라진 점 (2018년)

(단위 : %)

구분	전혀 그렇지 않다	별로 그렇지 않다	보통이다	다소 그렇다	매우 그렇다
경제적 어려움	2.6	10.7	22.3	40.0	24.4
부와 모의 역할 혼자서 감당	1.0	4.7	14.6	48.1	31.5
집안일 부담 증가	2.9	5.1	19.5	46.3	26.2
건강상태 악화	12.0	28.9	31.5	21.4	6.2
미래에 대한 부담 증가	2.7	8.0	20.5	43.8	25.0
자녀와 긴밀해짐	1.4	9.2	39.4	39.7	10.3
일가친적으로부터 자유로워짐	5.9	17.5	49.6	20.6	6.4

출처 : 여성가족부(2019). 2018년 한부모가족 실태조사 결과 발표.

4) 이혼가족 지원대책

이혼에 의한 문제는 부부와 그 가족뿐만 아니라 이혼가족이 속한 사회의 문제이기도 하므로 이혼가족에 대한 지원이 다방면으로 이루어져야 한다. 그러나 이혼의 예방을 위한 노력 또한 중요하다는 점에서 여기에서는 이혼 전과 이혼 후의 이혼가족 지원대책으로 나누어 살펴보기로 한다(이기숙 외, 2009; 정현숙 · 유계숙, 2001; 최규련, 2007).

(1) 이혼 전 지원대책

이혼을 예방하기 위한 다양한 가족생활 교육과 가족 상담 및 치료 프로그램이 실시되어야 한다. 예로서, 생애주기별 예측 가능한 가족문제를 예방하고 준비하는 프로그램으로 구성되는 건강가정지원센터의 생애주기별 가족생활 교육을 들 수 있다. 이를 통해 기혼자뿐만 아니라 청소년과 청년 및 미혼 성인을 대상으로 결혼에 대한 태도와 가치관의 정립, 결혼생활에 필요한 기술 교육에 노력을 기울일 필요가 있다. 위기 상태의 부부를 대상으로는 부부 상담과 치료 프로그램이 실시되어야 한다.

이혼이 결정되기 전까지는 부부관계의 회복 또는 만족스런 이혼을 위한 조정과 중재가 필요하다. 예로서, 이혼 관련 법률 상담은 이혼을 하려는 당사자들의 판단을 도울 수 있고 이른바 '홧김 이혼' 을 예방하기 위해 2008년부터 '이혼숙려제도' 가 시행되고 있다. 또한 법원이 필요하다고 판단하면 협의이혼을 신청한 부부에게 전문가 상담위원의 상담을 권고할 수 있는 '상담권고제도' 를 신설한 것도 이혼을 예방하기 위한 제도적 조정 노력으로 볼 수 있다.

한편 2008년 개정된 민법에는 이혼가정의 자녀를 배려하기 위해 협의이혼을 신청할 때 미성년 자녀의 양육계획과 친권자 결정 협의서 제출을 의무화함으로써 자녀 양육과 관련한 협의가 없으면 협의이혼 자체가 불가능하도록 하고 있다. 협의의 내용에는 양육비 부담 주체, 부담 액수와 방법, 면접교섭권 행사 여부 및 방법 등이 담겨져야 하고 만약 협의가 안 되거나 협의 내용이 자녀의 복리에 어긋나면 가정법원이 이를 결정하도록 했다. 그러나 적절한 수준의 양육비 책정을 위한 가이드라인 마련, 양육비 부담 주체가 경제적 곤란을 겪을 때 국가의 대지급 후 구상권을 행사하는 제도 등의 도입이 보완되어야 할 것이다(여성가족부, 2011).

♥ 이혼숙려제도

부부가 가정법원에 협의이혼을 신청하여 '이혼에 대한 안내를 받은 날'을 기준으로 자녀가 있을 경우 3개월, 없으면 1개월 동안 이혼에 대해 생각할 시간을 주는 민법상의 제도이다.

가정법원에서 안내를 받은 날로부터 다음의 기간이 경과한 후에 이혼 의사를 확인받을 수 있다. 미성년 자녀(임신 중인 자를 포함)가 있는 경우에는 3개월, 성년 도달 전 1개월 후 3개월 이내 사이의 미성년인 자녀가 있는 경우에는 성년이 된 날, 성년 도달 전 1개월 이내의 미성년인 자녀가 있는 경우에는 1개월, 자녀가 없거나 성년인 자녀만 있는 경우에는 1개월로 규정되어 있다. 단, 가정 폭력 등 이혼해야 할 급박한 사건이 인정되면 숙려 기간을 줄이거나 면제받을 수 있다.

2014년부터 미성년 자녀가 있는 부부는 3개월의 숙려 기간 동안 '자녀 양육 안내'를 받아야 하며, 특히 13세 이하의 자녀가 있는 경우는 '상담위원 의무면담제'에 따라 전문 상담자의 상담을 받도록 의무화하고 있다.

출처 : 민법 제836조의 2(이혼절차), 이성희 외(2019). 2018년 전국 출산력 및 가족보건 · 복지 실태조사.

(2) 이혼가족 지원대책

최근 이혼가족의 생활실태 조사(여성가족부, 2019) 결과, 86.7%의 가족은 이혼 후 '보통' 이상의 수준으로 경제적 어려움을 겪게 되었다고 한다. 또 미혼·이혼 한부모를 포함한 전체 한부모가족 중에서 양육비를 한 번도 받은 적 없다는 비율이 73.1%로 가장 높았고, 과거에는 받았으나 최근에는 받지 못했다는 비율은 5.7%였다. 양육비 이행 확보를 위해서는 '양육비 긴급 지원 확대'(48.5%), '미이행자 처벌 강화'(29.9%)가 우선 필요하다고 나타났다.

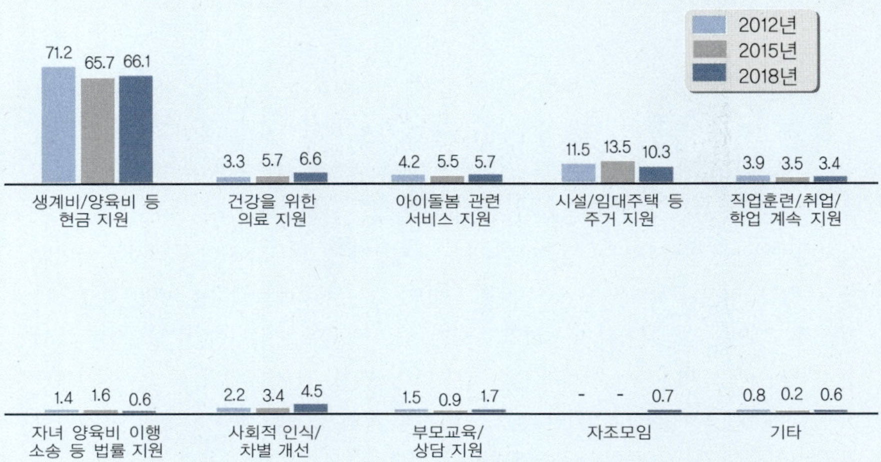

출처 : 여성가족부(2019). 2018년 한부모가족 실태조사 결과 발표.

그림 10-5 한부모가족이 정부정책 중 1순위 지원요청 사항

따라서 이혼가족의 생활복지를 위한 경제적 지원이 시급하다고 볼 수 있다. 이에 정부는 18세 미만(취학 시 만 22세 미만)의 자녀를 양육하면서 가구 소득 인정액 기준 중위 소득 52% 이하는 아동 양육비, 아동교육 지원비, 생계비 등 복지 급여를 지원하고 있으나 경제적 지원이 실질적인 생계 지원 수준에 못 미친다는 점에서 개선이 필요하다(여성가족부, 2020). 또 여성가족부는 '양육비 이행 확보 지원' 서비스를 통해 양육 부·모가 비양육 부·모로부터 양육비를 지급받을 수 있도록 당사자 간 협의부터 불이행 제재 조치까지의 원스톱 지원을 하고 있다(양육비이행관리원, 2020).

♥ 양육비이행관리원의 주요 실적('15.3.~'19.12.)

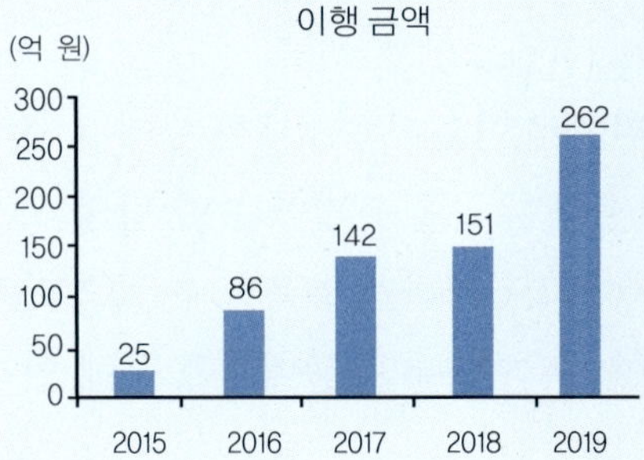

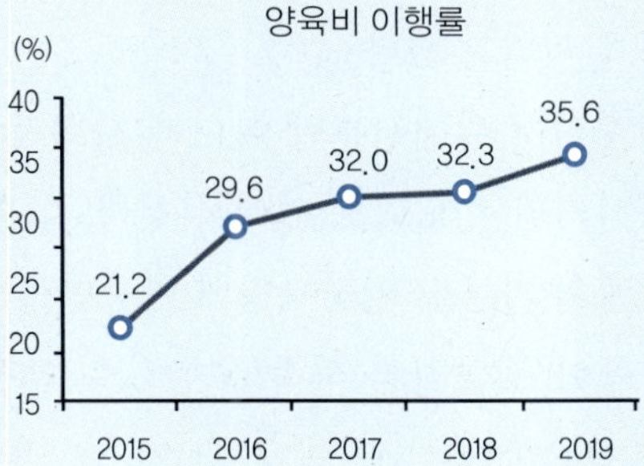

♥ 양육비 이행 지원 사례

신청인은 이혼 당시 재판에서는 친권자와 양육권자로 지정되었으나, 이혼 후 단 한 번도 양육비를 지급 받은 적이 없어 양육비이행관리원에 도움을 요청하였다. 양육비이행관리원은 양육비 심판청구를 통해 2016년 11월 지급되지 않은 1,500만 원의 양육비와 늦어진 손해금, 1인당 월 40만 원의 장래 양육비를 지급하라는 법원 결정을 받아냈다. 이후 양육비를 받기 위해 재산명시 신청, 이행명령 신청, 감치명령 신청, 예금채권 압류 등 지속적인 추심 노력을 하여 총 4,600만 원의 양육비를 받을 수 있었다.

♥ 양육비 지급 이행을 위한 법 개정안 시행

2020년 5월 '양육비 이행 확보 및 지원에 관한 법률' 일부가 개정되어 양육비 지급을 이행하지 않으면 운정면허 정지 처분이 가능해졌다. 또 정부가 양육비를 긴급 지원한 경우 양육비 채무자의 동의 없이도 신용정보 조회, 국세 체납 처분에 따라 징수 가능의 근거가 마련되었다.

출처: 여성가족부 정책뉴스(2020). 지난 5년간 양육비 이행건수 4배, 이행금액 10배 늘어, 여성가족부 공식블로그(2020). 양육비 미지급 시, 운전면허 정비처분 가능해진다.

이외에 고용지원으로서 직업 훈련과 취업 기회가 제공되고 있으며 보호시설을 이용한 시설보호서비스, 상담유관기관을 통한 상담서비스, 복지관 · 건강가정지원센터 등을 통해 심리 지원과 상담 및 교육 프로그램을 제공하는 지역 사회서비스가 실시되고 있다.

정책적 차원에서뿐만 아니라 사회적 차원에서 이혼가족에 대한 부정적 견해를 변화시키려는 노력도 있어야 한다. 이혼이 불행한 삶을 해결하는 한 방법이고 이혼가족의 아동도 일반가정의 아동만큼 행복하고 건강하게 양육될 수 있으므로 이혼가족이 정상적인 가족 유형으로 인정받을 수 있도록 대중매체를 통해 알리는 것이 필요하다.

2. 재혼가족

1) 재혼가족의 개념과 유형

재혼가족은 배우자 한쪽이나 양쪽 모두가 재혼 이상의 결혼으로 자녀가 있거나 없으면서 하나의 가구를 구성하는 가족이다. 그러나 부부 양쪽 모두 자녀가 없는 경우의 재혼부부는 배우자의 결혼 경험을 제외하고는 초혼부부와 비슷하므로 보통 재혼가족은 최소한 한쪽 이상의 배우자로부터 계자녀가 한 명 이상 있는 계부모가족을 의미한다.

재혼가족의 유형은 가족의 출발 시점에서부터 다양하다. 재혼부부의 전혼자녀 유무와 양육권 유무를 기준으로 재혼가족 유형을 분류하면 〈표 10-5〉와 같다.

표 10-5 재혼가족의 유형

<table>
<tr><th colspan="3" rowspan="3">구분</th><th colspan="3">부인의 전혼자녀 유무</th></tr>
<tr><th rowspan="2">전혼자녀 없음</th><th colspan="2">전혼자녀 있음</th></tr>
<tr><th>양육권 없음*</th><th>양육권 있음*</th></tr>
<tr><td rowspan="3">남편의 전혼자녀 유무</td><td colspan="2">전혼자녀 없음</td><td>무자녀 재혼가족**</td><td>비동거 계부가족</td><td>동거 계부가족</td></tr>
<tr><td rowspan="2">전혼자녀 있음</td><td>양육권 없음</td><td>비동거 계모가족</td><td>비동거 계부모가족</td><td>혼합 계부형 계부모가족</td></tr>
<tr><td>양육권 있음</td><td>동거 계모가족</td><td>혼합 계모형 계부모가족</td><td>동거 계부모가족</td></tr>
</table>

* 양육권 지위는 모든 전혼자녀의 양육권을 갖는 경우에는 동거형(residential)으로, 모든 전혼자녀의 양육권을 갖지 않은 경우에는 비동거형(nonresidential)으로, 한 배우자는 양육권을 가진 동거 친부모이고(residential) 다른 배우자는 양육권을 갖지 않은 친부모일 때(nonresidential)는 혼합(mixed)으로 표시됨

** 이 유형은 초혼가족과 유사하므로 본 장의 재혼가족 의미에서 제외됨

출처 : 김혜경 외(2008). 가족복지론(2판), 문혁준 외(2010). 가족복지.

2) 재혼의 경향과 원인

2019년 우리나라의 혼인 형태별 구성비(통계청, 2020a)를 보면, 남녀 모두 초혼인 경우가 76.9%, 남녀 모두 재혼인 경우가 12.3%를 차지하고, 전체 혼인 중 남자와 여자의 재혼이 차지하는 비율은 전년보다 감소한 것으로 나타난다. 재혼자의 평균 연령은 1990년 남자 38.8세, 여자 34.0세에서 지속적으로 높아져 2019년 남자 49.6세, 여성 45.2세로 높아졌다.

표 10-6 **혼인 종류별 건수**

(단위 : 천 건, %)

혼인 종류*	2011	2012	2013	2014	2015	2016	2017	2018	2019
계**	329.1	327.1	322.8	305.5	302.8	281.6	264.5	257.6	239.2(100.0)
남(초)+여(초)	258.6	257.0	255.6	239.4	238.3	221.1	206.1	200.0	184.0(76.9)
남(재)+여(초)	13.9	13.5	12.8	12.0	11.7	11.1	10.5	10.2	9.8(4.1)
남(초)+여(재)	18.7	18.9	18.2	18.4	18.0	16.7	16.2	15.9	15.0(6.3)
남(재)+여(재)	37.7	37.6	36.1	35.5	34.7	32.1	31.1	30.7	29.4(12.3)

* 남(초) : 남자 초혼, 남(재) : 남자 재혼, 여(초) : 여자 초혼, 여(재) : 여자 재혼

** 미상 포함

출처 : 통계청(2020a). 2019년 혼인·이혼 통계.

표 10-7 **평균 재혼 연령**

구분	1990	2000	2010	2019
남자	38.83	42.05	46.11	49.63
여자	34.00	37.45	41.59	45.15

출처 : 통계청(2020a). 2019년 혼인·이혼 통계.

이와 같은 우리나라의 재혼 경향을 통해 재혼가족에 대한 지원이 이혼 후 재혼가족에 초점이 맞춰질 필요가 있다는 것을 알 수 있다. 또한 재혼자의 연령이 높아진다는 것은 재혼부부에게 자녀가 있을 가능성이 높으므로 단순히 두 사람의 결합 이상으로 재혼가족의 생활이 더 복잡해질 것으로 예상된다.

재혼가족이 증가하는 것은 이혼의 증가와 관련이 있다. 이혼에 대한 사회의 부정적 시선이 긍정적으로 변화되어 이혼이 증가하는 추세에서 재혼이 가능한 사람들이 증가되는 결과를 가져왔다. 아울러 사회 전반적으로 재혼가족을 하나의 새로운 가족 유형으로 인정하려는 사회적 시각의 변화로 인해 재혼가족이 증가한다고 볼 수 있다.

Knox와 Schacht(1999)는 재혼의 이유를 구체적으로 다음과 같이 제시하였다. 먼저 초혼의 이유와 마찬가지로 재혼자가 재혼 상대방으로부터 정서적 안정감, 동료애를 느끼거나 상대방을 정규적인 성생활의 파트너로 상호 인정하기 때문이라는 이유를 들 수 있다. 그러나 초혼과 달리 경제적 안정감과 자녀 양육지원을 얻거나 자녀 양육권의 법적인 획득과 유지를 위해 재혼을 하기도 한다. 부부 중심의 사회에서 재혼 당사자가 독신자로서 느끼는 소외감이나 '이혼자' 라고 불리며 사회적 편견의 피해자가 되지 않으려는 경향도 재혼을 부추기는 이유가 된다.

3) 재혼가족의 특성

재혼은 비교적 나이가 들고 정서적으로 성숙한 상태에서 초혼의 교훈을 통해 결혼생활을 시작하기 때문에 초혼에 비해 결혼 만족감이 더 클 수 있다. 현실적인 이유보다 정서적인 이유로 재혼을 선택한 사람들이 재혼에 대한 적응력이 높다는 연구 결과(Booth & Edwards, 1992)가 이를 뒷받침한다. 그러나 재혼 초기인 2~5년 사이에 이혼하는 경향이 높은 것(Knox & Schacht, 1999)은 재혼이 갖는 특성과 문제점 때문이다.

재혼가족의 특징은 다음과 같이 제시되고 있다(현은민, 2003; Visher, 1994).

- 가족의 구조가 복잡하다. 초혼가족과 재혼가족 구성원들 간의 관계가 복잡하게 얽혀 가족 구성원의 역할과 책임 규정이 어렵다.

- 계부모의 자녀들은 친부모로부터 현실적으로나 기억 속에서 계속 영향을 받음으로써 초혼가족과 재혼가족 모두의 구성원으로 남아 있다.
- 가족의 역사와 문화가 다른 구성원들이 결합함으로써 가족 정체감의 발달, 가족 규칙의 설정에 어려움이 있다.
- 친부모와 자녀 간의 관계가 재혼부부의 관계보다 먼저 형성되었기 때문에 개인과 가족의 발달 단계가 맞지 않은 가족 구성원들이 가족을 이루고 있다.
- 초혼가족과 달리 재혼가족은 이혼이나 사별과 같은 큰 스트레스 사건을 경험하였으므로 재혼가족 생활에서 개인적 상실감과 극적인 변화로부터 회복하려는 요구가 비현실적으로 높다.
- 계부모와 계자녀 간의 관계는 사회적 고정관념과 지지의 부족 때문에 친밀하게 형성되기 어렵다.

재혼가족의 특성과 맞물려 나타나는 문제점을 살펴보면 다음과 같다(성정현 외, 2009; 이기숙 외, 2009; 최규련, 2007; 현은민, 2003).

(1) 부부관계 측면

재혼부부의 상호 적응을 저해하여 가족 해체 가능성을 높이는 요인들은 다음과 같다.

이혼이나 사별로 인해 독신이 된 후 짧은 기간 내에 재혼을 하는 경우, 이전의 결혼에 대한 상실감, 분노, 슬픔 등을 극복하지 못한 상태에서 부부관계에 대한 낭만적인 기대만으로 재혼하게 된다. 그러나 재혼이 이전의 결혼에 대한 부정적인 감정의 극복을 보장해 줄 수 없고, 특히 부부간에 재혼에 따른 문제가 발생되면 괴리감을 느낄 수 밖에 없다.

재혼부부 간의 신뢰감 형성 기간이 부족한 경우에는 불안정한 가족을 형성하게 된다. 서로의 장 · 단점과 상호 조화 및 자녀와의 적응에 충분히 대비할 수 없으며 재혼 이전의 자산에 대한 이해, 수입과 지출 방식에 대한 논의가 부족하여 갈등이 커지기도 한다.

(2) 자녀 및 부모-자녀 관계 측면

Visher와 Visher(1996)는 재혼가정의 아동이 겪는 문제로서 3L—상실(loss), 충성심 갈등(loyalty conflict), 통제력의 부족(lack of control)—을 지적하였다.

재혼가족의 자녀는 부모의 재혼으로 친부모의 재결합에 대한 환상이 깨어지고 친부모를 빼앗겼다는 상실감을 경험한다. 친부모에 대한 상실감을 극복하지 못하면 부모의 재혼을 받아들이는 것이 친부모를 배반하는 것이라고 생각하게 된다. 장자녀의 경우는 편부모기에 깊어졌던 부모와의 애정뿐 아니라 자신의 지위나 특권을 계부모나 의붓형제에게 빼앗겼다는 상실감을 경험할 수 있다.

자녀의 친부모에 대한 충성심은 친부모의 결혼을 지키고 새로운 부모를 헤어지게 하려고 애쓰는 것으로 나타나며, 또 충성심은 자녀 스스로가 부모의 이혼 원인이었으나 이혼을 막지 못했다는 죄책감으로 좌절하게 한다.

자녀는 자신의 생활과 환경에서 통제력을 잃어버리고 무기력하게 된다. 이전의 가족에게서 채우지 못했던 부분을 새 가족에게서 채우겠다는 기대가 깨어지고 심리적으로 받아들일 수 없는 계부모의 훈육 아래에서 계자녀로서 주어진 새로운 역할을 제대로 수행하지 못하면 정서적 · 행동적 부적응을 보이게 된다.

아울러 재혼가족의 자녀가 겪는 문제로 경계의 혼란과 역할의 모호성을 들 수 있다. 자녀가 계부모를 가족으로 인정하지 않으며 이전가족과 현재의 재혼가족 사이에서 가족의 구성원이 수시로 달라진다고 인식하면 가족의 경계에 대한 혼란이 가중된다(Visher & Visher, 1996). 경계의 혼란은 가족원의 자녀 역할의 모호성과 연결된다. 즉, 계부모와 의붓형제가 포함되는 새 가족에서 자녀는 재혼 전 편부모기에 강화되었던 자신의 역할을 잃게 되고 의붓형제의 존재로 인한 출생순위의 변화를 경험하면서 역할 모호성에 직면하게 되는 것이다. 이러한 경계와 역할의 불명확함은 계부모와 자녀 간의 관계뿐 아니라 부부간의 유대에도 부정적인 영향을 미칠 수 있는 가족의 역기능을 초래한다는 점에서 주목할 필요가 있다.

(3) 사회적 측면

재혼이 증가하는 추세임에도 불구하고 재혼가족은 편견과 고정관념으로 여전히 적응에 어려움을 겪고 있다. 결혼에 실패한 사람들에 의한 결혼생활이라는 주변의 부정적인 시각, 계부모와 계자녀에 대한 편견, 혈연 중심의 가족 문화에서 비혈연의 계자녀에 대한 수용 거부와 같은 사회의 부정적 인식 때문에 재혼 당사자들도 재혼에 대한 회의감을 갖게 된다. 아울러 재혼가족을 위한 법적 제도가 충분하지 않으며 재혼부부와 자녀를 위한 교육 · 상담 프로그램, 법률적 문제해결 지원이나 재혼가족 모임지원과 같은 사회적 지원 체계가 부족하다는 점 등이 재혼가족 관련 사회적 문제로 지적될 수 있다.

4) 재혼가족 지원대책

성공적인 재혼가족은 그들의 가족생활에 대해 현실적인 기대를 가지며 가족 구성원이 느끼는 상실감을 인정 · 수용하고 지지한다. 그리고 견고한 부부관계는 만족스런 계부모–자녀의 관계를 형성하며 자녀를 위해 전 배우자와 협조적인 관계를 유지한다. 새로 형성된 가족을 위한 가족 규범을 융통성 있고 창의적으로 확립해 나감으로써 이전 가족과는 다른 가족 문화와 배경을 만들어 나간다. (Visher & Visher, 1990).

이와 같이 재혼가족이 성공할 수 있도록 여러 측면에서 지원 방법을 고려할 수 있다. 제시된 방법들이 통합적으로 실행될 때 재혼가족에 대한 지원은 효과적으로 이루어질 것이다(문혁준 외, 2010; 이기숙 외, 2009; 최규련, 2007).

(1) 가족생활 교육 실시

가족생활 교육은 재혼생활을 시작하려는 사람과 재혼가족을 대상으로 한 교육을 포함한다. 재혼가족의 문제 발생을 예방하는 준비 교육 프로그램은 재혼생활을 체계적으로 준비함으로써 재혼부부 관계를 강화하고 계부모와 자녀 간의 관계를 증진할 수 있도록 구성된다.

표 10-8 청소년기 자녀가 있는 재혼가족의 관계 향상을 위한 프로그램 예시

회기별 목표	활동 내용	비고
1회기 재혼가족에 대해 기본적인 이해를 한다.	• 사전검사 • 프로그램의 개요을 설명하고 적극 참여에 대한 협조를 부탁한다. • 참여자를 소개한다. • 초혼과 재혼의 차이 등 기본적인 내용을 이해한다. • 재혼으로 인한 장점에 대해 생각해 본다. • 재혼가족이 겪는 기본적인 어려움과 문제점을 인식한다.	과제
2회기 의사소통을 통한 부부 역할, 양육 문제에 대한 합의 능력을 기른다.	• 전 시간의 과제를 검토한다. • 지난 회기의 내용을 검토하면서 이번 회기의 내용이 지난 회기의 내용과 어떻게 연결되는지 간단히 언급한다. • 부부간 대화를 점검한다. • 부부간의 효율적인 의사소통을 학습한다(I-Message 훈련하기). • 언어적, 비언어적 의사소통을 이해한다. • 공감, 경청 능력을 기른다. • 역할 바꾸기를 통해 상대방의 입장을 이해하고 변화를 이끈다. • 적극적 감정 표현하기, 표현 기술은 그들 자신의 감정 사고 문제를 이해하도록 돕고, 타인에 대해 덜 공격적이고 보다 효과적인 방법으로 자신을 표현하도록 하는 것이다. • 부부간 효과적인 의사소통 기법을 훈련한다.	과제 : I-Message 하루에 1회 이상 훈련하고, 그 내용을 적어 오기
3회기 새 자녀와 관계 맺기, 가족경계와 역할모호를 해결한다.	• 전 시간의 과제를 검토하면서 프로그램을 시작한다. • 지난 회기의 내용을 소개하고 검토하면서 이번 회기의 내용이 지난 회기의 내용과 어떻게 연결되는지 간단히 언급한다.	

회기별 목표	활동 내용	비고
3회기 새 자녀와 관계 맺기, 가족경계와 역할모호를 해결한다.	• 재혼가족의 경계와 역할에 대해 이해한다. • 새 자녀에 대해 이해하고 새 자녀가 겪을 경계혼란과 역할혼란에 대해 이해한다. • 경계모호와 역할모호로 인한 부부간 갈등 인식에 대해 이야기한다. • 새 자녀에 대한 부모 역할에 대해 해결 방법을 찾아본다. • 부부간 양육 태도에 대해 대화하고 합의점을 찾아본다. • 친구 같은 부모되기를 훈련한다.	과제
4회기 문제해결, 갈등 및 스트레스를 다룬다.	• 전 시간의 과제를 검토하면서 프로그램을 시작한다. • 지난 회기의 내용을 검토하면서 이번 회기의 내용이 지난 회기의 내용과 어떻게 연결되는지 간단히 언급한다. • 평소 경험하는 부부간의 갈등 유형을 이해한다. • 부부간 갈등을 인식하고 대처한다. • 갈등이나 문제 발생 시 해결 방법을 찾아본다. • 분노 조절, 예방 및 대처법을 훈련한다. • 갈등 장면을 주제로 집단 성원과 이야기를 나눈다. • 배우자와 공감적 대화 기법을 습득하여 갈등 및 스트레스에 대처하는 적응적 부부관계를 형성한다.	과제
5회기 친밀한 부부관계를 형성한다.	• 전 시간의 과제를 검토한다. • 지난 회기의 내용을 검토하면서 이번 회기의 내용이 지난 회기의 내용과 어떻게 연결되는지 간단히 언급한다. • 부부관계에 어려움을 초래하는 차이점(가치관, 성격, 기호 등) 찾아본다. • 배우자 간 긍정적인 부분을 발견한다. • 사랑에도 노력이 필요함을 인지시킨다. • 부부 역할을 점검하고 느낀 점을 이야기 나눈다. • 이전 배우자와 건강한 관계를 형성한다.	과제 : 배우자를 위해 하루에 한 가지씩 서로 칭찬하기
6회기 우리는 하나라는 재혼가족의 모습을 그려 본다.	• 전 시간의 과제를 검토한다. • 지난 회기의 내용을 검토하면서 이번 회기의 내용이 지난 회기의 내용과 어떻게 연결되는지 간단히 언급한다. • 1회기부터 5회기까지의 내용을 복습하면서 전체적인 내용을 정리한다. • 미래 부부의 모습과 가족의 모습을 이야기해 본다. • 안정적인 부부관계를 이루면서 우리는 한 가족임을 인식한다. • 사후검사	

출처: 김효순(2016). 재혼가족 관계 향상을 위한 프로그램 효과: 청소년기 자녀를 둔 재혼자를 중심으로.

(2) 가족 상담과 치료의 제공

재혼가족을 대상으로 한 상담은 '온전한 가족'에 대한 개념의 틀을 벗어나게 돕고 가족문제의 치료를 위해 재혼가족의 정당성, 무력감 감소, 부부관계 강화에 중점을 두어야 한다. 자녀의 보호나 방문과 관련된 문제의 치료 과정에는 재혼부부뿐 아니라 전배우자, 조부모 혹은 다른 중요한 사람을 포함하여 모임을 갖는 것이 필요하다. 특히 재혼가족 아동에 대한 상담과 치료를 할 때는 아동에 대한 정서적 지지, 분노의 수용과 명료화, 무기력감과 충성심 갈등의 완화, 자존감 증진 등에 초점을 두어야 한다.

(3) 지지집단의 형성

재혼가족의 자조모임과 지지집단을 형성할 필요가 있다. 자조모임을 통해 서로의 감정을 나누고 지지해 주며 문제해결을 위한 정보를 공유하도록 한다. 지지집단을 통해서는 갈등과 스트레스에 대한 대처 기술을 습득하고 부모 역할과 가족 기능 강화를 위한 교육과 상담 프로그램에 참여할 수 있는 기회를 제공받을 수 있다.

(4) 법제도의 개선

과거에는 재혼가족의 계부모가 동거인이 되고 부모로서의 친권 행사를 못하며 계부와 계자녀의 성이 달라 자녀의 정체감 혼란과 심리적 상처를 주었다. 다행히 2008년 1월부터 친양자제도가 도입되어 계자녀는 계부의 성을 따르고 호적에도 친생자로 기재가 가능하게 되었으며 호주제 폐지로 부모의 이혼이나 재혼의 비밀이 유지될 수 있게 되었다.

그러나 친양자제도로 계부와 계자녀 간 친자관계가 성립되는 것은 아니고 재혼한 어머니를 따라온 자녀를 친양자로 입양할 경우에만 계부의 친자로 기록될 수 있다는 한계가 있다. 특히 사실혼 관계에 있는 동거 계부모가 동거 상대방의 자녀를 성 폭행한 경우 법적으로는 근친상간으로 인정되지 않고 있어 계자녀를 성 학대로부터 보호하기는 미흡하다. 따라서 재혼가족을 안내하는 법적 제도는 더욱 개선되어야 한다.

(5) 사회적 인식의 전환

재혼이 증가하는 현실을 수용하고 균형 잡힌 시각에서 재혼가족을 지지하는 인식으로의 전환이 필요하다. 이를 위해 건강한 재혼가족 모델을 제시하는 다양한 가족 형태에 대한 사회적 인식 고양 캠페인의 실시, 대중매체를 통한 재혼가족의 긍정적 이미지 확산, 재혼가족에 대한 연구와 사례 발굴 등을 고려할 수 있다.

Part 4

실제적 가족 개입

Part 4에서는 가족에 대한 이론 및 학문적 이해에 기초하여 실제적으로 가족의 생활 및 관계에 대한 문제를 다루고, 또 개입하는 방안에 대하여 고찰하고자 한다. 특히 'Chapter 11. 가족생활 교육'에서는 일반 가족생활에 대한 교육적 개입에 대하여 개괄하고자 하며 'Chapter 12. 가족관계 개입'에서는 가족관계에 있어서 문제를 경험하고 있는 가족에게 적용할 수 있는 개입 방법으로서 가족 상담기법에 대하여 살펴볼 것이다.

Chapter 11

가족생활 교육

가족은 개인이 위치한 가장 기본적이고 직접적인 맥락으로 가족의 행복과 건강은 개인 삶의 만족도와 긴밀하게 연결되어 있다. 개인 삶의 질을 향상시키기 위해서는 만족스러운 가족생활이 필수적이며, 이를 위해 다양한 가족생활 교육이 요구된다. 본 장에서는 다양한 가족생활을 돕기 위한 실제적이고 실천적인 방법으로서의 가족생활 교육에 대하여 알아볼 것이다.

1. 가족생활 교육의 이해

1) 건강가족의 개념

가족생활 교육의 목표는 건강가족을 실현하는 데 있다. 지금까지 연구자들을 비롯한 가족 실천가들은 건강가족을 개념화하기 위한 다양한 시도를 해왔다. 특히 가족의 건강에 대치되는 개념으로서 비건강이 존재하는 이분법적 시각의 한계에 대하여 우려하고, 특정 형태가 아닌 가족의 기능을 중심으로 건강성을 개념화할 것을 제안하였다(변화순 외, 2005). 건강가족에 대한 이분법적인 개념화는 특정한 형태를 가진 가족을 건강한 가족으로 보고, 그 틀을 벗어난 가족을 건강하지 않다고 규정하는 오류를 범할 수 있으므로 현대 사회의 빠르게 변화하는 가족 형태를 포용하기에는 한계가 있다는 것이다. 이에 건강가족에 대한 가족 체계적 관점을 적용하여 가족을 가족원이 서로 상호작용하는 체계로 보고 건강가족을 체계 기능의 중심으로 정의하고자 하는 노력이 이루어졌다.

우리나라의 건강가족에 대한 이해는 미국에서 연구되는 Strong family나 Healthy family의 개념에 기초하여 이루어졌는데, 2005년에 제정된 건강가정기본법에서는 건강가족을 '가족 구성원의 욕구가 충족되고 인간다운 삶이 보장되는 가정' 으로 정의하였다(건강가정기본법 제3조 제3호). 국내 건강가족 연구의 선구적인 역할을 한 유영주(1999)는 건강가족을 '가족원 개개인의 건강한 발달 -신체적, 심리적, 사회적, 도덕적-을 도모하고, 가족원 간의 상호작용-대화기술, 의사결정 과정, 스트레스 대처방안-이 올바르고 적합하여 집단으로서의 가족 체계를 잘 유지하고 있는 가족' 이라고 정의하였다. 이 정의에 따르면, 건강가족은 단순한 구조나 형태가 아닌 가족 성원들의 상태, 가족들 간의 관계 및 그들이 보여주는 행동으로 결정되는 것임을 알 수 있다.

미국가족학회(National Council of Family Relations)가 제시한 건강가족의 특성 역시 우리나라 건강가족의 정의에서 나타난 것과 크게 다르지 않다. 이 정의에 따르면, 가족이 건강하게 기능하기 위해서는 건강한 대화 기술, 일반적인 인간 발달에 대한 지식, 의사결정 능력, 긍정적인 자아개념, 그리고 건강한 인간관계의 요소가 충족되어야 한다(NCFR, 2011). 이외에도 배선희(2011)는 건강가족의 요소로 가족원들 간에 사랑과 애정, 민주적이고 양성평등한 가족관계, 가족 내에서의 열린 대화, 융통성 있고 바람직한 부모 역할, 가족이 함께 보내는 공동의 여가, 가족 활동에 시간과 에너지를 투자하는 헌신, 경제적 안정과 의식주생활 그리고 가족 이기주의를 넘어선 건전한 시민의식을 꼽았다.

2) 가족생활 교육의 정의

가족의 삶은 그들이 살고 있는 사회적인 문제를 반영해 준다. 가족생활 교육은 가족 전문가들로 하여금 가족과 그 구성원들이 사회적, 문화적 그리고 발달적 맥락 내에서 당면하는 어려움을 해결하도록 교육 등의 활동을 통한 의도적인 도움을 목적으로 한다. 가족생활 교육을 이해함에 있어서 여전히 많은 가족 실천가들은 가족의 문제와 문제해결 능력에 초점을 두고 있는 것이 사실이다. 하지만 가족생활 교육에 대한 최근 문헌들은 특정한 사회 문화적 맥락 내에서 일어나는 가족의 문제를 예방하고 가족의 잠재적 가능성과 문제해결 능력을 미리 강화하는 차원에서 가족생활 교육을 강조하고 있다.

이러한 가족생활 교육에 대한 예방적 접근은 미국가족학회(NCFR)에서 제공하는 가족생활 교육(Family Life Education)에 대한 설명에서도 잘 나타난다. 미국가족학회(NCFR, 2020) 정의에 의하면, 가족생활 교육은 가족의 건강성을 기본으로 한 교육적이고 예방적인 접근으로 사람들에게 정보, 기술, 경험 혹은 자원을 제공하여 사람들의 가족 경험을 강화하고, 향상시키며 풍부하게 하려는 조직적인 노력을 의미한다.[1] 우리나라의 경우 평생의 개인 및 가족발달주기에 따른 예방적 가족생활 교육의 개념이 강조되고 있다. 예를 들어 가족에 대한 다양한 서비스를 제공하고 있는 건강가정지원센터에서는 가족생활 교육을 생애주기별로 가족의 형성과 확대 및 축소에 따라 예측 가능한 문제들을 미리 준비하고 그 단계에서 해야 할 과업들을 교육하는 것이라고 정의하고 있다.

또한 정현숙(2007)의 정의에 의하면, 가족생활 교육은 가족생활 교육(family

1) 미국가족학회에서 정한 가족생활 교육에는 가족과 개인을 위한 다음의 내용이 포함된다. : 가족 역동과 대화에 관한 지식, 가족과 사회 간의 상호관계, 전생애에 걸친 개인의 성장과 발달, 사회적·심리적 성, 일상에서의 돈과 시간 관리의 중요성, 부모 교육의 중요성과 가치, 정책과 규칙이 가족에게 주는 영향, 전문가적 행동의 윤리적 측면 그리고 예민한 개인적 문제에 대한 교육과 프로그램 계발의 확실한 이해

♥ 가족교육이란 무엇인가?

사람은 태어나서 죽을 때까지 가정 안에서 생활하며 가족들과 관계를 맺어갑니다. 그러나 그 누구도 정답을 모르죠. 학교에서도 국어, 수학, 영어는 가르쳐 주는데, 가족생활 잘 하는 법을 가르쳐 주는 곳은 없습니다. 결혼해서 좋은 가정을 꾸리기 위해서는 어떻게 해야 하는 건지, 임신을 하고 보니 좋은 부모가 되려면 어떻게 해야 하는지 막막하시죠? 건강가정지원센터에서는 이렇듯 가족이 생활하면서도 필요로 하는 것들을 배우고자 할 때 도움을 드릴 가족교육 사업을 진행하고 있습니다.

특히 생애주기별로 가족의 형성과 확대 · 축소에 따라 예측 가능한 문제들을 미리 준비하고, 그 단계에서 해내야 할 과업들에 대한 교육이 각 단계별로 제공되고 있습니다.

출처 : 건강가정지원센터.

life education)과 가족 향상(family enrichment)을 포괄하는 광의적 개념으로 아동기에서 노인기에 이르기까지 개인과 가족의 전반적인 삶의 질을 높이고 가족 및 사회에서 나타나는 다양한 문제해결을 돕기 위해 이들의 잠재력을 계발하고 강화시키는 평생 교육을 의미한다.

몇몇 연구자들은 이러한 생애주기에 따른 평생 교육의 개념에 갑작스러운 위기 상황에 대처할 수 있는 능력을 기르는 예방 교육의 개념을 더하여 가족생활 교육을 정의하였다. 옥선화(1997)는 가족생활 교육을 개인과 가족 삶의 질 향상을 위하여 출생, 성장 과정을 포함하는 개인 발달 단계와 가족생활주기 각 단계에서 발견되는 발달적 특성에 따른 문제와 위기 상황에 대한 문제 해결력 및 대처 능력을 향상시키기 위하여 개인 또는 집단별로 교육하는 것이라고 정의했다. 또한 이영자(2011)는 가족생활 교육을 개인과 가족의 생활을 증진시키고 문제를 해결, 예방할 수 있는 잠재력을 키울 수 있도록 고안된 의도적이고 평생적인 활동으로 정의하고 두 가지 측면의 가족생활 교육을 제안하였다. 즉, 규범적, 비규범적 가족 발달 및 문제를 해결할 힘을 기르는 예방수단 차원의 가족생활 교육과 가족생활 변화를 위한 의도적인 교육 개입이 그것이다.

3) 가족생활 교육의 필요성

현대 사회에서 예방적, 의도적 접근으로서의 가족생활 교육의 필요성이 대두되는 이유는 사회적 맥락 내에서 빠른 가족의 변화에서 찾아볼 수 있다. 현대 사회에서 가족은 지금까지 그 어떤 시기보다 빠르게 변화하고 있으며 가족 성원들은 변화하는 가족 기능, 구조 및 역할에 적응하는 데 어려움을 겪고 있다. 특히 빠른 가치관의 변화로 전통적 가치관이 약화되었으며 가족 내에서 이루어졌던 자연스러운 사회화 및 가치관의 습득이 어려워졌다. 이에 전문가들의 도움으로 새로운 가족의 가치관을 확립할 필요성이 대두되고 있다(배선희, 2011).

전통적 가치관의 약화 및 사회 경제적 변화와 더불어 가족 내 전통적 역할 또한 변화하고 있다. 남성과 여성의 공간을 가족 내와 가족 외로 나누던 전통적 가치관의 약화로 가족 성원들은 맞벌이, 가사 및 육아 역할의 분담 등에 적응하고 있다. 특히 이러한 가치관의 변화로 육아 참여가 남성에게 매우 중요한 역할이 되어가고 있으며 이를 돕기 위한 교육 프로그램 또한 활발하게 시행되고 있다. 우리나라 가족이 경험하는 또 다른 변화로 가족 형태의 다양화를 들 수 있다. 과거 두 명의 부모와 미혼 자녀로 구성된 가족의 틀을 깨고 한부모가족, 부부 중심의 무자녀가족, 독거노인, 젊은 미혼 남녀 등으로 구성된 일인가족의 증가가 그것이다. 이러한 전통적 형태에서 벗어난 가족의 경우 가족 내의 역할 분배나 상호작용 방식 또한 변화가 있어야 하며, 이에 적절하게 반응할 수 있는 교육이 필요하다. 또한 새로운 형태의 가족을 지속시키는 데 따르는 스트레스에 대응할 수 있는 능력을 향상시키는 교육이 이루어져야 한다.

가족 형태의 다양화뿐 아니라 구성원의 다양화 또한 무시할 수 없는 변화라 하겠다. 그 대표적인 예로 한국 남성과 외국 이민자 여성으로 이루어진 다문화가족의 증가를 들 수 있다. 다문화가족의 경우 언어문제 등 눈에 보이는 어려움 외에도 우리나라 전통적인 가족 규범과는 다른 두 문화가 혼합된 새로운 가족문화를 형성해 가야 하는 숙제를 안고 있다. 이에 다문화지원센터 등의 기관을 통해 일반적인 가족 발달의 문제 외에도 그들이 가진 특수한 상황에 적응할 수 있는 힘을 기르도록 돕는 다양한 형태의 가족생활 교육이 제공되고 있다.

4) 가족생활 교육과 가족 상담

흔히 가족의 다양한 필요성을 충족시켜 주는 가족 개입을 시행할 때 가족생활 교육 외에도 가족 상담을 떠올리는 경우가 있으며, 이 두 가지 형태의 가족 개입을 혼합하여 사용하는 경우도 찾아볼 수 있다. 하지만 가족생활 교육과 가족 상담은 분명하게 차별화되는 가족 개입의 형태로 각 분야의 전문가는 각자 분야에서 상호 협력하여 가족 개입효과를 극대화시킬 수 있다.

각 분야 전문가들에게 보다 정확한 지침을 주기 위해 고안된 Doherty(1995)의 모델에 의하면, 개입 방법으로서의 가족생활 교육과 가족 상담은 질적으로 다르지 않으며 하나의 연속선상에 있다. 그는 가족 개입을 5단계로 나누고 2단계부터 3단계 혹은 4단계까지를 가족생활 교육으로, 4단계부터 5단계를 치료 단계로 설명하였다. 1단계는 가족에게 최소한의 집중을 하는 단계(minimal emphasis on families)로 각 가족 혹은 가족 성원보다는 기관을 중심으로 프로그램이 계발된다. 따라서 가족 개입이 본격적으로 시작되는 단계가 아니다. 2단계는 정보와 충고의 단계(information and advice)로 가족 및 개인 발달에 대한 정보나 육아 및 다양한 가족생활에 대한 충고를 전달하는 단계이다. 이러한 정보 및 충고의 공유는 세미나, 워크숍 등의 형태로 전달될 수 있다. 3단계는 감정 공유와 지지의 단계(feeling and support)로 개인의 감정을 느끼고 지지해 주고 적절한 충고를 해 주는 단계이다. 가족생활 교육 전문가는 이 단계에서 개인의 이야기를 듣고 감정을 살펴주는 역할을 하지만, 개인적 정보나 감정을 너무 많이 공유하는 것은 바람직하지 못하며 치료가 필요한 정서적, 물리적 상태로 판단되는 경우 치료자와 연계를 시켜주는 역할을 해야 한다. 4단계는 단기 집중적 개입 단계(brief-focused intervention)로 3단계에서 보다 집중적인 개입이 필요하다고 판단되는 가족이나 개인을 대상으로 정확한 상황을 진단하고 앞으로의 개입을 계획하는 단계라고 할 수 있다. 5단계는 가족 상담(family theraphy)의 단계이다. 가족생활 교육 전문가는 이 단계에 개입하지 않지만 언제 5단계가 시작되는지에 대한 기본적인 지식을 가지고 있어야 한다.

최근 Myers-Walls와 그의 동료들(2011)은 Doherty의 위계적 가족 개입 모델(Level of family involvement model)의 한계를 지적하고 가족생활 교육과 가족상담을 개념화하는 새로운 모델을 제시하였다.[2] 우선, 가족생활 교육은 가족으로 하여금 지식과 기술을 습득하도록 돕는 교육적 개입인 반면, 가족 상담은 가족 기능과 관계를 회복하도록 돕는 형태의 개입이다. 가족생활 교육은 가족들의 현재 요구를 다루지만 가족 상담은 과거로부터 기인된 문제를 다룬다. 또한 가족생활 교육은 가족의 생활과 관련된 교육을 통해 가족의 요구를 충족시키는 반면, 가족 상담은 가족의 문제를 진단하고 특정 이론에 기초한 상담계획을 수립한다(표 11-1). 이들 분류에 의하면, 가족생활 교육은 가족 상담의 전단계가 아닌 건강가족을 이루기 위한 서로 다른 가족 개입 방법으로 차별화되는 접근 방법, 내용, 대상을 가진다는 것이다.

2) Myers-Walls와 그의 동료들의 모델은 가족생활 교육(family life education)과 가족 상담(family therapy), 그리고 가족 사례관리(family case management)의 세 가지 형태를 구분하고 개념화하였다. 본 장에서는 그들의 모델 중 우리나라에서 흔히 사용되는 개념인 가족생활 교육과 가족 상담만을 설명하고자 한다.

표 11-1 가족생활 교육과 가족 상담 비교*

	가족생활 교육	가족 상담
가족 개입의 목적	가족이 이상적인 수준에서 기능할 수 있도록 하는 능력을 기르는 데 필요한 지식과 기술 함양	안정적이고 장기적이며 정서적으로 넉넉한 가족관계를 이루기 위한 관계적, 정신적, 정서적 문제 개선
가족 개입의 기초가 되는 내용	학습, 교수법 및 성인 교수법, 교육 철학, 방법론에 관련된 가족 및 생애 이론 및 연구	상담 관련 철학과 방법론을 포함한 가족 및 가족 관계 이론 및 연구
가족 개입의 시기	현재와 미래의 가족 기능을 준비하고 개선하도록 현재 가족의 요구와 도전을 다룸	현재와 미래의 가족 기능을 개선하기 위하여 과거에서 그 발생 이유와 패턴을 찾을 수 있는 과거와 현재의 가족문제를 다룸
가족 개입의 대상	교육적 환경에 참여할 수 있고 하기를 원하며 학습에 전념할 수 있는 개인 및 가족 누구나	기능적 어려움을 진단 받고 치료적 환경에 참여하기를 원하는 개인, 부부 및 가족
사용되는 기술과 방법	• 가족과 관련된 요구의 측정 • 가족의 요구와 능력에 기반한 목표 설정 • 어떤 세팅에서도 실행 가능 • 지식, 태도 및 기술의 학습 • 학습과정 중 개인 및 가족들은 서로(개인적 혹은 집단적으로) 적극적 관계 형성	• 가족문제의 진단 • 특정 이론 및 철학에 기반한 치료 계획 수립 • 개인적인 세팅에서 실행 • 한 번에 한 가족과만 치료적 관계 수립 • 가족들이 영향을 미치지만 다른 가족과의 교류는 없거나 매우 제한적임

*본 비교는 Myers-Walls, Ballard, Darling & Myers-Bowman(2011)의 연구에 제시된 내용을 재구성한 것임

2. 가족생활 교육의 실천

1) 가족생활 교육 전문가

가족생활 교육 전문가는 가족문제를 예방하고 해결하기 위한 전문적인 정보와 지식을 바탕으로 가족의 요구를 파악하고 필요한 교육을 제공하는 일을 수행하며 위기에 처한 가정을 돕기 위한 다양한 활동을 실시하고 건강가족 유지를 위한 프로그램을 계발하는 일을 한다. 또한 전반적인 가족문화 개선을 위해 다양한 가족생활 교육 프로그램을 홍보하고 보급하는 역할을 담당하기도 한다. 미국의 가족생활 교육 전문가 자격증인 CFLE(Certification for Family Life Educator)를 관리하는 기관인 미국가족학회(NCFR)에서는 가족생활 전문가의 역할을 실천, 관리, 홍보의 세 가지로 구분하였다. 첫 번째로 실천영역에는 강의와 교육, 프로그램 및 교과과정 계발이 포함되며 관리의 영역에는 프로그램의 통솔과 경영, 구조화 및 조정이 해당된다. 마지막으로 홍보에는 공공정책 홍보 및 진정(陳情), 시스템 변화와 인지를 위한 활동이 포함된다(NCFR, 2011).

이렇듯 가족생활 교육 전문가는 가족이라는 매우 사적인 영역에 접근하고 개인 및 가족의 문제에 개입할 뿐 아니라 사회문화 전반에 걸쳐 정책 및 프로그램을 홍보하는 등 다양한 영역에 걸쳐 활동해야 한다. 정현숙(2007)은 이러한 가족생활 전문가가 지녀야 할 일반적인 자격 요건으로 인간관계와 사회 변화 전반에 관한 지식, 행동 변화를 위한 기술의 습득, 인간에 대한 이해 능력 그리고 다양한 문화를 인지하고 받아들이는 다중문화 능력이 필요하다고 설명하였다. 또한 다른 교육 전문가들에 비해 분명한 가치관 정립과 철학이 중요하다고 강조하였다.

표 11-2 나의 가족생활 교육사 능력 정도

다음 각각에 대해 자신의 가족생활 교육사로서의 능력 정도를 표시해 봅시다.		많은 노력 요구됨	어느 정도 노력 요구됨	평균적인	평균 이상	능력 충분함
일반적인 지적 수준	정보를 모으고 읽고 이해하는 능력과 그것을 어떤 주제와 집단의 요구에 맞게 연결시키는 능력	1	2	3	4	5
자아 인식	자신의 의견, 태도, 문화적 가치를 다른 사람들의 의견이나 태도, 가치를 사칭하지 않고 인식하고 표현할 수 있는 능력	1	2	3	4	5
정서적 안정감	적절한 방법과 시간에 정서를 표현하는 능력, 위기나 저항의 순간 안정을 유지하고 타인의 언어, 신체적 공격을 참는 능력	1	2	3	4	5
성숙	자신의 실수와 약점을 인정하고 타인을 비난하지 않을 능력, 과거의 슬픔을 극복하고 개인 가치와 잠재력을 볼 수 있는 능력	1	2	3	4	5
감정 이입	타인의 입장에서 볼 수 있는 능력, 타인의 느낌을 반영하기	1	2	3	4	5
효과적인 사회적 기술	타인과 즐기고 안정을 느낄 수 있는 능력	1	2	3	4	5
자신감	개인적 대화와 집단 앞에서 대화하고 확고하게 말하는 행동 능력. 모욕감을 주지 않고 개인 생각에 대한 도전을 받아들이는 상태	1	2	3	4	5
유연성	변화된 상황에 맞게 계획을 조정할 수 있는 능력, 변화가 필요한 시기를 인식하고 새로운 시도를 기꺼이 하는 태도	1	2	3	4	5
다양성에 대한 이해, 존중	타인의 가치, 태도, 생활스타일 차이를 인정하는 능력	1	2	3	4	5
언어 및 쓰는 의사소통 능력	정확하고 설득적이고 명확하게 말할 수 있는 능력	1	2	3	4	5

<table>
<tr><th colspan="2">다음 각각에 대해 자신의 가족생활 교육사로서의 능력 정도를 표시해 봅시다.</th><th>많은 노력 요구됨</th><th>어느 정도 노력 요구됨</th><th>평균적인</th><th>평균 이상</th><th>능력 충분함</th></tr>
<tr><td>모든 연령 및 집단과 1:1 상호작용할 수 있는 능력</td><td>다른 사람이나 집단을 비난하지 않고 대화할 수 있는 능력, 유머와 공유의 가치를 인식하기</td><td>1</td><td>2</td><td>3</td><td>4</td><td>5</td></tr>
</table>

출처 : 정현숙(2007).

미국과 마찬가지로 우리나라에서도 실제 가족 및 개인을 대상으로 가족생활 교육을 시행하기 위해서는 관련 자격증이 요구되는데, 주관기관에 따라 그 내용과 자격증 취득을 위하여 요구되는 과목, 그리고 자격증 취득 및 유지 과정에 약간씩 차이가 있다. 우리나라의 가족생활 교육 전문가 자격증은 크게 건강가정사, 가정복지사, 그리고 가족생활 교육사가 있다. 우선 건강가정사 자격증은 국가 자격증으로 '건강가정기본법'에 명시되어 있는 건강가정사업을 수행하기 위하여 대학 또는 이와 동등하거나 그 이상의 학교에서 사회복지학, 가정학, 여성학 등의 과목 12개(대학원의 경우 8개)를 이수한 졸업자에게 주어진다(건강가정기본법 제35조 제2, 3항).

가족생활 교육사 자격증은 2급, 1급, 전문가 자격증으로 구분되며 한국가족관계학회에서 부여한다. 2급 가족생활 교육사의 경우 일반적인 가족생활 교육을 수행하고 상위급 가족생활 교육사의 업무를 보조하는 역할을 한다. 가족생활 교육사 2급 자격증은 필수 과목을 이수하고 자격시험에 합격하거나 관련 학과에서 석사학위를 받은 자에게 부여된다. 1급 가족생활 교육사는 가족생활 교육 책임자가 될 수 있으며, 2급 가족생활 교육사의 훈련을 담당할 수 있다. 1급 가족생활 교육사 자격증은 2급 자격증을 소지하고 학회가 인정하는 기관에서 2년 이상의 실무 과정을 이수한 사람이나 2급 자격증과 석사학위를 소지하고 학회가 인정한 기관에서 1년 이상의 실무 경험을 가진 자, 혹은 2급 자격증과 박사학위를 소지한 사람에게 부여된다. 전문가 자격증 소지자는 모든 교육의 책임자가 될 수 있으며 프로그램을 개발, 평가하고, 2급 또는 1급 가족생활 교육사를 훈련하는 업무를 담당하게 된다. 전문가 자격 취득을 위해서는 1급 자격증을 소지하고 학회가 인정하는 기관에서 3년 이상 실무과정을 이수하거나 1급 자격증과 관련 석사학위를 소지하고 학회가 인정한 기관에서 2년 이상의 실무과정을 이수해야 한다. 또는 1급 자격을 소지하고 관련 박사학위 취득 후 학회가 인정하는 기관에서 1년 이상 실무과정을 이수한 사람에게 부여된다.

마지막으로 가정복지사 자격증은 대한가정학회에서 주관하고 배포하는 자격증으로 역시 자격 요건에 따라 2급, 1급 그리고 전문가 자격증으로 나뉜다. 가정복지사 2급은 생활과학 관련 학과 졸업생 중 학회에서 인정하는 교과목을 이수한 자에게 부여하며 1급은 교과목 이수 후 자격시험에 합격한 자에게 부여한다. 가정복지사 전문가 자격증은 1급 자격증 소지자 중 학회에서 인정하는 기관에서 2년 이상의 실무 경험을 가진 자에게 부여한다(대한가정학회, http://www.homewell.co.kr). 다른 자격증과는 다르게 가정복지사 자격증을 위해 이수해야 하는 교과목에는 아동, 가족 관련 분야뿐 아니라 의류학, 식품영양학 그리고 주거환경학 분야가 광범위하게 포함되어 있다.

비록 세 가지의 자격증들은 각자 취득 방법에 있어서 차이가 있지만 수료 과목〈표 11-3〉이나 자격증의 목적 및 취득 후 업무 등에서는 거의 차이를 보이지 않는다. 따라서 앞으로 여러 과정을 통합하여 보다 광범위한 영역을 포괄할 수 있는 가족생활 교육 자격증의 계발이 필요할 것이다.

표 11-3 가족생활 교육 전문가 자격증 이수 과목

자격증	구분	세부 과목
건강 가정사	핵심 과목 (대졸 5과목 이상, 대학원 졸 4과목 이상)	건강가정론, 가정정책론, 가족상담, 가정생활 교육, 가족복지론, 가족과 젠더, 가족과 문화, 건강가정 현장 실습, 여성과 사회, 비영리기관 운영관리
	기초 이론 (대졸 4과목 이상, 대학원 졸 2과목 이상)	가족학, 가족관계, 가족법, 아동학, 보육학, 아동복지론, 노년학, 노인복지론, 인간발달, 인간행동과 사회환경, 가족관리, 가계경제, 가사노동론, 여가 관리론, 주거학, 생애주기 영양학, 여성복지론, 여성주의 이론, 정신건강론, 장애인복지론, 가정생활복지론, 상담 이론, 자원봉사론, 사회복지론, 성과 사랑, 법 여성학, 여성과 문화, 일과 가족
	상담 교육 등 실제 (대졸 3과목 이상, 대학원 졸 2과목 이상)	생활설계 상담, 아동상담, 영양 상담 및 교육, 소비자 상담, 주거상담, 부모 교육, 부부 교육, 소비자 교육, 가정생활과 정보, 가계재무관리, 주택관리, 의생활관리, 지역사회 영양학, 프로그램 개발과 평가, 사회복지실천기술론, 지역사회복지론, 연구방법론, 부부상담, 집단상담, 사회복지실천론, 가족(정)과 지역사회, 여성과 교육, 여성과 리더십, 여성주의 상담, 위기개입론, 사례관리론
가족생활 교육사	가족학 및 가족관계 관련 과목 (2과목)	가족학, 한국가족론, 가족관계, 부부관계, 결혼과 가족, 가족발달, 건강가족론, 한국가족생활문화
	인간발달 및 인간의 성 관련 과목 (1과목)	인간발달, 아동발달, 청년발달, 중·노년기 발달, 노년학, 발달 이론, 부부의 성
	가족자원관리 및 가족복지 관련 과목 (1과목)	가정경영, 가족자원관리, 가정경제, 가족법, 가족복지, 가족정책, 가족 상담
	가족생활 교육 관련 과목 (1과목)	가족생활 교육, 가족생활 교육 프로그램, 부모 교육, 부부 교육

자격증	구분	세부 과목
가정 복지사	복지기초 (3과목)	가정생활복지론, 가족자원관리, 가족학, 소비자학, 아동학, 주거학, 의복학, 영양학
	복지심화 (2과목)	생활설계, 가사노동, 아동복지, 보육학, 한국가족론, 노인학, 가계재무설계, 소비자의사결정론, 실내 디자인론, 주택관리, 의복구성, 의류상품학, 의복과학, 생애주기영양학, 식품위생학, 영양교육
	복지응용 (2과목)	공공가정경영론, 아동상담, 가족상담, 소비자 교육, 주택상담, 피복관리, 복식의장, 식생활관리 및 실습, 식사요법
	방법론 (1과목)	가정학연구방법론, 통계학, 아동가족 조사법, 소비자 조사법, 소비자연구방법론, 기타 조사연구방법론 관련 과목, 컴퓨터 관련 과목, 전산 관련 과목

2) 가족생활 교육 프로그램의 계발, 실행 및 평가

최근 들어 다양한 발달 단계의 개인 및 가족들을 대상으로 하는 가족생활 교육 프로그램들이 계발되고 있다. 가족생활 교육 프로그램은 계발 주체에 따라 국가가 주도하는 국가 정책성 프로그램, 종교기관 및 교육기관 등에서 주도하는 사업적 성격의 프로그램 등으로 나눌 수 있다. 각 지역의 건강가정지원센터에서 실시하는 평생 교육 형태의 가족생활 교육 프로그램이 국가가 주도하는 프로그램의 대표적인 예가 될 수 있으며, 최근 종교 단체를 중심으로 널리 실시되는 아버지 교육 프로그램 및 결혼 준비 프로그램 등이 기관 중심의 프로그램에 해당된다고 하겠다. 또한 프로그램의 구성에 따라 일회성으로 제공되는 단일 프로그램, 한 주제를 여러 개의 내용으로 나누어 제공하는 연속적 단계 프로그램, 여러 가지 체계적인 활동을 통해서 한 개의 주제에 접근하는 통합적 프로그램, 그리고 고유의 목적과 목표가 있는 여러 영역의 활동 프로그램들을 모아 같은 구조 속에서 종합적으로 전개하는 프로그램으로 나누어 이해할 수 있다(최희진, 2011).

설정한 목표가 실현되는 프로그램을 계발하기 위해서는 프로그램 계획부터 평가에 이르는 구조적, 체계적인 과정에 대한 자세한 이해가 필요하다. 효과적인 프로그램 계발을 위한 기본적 원칙을 살펴보면, 우선 프로그램 수혜자의 욕구와 성격 및 프로그램의 실시를 위한 모든 제반 요소에 대한 파악이 선행되어야 프로그램 전반에 걸쳐서 개인 및 가족이 다양하게 참여하도록 유도해야 하며 대상의 전생애적인 발달을 고려하는 접근이 이루어져야 한다. 또한 참여자의 변화하는 요구를 수용할 수 있는 융통성을 지녀야 한다(유영주 · 오윤자, 1998).

한국청소년개발원(1994)의 모형에 의하면, 프로그램의 계발은 계획, 설계, 실행, 평가의 네 가지 단계가 계속적으로 상호작용하며 이루어진다.

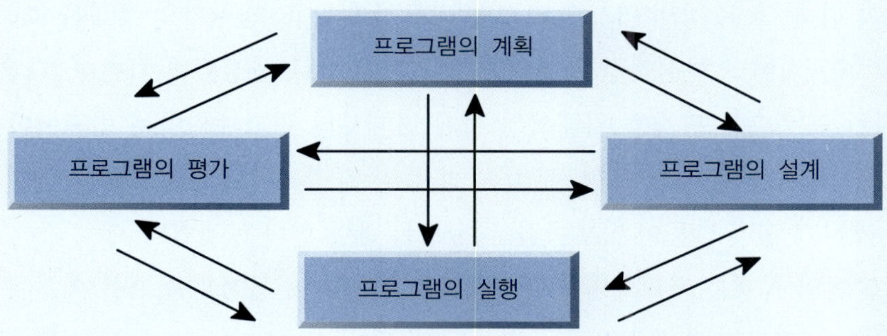

출처 : 한국청소년개발원(1994).

그림 11-1 프로그램 계발에 관한 한국청소년개발원 모델

첫 번째로 프로그램 계획 단계는 프로그램을 계발하는 첫 단계로 참여자의 요구를 분석하는 등 프로그램 실행을 위한 일련의 준비를 하는 과정을 말한다. 프로그램에 대한 참여자의 요구를 알기 위해서는 사전 조사와 분석이 진행되어야 한다. 요구의 분석을 위해서는 질문지, 관찰, 그리고 면접 등의 형식적인 방법과 일상에서의 대화, 여러 가지 기록 수집 등의 비형식 방법이 함께 사용된다.

다음으로 프로그램 설계 단계에는 요구도를 바탕으로 한 프로그램의 목적 및 목표 설정, 내용과 내용에 따른 교육 방법의 선정 그리고 프로그램 평가를 위한 기본계획 수립이 포함된다. 프로그램의 목적이란 전체적으로 프로그램을 통해서 이루고자 하는 최종적인 결과와 프로그램의 방향성을 의미하며 목표란 목적 달성을 위해 각 하위 단계마다 설정하는 보다 세부적인 성취점을 말한다. 목적과 목표 설정 후에 내용을 선정하고, 이에 따라 구체적인 교육 방법이 정해져야 한다. 교육내용은 참여자의 경험, 흥미, 능력과 수준, 지도 가능성, 지역성 등을 고려하여 결정되어야 한다. 교육 방법 역시 프로그램의 목적과 목표, 참여자의 특성을 고려하여 가장 효율적이고 현실적인 것이며 자발적인 것으로 선정되어야 한다. 다음으로 정확한 프로그램 평가를 위해서는 설계 단계부터 평가계획이 수립되어야 한다. 즉, 평가의 범위, 평가 모형, 분석 방법 등이 결정되어서 프로그램의 설계 및 시행 단계부터 평가 활동이 이루어질 수 있도록 해야 한다는 것이다.

프로그램의 실행은 프로그램을 실질적으로 제공하여 목적과 목표를 이루는 단계를 말한다. 프로그램 실행과정은 크게 준비 단계, 실시 단계, 그리고 정리 단계로 나눌 수 있다. 준비 단계는 프로그램을 실시하기 전에 세부사항을 준비하고 점검하여 원활한 진행을 할 수 있도록 하는 단계이다. 실시 단계는 실제 프로그램을 실천하는 단계로 크게 참여자와 교육자의 유대관계를 형성하고 참여자의 참여 동기를 유발하는 도입 단계, 참여자를 지지하고 참여자의 참여를 최대한 유도하는 전략을 바탕으로 각 단계별 순서를 수행하는 이론 및 실습 단계 그리고 교육 내용을 종합적으로 정리하는 종결 단계로 구성된다. 이 세 단계를 거쳐 프로그램이 종료된 후에는 개인 및 가족의 목적 달성 정도를 측정하고 프로그램의 나아갈 바를 나누는 정리 단계를 거친다.

마지막으로 프로그램 평가 단계는 프로그램의 전체적 효과 및 가치를 알아보는 단계이다. 이 단계에서는 참여자 면접을 통한 질적인 방법과 질문지를 통한 양적인 방법을 사용하여 프로그램이 어떻게 진행되었고, 어떻게 지각되었는지를 고찰하고 프로그램의 성과를 측정한다. 이때 프로그램의 평가는 프로그램 자체에 대한 평가, 프로그램 효과에 대한 평가, 그리고 교육자에 대한 평가를 포함하여야 한다(유영주 · 오윤자, 1998). 프로그램 자체에 대한 평가는 프로그램의 전체적 목적 및 단계별 목적, 그리고 내용에 대한 평가를 말하며 프로그램 효과에 대한 평가는 프로그램 종료 후 설정한 목적이 달성되었는지를 의미한다. 교육자에 대한 평가는 교육을 실시한 전문가가 내용을 적절하게 다루고 참여자에게 효과적으로 전달했는지에 대한 평가이다.

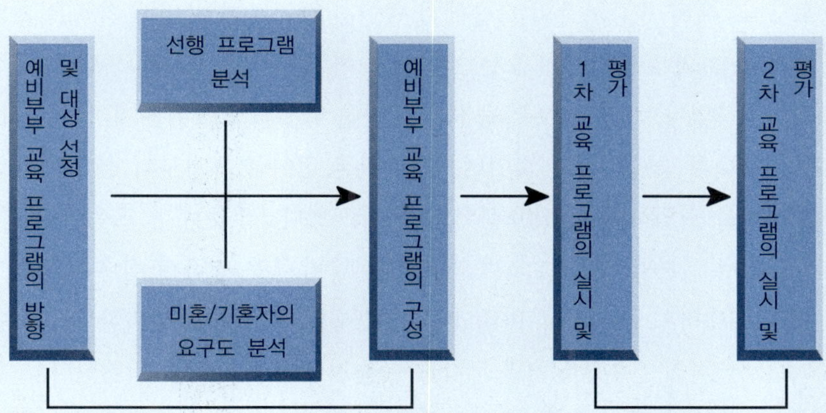

출처 : 고선주 외(2003).

그림 11-2 **프로그램 계발의 예 : 예비부부 교육 프로그램**

3. 가족생활 교육 프로그램

현재 우리나라에서 실시되고 있는 가족생활 프로그램은 크게 가족발달주기에 따라 새로운 변화를 준비하고 이에 따르는 스트레스를 최소화하기 위한 예방적, 전 생애적 평생 교육의 성격을 띤 프로그램과 일반적인 가족 틀에서 벗어난 다양한 형태의 가족 구성원들을 대상으로 그들이 상황에 적절히 대응하고 적응할 수 있도록 돕는 프로그램으로 나누어 볼 수 있다. 본 장의 마지막 부분에서는 이러한 두 가지 방향의 가족생활 교육 프로그램들을 간단히 소개하고자 한다.

1) 가족발달주기에 따른 프로그램

(1) 결혼 준비 교육

최근 몇 년에 걸쳐 우리나라 가족의 구성과 가치는 그 어떤 때보다도 급격한 변화를 보였다. 특히 전통가족의 모습에서 벗어난 핵가족화로 인해 가족은 지역 사회와 친척 등의 외부 맥락에서 오는 지원이 줄어든 채 부부 중심의 생활을 하는 모습으로 변화하였다. 이러한 부부 중심의 생활을 긍정적으로 유지시키기 위해서는 결혼관계 기술의 습득이 필수적이며, 특히 결혼 전이나 초기부터 결혼에 대한 올바른 가치관을 정립해야 할 필요성이 대두되고 있다. 결혼 준비 교육이란 결혼을 앞두고 있거나 결혼을 전제로 교재 중인 미혼 남녀 혹은 결혼한 직후 부부를 대상으로 결혼에 대하여 생각하고 미래에 직면할 발달적 과업을 준비하도록 하여 궁극적으로 성공적인 결혼생활을 도모하도록 돕는 교육적 개입을 의미한다.

우리나라의 결혼 준비 교육은 1990년대 말에 경제 위기가 가족의 위기와 해체로 이어지자 이를 해결하기 위한 일환으로 학계뿐 아니라 일반 시민 단체와 종교 단체를 중심으로 계발, 실행되기 시작하였다(박수선, 2011). 결혼 준비 교육의 효과는 여러 학자들에 의해서 증명되어왔는데, Stanley(2001)는 PREP(Prevention and Relationship Enhancement Program)를 수강한 사람들이 그렇지 않은 사람들에 비해 몇 년 후 이혼 및 가족 해체에 있어서 더 낮은 점수를 보이는 것을 발견했다. 우리나라의 경우 주로 프로그램 계발의 일환으로 결혼 준비 교육 프로그램의 효과검증이 이루어졌다. 예를 들어 고선주와 그의 동료들(2003)은 프로그램 계발 후 평가 단계에서 실시한 양적, 질적 연구를 바탕으로 결혼 준비 교육 프로그램에 참여한 사람들이 프로그램에 대하여 대체적으로 만족스러운 반응을 보이며 결혼에 대하여 보다 실제적이고 구체적인 생각을 갖게 된다고 설명하였다. 하지만 프로그램 평가 단계에서 실시되는 결혼 준비 교육 효과검증은 대부분 프로그램 실행 직후의 감정이나 생각을 측정하게 되어 결혼 준비 교육이 실제 결혼생활에서 경험되는 이혼이나 관계 갈등 등의 여러 가지 문제를 완화시키는 데 도움을 주는지를 예측할 수는 없다.

현재 종교기관 및 일반 시민기관에서 제공되는 결혼 준비 교육은 대부분 2~5회기에 나누어 실시되며 내용에는 공통적으로 결혼에 대한 이해, 자신에 대한 이해(신념, 가치관, 성격 등), 배우자에 대한 이해를 포함하는 근본적 신념과 자아에 관한 내용, 성생활에 대한 이해, 본인 및 배우자 원가족과의 관계 재정립 훈련 등의 결혼 후 관계에 대한 탐색, 그리고 의사소통 훈련, 갈등해결 전략 교육 · 훈련, 가사 역할 분담, 가족계획 수립, 재정관리 기술 교육 등의 결혼 후 일상생활에 대한 교육이 포함된다(고선주 외, 2003; 박수선, 2011; 유영주 외, 1998; 정현숙, 2007). 또한 결혼 준비 교육이 제공되는 기관의 특성에 따라 기독교적인 가정 만들기, 결혼에 관련된 법률 탐색 등의 내용이 포함되기도 한다.

(2) 부부 교육

결혼은 여전히 사회적, 개인적으로 중요한 의미를 지니지만, 결혼에 대한 인식은 매우 빠르게 변화하고 있다. 우리나라 20~30대 청년세대를 대상으로 한 인구보건복지협회의 2019년 향후 결혼 의향에 대한 조사에 따르면 결혼이 하고 싶지 않거나 할 의사가 없다는 응답이 47.3%(여성 57%, 남성 37.6%)에 달하는 것으로 나타나 결혼이 더 이상 보편적으로 받아들여지는 가치가 아닐 가능성이 강하게 제기 되었다(인구보건복지협회, 2019). 결혼을 부정적으로 생각하는 이유로는 부부관계의 양성 불평등, 결혼제도의 문제점 등이 지적되어 청년세대들이 바라보는 부부관계가 긍정적이지 않음을 알 수 있다.

실제로 1990년대 후반부터 사회 경제적 변화와 함께 우리나라 부부의 이혼율이 급증한 것은 더 이상 생소한 이야기가 아니며, 이러한 부부관계의 어려움을 보다 효율적으로 해결하는 데 도움을 주기 위한 부부 교육에 대한 필요성이 증가하고 있다. 부부 교육이란 실제적인 결혼생활에서 오는 부부 갈등을 비롯한 여러 가지 어려움을 감소시키고 건강한 부부가 되는 길을 모색하도록 돕는 교육을 말하며 신혼부터 노년기에 이르기까지 부부간의 수용과 소통을 통하여 효과적으로 갈등을 해결하고 동반자적인 관계를 수립하도록 하는 데 그 목적이 있다.

결혼 준비 교육과 마찬가지로 우리나라의 부부 교육은 1990년대 중후반 이후 이혼율 증가, 여성의 경제 활동 참여 증가 등의 변화와 함께 본격적으로 시작되었다. 초기의 부부 교육은 대부분 교회를 중심으로 한 종교기관의 주도로 이루어졌으며, 최근 들어 건강가정지원센터를 비롯한 일반 시민 단체와 기관에서 다양한 부부 교육 프로그램이 마련되고 있다. 지금까지 계발되거나 실행된 부부 교육 프로그램의 경우 장기적 효과를 검증할 수 있는 연구는 찾아보기 어려운 실정이다. 하지만 프로그램을 실행한 후에 얼마간의 시간을 두고 실시된 평가에 의하면, 부부 교육 프로그램을 들은 경우 의사소통 능력이나 배우자에 대한 존중과 배려, 자기표현, 결혼 만족도, 성에 대한 태도 등 결혼생활 전반에서 긍정적인 효과가 보고되었다(김양호 외, 2001; 최규련, 1997, 2009)

현재 시행되고 있는 대부분의 부부 교육 프로그램에서는 공통적으로 자존감 및 자율성 등을 다루는 자신에 대한 이해와 배우자 알기, 부부관계, 성, 사랑 등의 내용이 포함된 결혼의 본질에 대한 교육이 실시되고 있다. 또한 가정 내에서의 평등한 역할 형성, 의사소통 및 갈등해결 교육 등의 부부관계 향상을 위한 훈련이 진행되며 여가 활동, 친지 및 친구 관계 정립 등의 사회관계망 관리나 이혼과 재혼에 대한 법률 및 재정관리 등의 정보를 다루는 실제적 교육이 이루어지기도 한다(곽소현, 2011; 정현숙, 2007; 최규련, 1997; 최혜경 외, 1998). 이러한 내용의 부부 교육을 실시함에 있어서, 특히 정현숙(2007)과 곽소현(2011)은 가족 발달 단계에 따른 차별적 교육을 강조하였다. 다시 말해 부부 교육을 신혼기 부부 교육, 중년기 부부 교육, 그리고 노년기 부부 교육으로 나누어 시행함으로써 각 발달 단계에 따른 특성을 보다 효과적으로 반영하도록 해야 한다는 것이다. 이 경우 신혼기 부부 교육 프로그램에는 가족의 형성 및 새로운 가족에의 적응에 관한 내용이 보다 강조되어야 하며 중년기 부부 교육의 경우 동반자적 관계 형성, 은퇴 등의 변화에 대한 대처 등의 내용이 보다 비중을 차지해야 한다. 그리고 노년기 부부 교육의 경우 생물학적 노화에 따른 부부관계 정립, 은퇴 후 적응, 여가 활동, 죽음에 대한 준비 내용이 추가되어야 할 것이다.

(3) 부모 교육

근대화, 서구화 등의 사회 문화적 변화와 더불어 아버지와 어머니가 사회 및 가정에서 감당해야 하는 역할 기대에는 상당한 변화가 나타났지만, 실제로 부모가 보이는 행동은 이러한 기대를 따라가지 못하는 경우가 많다. 부모가 새로운 역할 기대에 적응하지 못할 경우 가족 내에 갈등을 초래할 수 있으며, 이는 자녀들에게도 부정적 영향을 미치게 된다. 부모 교육은 어머니와 아버지로 하여금 변화하는 사회 속에서 자녀를 이해하고 효과적으로 양육하도록 하는 지식, 능력 및 태도를 익히도록 돕는 것을 목적으로 한다.

우리나라의 부모 교육은 1980년대에 외국에서 계발된 부모 효율성 훈련(Parental Effectiveness Training: PET), 체계적 부모 효율성 훈련(Systemic Training Effective Paranting: STEP) 등이 소개되면서 시작되었고(정현숙, 2007),

다른 교육 프로그램들과 마찬가지로 교회 및 종교기관을 중심으로 발전되어 왔다. 특히 사회 문화적 맥락에 따라 더욱 민감하게 변화하는 아버지 역할에 대한 접근이 활발하게 이루어져 왔으며, 최근에는 경기도 등 지자체를 중심으로 한 아버지 교육 프로그램이 활발하게 시행되고 있다.

그림 11-3 경기도의 라떼파파 프로그램

부모 교육 프로그램을 다룬 연구들은 부모 교육을 받은 부모들이 자녀와의 관계, 역할 만족도, 양육 능력 및 지식 전반에 걸쳐 긍정적인 효과를 경험했다고 보고하고 있다(양옥경 외, 2006; 윤혜미, 2000; 임정아 · 유은광, 2002). 하지만 지금까지 효과검증을 위해 사용된 연구들은 대부분 영유아기 자녀를 둔 부모를 대상으로 하고 있으며 전 생애적 부모 교육의 효과에 대한 검증은 아직까지 이루어지지 않고 있다.

부모 역할 및 부모–자녀 관계는 단지 영유아기에만 국한된 것이 아닌 전 생애적으로 이해되어야 하는 것으로 부모 교육 역시 다양한 가족 발달 단계의 부모들을 대상으로 시행해야 한다. 부모 교육 프로그램의 내용 역시 부모가 속해 있는 가족 발달 단계에 따라 다양해지는데(정현숙, 2007), 현재 여러 회기에 걸친 수업의 형태로 혹은 온라인으로 제공되는 대부분의 부모 교육의 경우 모든 연령대의 부모를 대상으로 같은 내용의 교육을 제공하고 있는 실정이다. 따라서 앞으로 부모의 연령 및 가족 발달 단계를 고려하여 각 단계별로 필요한 내용을 제공하는 보다 효율적인 프로그램의 계발과 실행이 요구된다.

각 가족 발달 단계에 따라 다뤄지는 부모 교육의 내용을 살펴보면 다음과 같다. 우선 영유아기 자녀를 둔 부모 및 예비부모 대상 프로그램의 내용에는 태교, 아동 발달 단계와 욕구의 이해, 자녀 양육 및 훈육 태도 훈련, 안전에 대한 지식 습득 등이 포함된다. 학령기, 청소년기 자녀를 둔 부모 교육 프로그램의 경우 자녀와의 의사소통이 중요하게 다뤄지며 가족 내 갈등해결 훈련 등이 포함된다. 또한 성인기 자녀를 둔 부모의 경우 자녀의 독립 및 결혼에 대한 적응, 성인 자녀와의 소통, 조부모 역할 적응 등의 내용이 다루어진다. 이외에 공통적으로 자신의 원가족(부모) 이해하기, 배우자와의 협력 등의 내용이 다뤄지고 있으며 부모 교육을 제공하는 기관의 특성에 따라 성경적 부모 되기 등의 특수한 내용이 포함되기도 한다.

(4) 중 · 노년기 가족 교육

평균 수명의 연장, 의료 기술의 발전으로 인해 중년기와 노년기는 점차 장기화되고 있다. 하지만 자녀 독립의 연장, 직장에서의 빠른 은퇴, 노화에 대한 준비 부재 등으로 인해 중년기, 노년기 가족들은 여러 가지 위기에 봉착해 있다. 이러한 이유로 현대 사회에서는 보다 성공적인 중년기와 노년기 가족생활을 위한 교육적 중재가 더욱 필요하게 되었다.

우선 중년기의 경우 자녀의 성장을 경험하는 시기인 동시에 본인 부모님의 노화에 대처해야 하는 시기이다. 또한 본인의 노후생활을 위한 준비를 시작해야 하는 시기이므로 여러 가지 분야에서의 개입이 필요하다. 중년기 주부를 대상으로 가족생활 요구도를 조사한 김명자와 송말희(1998)의 연구에서는 중년기 교육의 내용으로 주부 자신에 대한 이해, 부부관계에 대한 이해, 자녀와의 관계, 노부모와의 관계를 포괄적으로 다루어야 한다고 설명하였다. 이러한 관계적 측면 외에도 건강가정지원센터의 중년기 교육은 경제 상태 이해 및 현명한 소비생활에 대한 교육 등 현실적인 문제에 대응하는 방법에 대한 교육이 보다 비중 있게 다루어지고 있다.

발달 단계상 노년기는 신체적, 생리적 기능의 감퇴, 자녀의 결혼과 손자녀 출생, 은퇴로 인한 수입 감소 등을 경험하며 생활에 전반적인 영역을 재조정해야 하는 시기이다. 이 시기의 가족생활 교육은 노인들로 하여금 새로운 지식을 습득하여 현대 사회에 적응할 수 있는 능력을 키우고 고독과 소외감을 없애주는 등 노후를 보람 있게 보내도록 하는 데 그 주된 목적이 있다(이선미, 2003). 이러한 목적과 관련하여 현재 계발된 노년기 가족생활 프로그램은 재정관리, 주택관리, 건강관리 등의 실제적 지식 전달 교육, 용서와 화해, 죽음의 준비, 건강한 여가 등 정서적 안정을 위한 교육, 그리고 노년기 배우자관계, 성인 자녀와의 관계, 그리고 손자녀와의 관계 등을 다루는 가족관계 교육 등을 포함하고 있다.

표 11-4 가족생활 교육 제공기관과 실행 프로그램의 예

	사이트	가족생활 교육 프로그램
건강가정지원센터	http://www.familynet.or.kr	예비부부 및 신혼기 가족 교육 아동/청소년기 가족교육 중년기 가족 교육 노년기 가족 교육 아버지 교육

	사이트	가족생활 교육 프로그램
한국가정법률 상담소	http://www.lawhome.or.kr	부부관계 향상을 위한 공개 강좌 이혼, 현실과 미래 더 생각해 보기 결혼과 법, 그리고 소통의 기술 부부관계 대화법 심화워크숍 한부모가정을 위한 법 교육 및 부모 역할 교육 재혼가정을 위한 법률 및 갈등해결 교육
한국가족 상담 교육연구소	http://www.consult.or.kr	예비부부 교육 프로그램 맞벌이가족 교육 프로그램 부부관계 교육 프로그램 아버지 됨 향상을 위한 교육 적극적 부모 역할 훈련 청소년 자녀의 부모 교육 프로그램 중년, 그 새로운 시작 은퇴 후 우리 부부 행복지수 높이기 품위 있는 노후를 위한 교육 당당한 나, 행복한 우리 가족 (한부모가족 지원 교육) 준비된 재혼, 또 다른 행복
두란노	http://www.father.or.kr http://www.mother.or.kr	아버지 학교 부부 학교 다문화가정 교육 청소년 감동/비전 캠프 어머니 학교 나오미로이스 학교(노년기 어머니 학교)
부부행복연구소	http://www.bubuhappy.kr	부부교육 부부성교육 아버지 / 어머니 교실 예비부부 교육 자녀교육

2) 다양한 가족을 위한 가족생활 교육

(1) 한부모가족 교육

한부모가족이란 이혼, 사별, 유기, 별거로 인하여 부모 중 한 명과 18세 미만의 자녀로 구성된 가족을 의미한다. 이혼율 증가 등으로 인하여 최근 우리나라에서 한부모가족의 수는 급격히 증가하고 있으며, 이들이 겪는 어려움 또한 사회적인 문제로 대두되고 있다. 한부모가족은 대부분 가정 소득의 하락을 경험하며 한부모가족의 어머니 혹은 아버지가 취업한 경우 자녀 양육과 취업을 혼자 병행해야 하는 어려움에 봉착하게 된다. 또한 친척이나 원가족과 멀어진 경우가 많고 사회적 편견과 마주하게 되어 심리적 어려움과 극심한 스트레스를 경험할 수도 있다.

따라서 한부모가족을 대상으로 하는 교육 프로그램에서는 한부모가족의 어머니 혹은 아버지에게 필요한 경제적, 법적인 문제에 대한 교육, 여러 가지 역할수행을 원활하게 하기 위한 역할 훈련, 자녀와의 원만한 관계 형성을 위한 교육, 자아존중감을 높이기 위한 지지적 교육, 그리고 심리적 · 정서적 스트레스를 완화시키기 위한 여러 가지 활동 등이 포함된다(김경신, 1997). 교육을 제공함에 있어서도 한부모가족의 특성을 고려하여 일회성 프로그램의 마련, 융통성 있는 시간의 활용, 자녀 돌봄 서비스의 제공, 다양한 방법의 교육 프로그램 마련 등의 대책을 간구해야 할 것이다.

(2) 재혼가족 프로그램

재혼이란 이혼이나 사별로 인해 혼인관계가 종료된 후 또 다른 혼인관계를 맺는 것을 의미한다. 지난 20여 년간 우리나라의 재혼가족 수는 꾸준히 증가하고 있으며, 그 유형 또한 매우 다양해지고 있다. 재혼가족의 경우 새로운 가족 및 전 가족과의 관계 형성 및 유지가 가장 큰 스트레스로 다가오게 되며 재혼가족을 대상으로 한 프로그램 역시 이러한 관계적 측면을 중요하게 다룰 필요가 있다. 실제로 정현숙과 그의 동료들(2000)이 계발한 재혼가족 교육 프로그램에서는 재혼 후 자녀와의 관계 및 부모 역할(계부모, 친부모) 교육, 재혼 후 출산, 의사결정 등 부모-자녀 관계가 주요 내용으로 다루어지고 있다.

(3) 다문화가족 프로그램

최근 농촌의 결혼이민자 여성과 그의 가족으로 구성된 다문화가족의 수가 급격하게 증가하고 있으며, 이들을 지원하고자 하는 노력도 꾸준히 지속되고 있다. 다문화가족 교육은 서로 다른 문화적 배경을 지닌 가족 성원들 간의 이해를 돕고 친밀감을 증진시키는 데 그 목적을 두고 있다(홍달아기 외, 2010). 이러한 목적을 달성하기 위하여 다문화가족을 대상으로 한 프로그램들은 이주여성뿐 아니라, 다문화가족의 아버지, 조부모, 그리고 자녀들 모두를 대상으로 하는 통합적인 접근을 해야 한다고 설명하고 있다. 실제로 현재까지 계발된 다문화가족 프로그램에는 가족 간 화합 교육, 다문화 자녀의 적응, 아버지의 역할 훈련 등 전반적 가족생활에 관한 내용들이 포괄적으로 다루어지고 있다.

Chapter 12

가족관계 개입

빠른 사회 변화로 우리나라의 가족 구성원들은 세대 간 태도와 생각의 차이 및 이에 따른 관계의 문제를 빈번하게 경험하고 있다. 가족 구성원들은 이러한 관계의 문제를 극복하고자 계속적인 노력을 기울이지만 방법 및 기술의 부재로 오히려 관계의 역기능을 증가시키는 결과를 낳기도 한다. 가족관계의 질은 가족생활 만족도 및 전반적인 삶의 질과도 밀접하게 연관되어 있다. 따라서 가족 내의 구성원이 긍정적인 관계를 지속하고 보다 효과적으로 가족 구성원 간의 태도와 생각의 차이를 다룰 수 있도록 돕는 전문적인 개입의 필요성이 증가하고 있다. 본 장에서는 앞 장에서 다룬 예방적, 교육적 개입이 아닌 보다 치료적인 가족 내 역기능적 관계 개입에 관하여 살펴보고자 하며 가족관계에 개입하는 대표적 방법으로서 다양한 가족 상담기법에 대하여 설명할 것이다.

1. 가족 상담의 이해

1) 개인 상담과 가족 상담

Chapter 11에서 설명한 바와 같이 가족 상담은 가족의 과거로부터 현재에 이르는 문제를 다룸으로써 가족 기능과 관계의 회복을 돕는 개입의 형태이다. 인간의 문제를 다루는 데 있어서 개인 상담과 가족 상담 모두 주요한 역할을 담당하지만, 문제에 대한 접근방식이나 기본 가정에 있어서 차이를 보인다. 우선, 정신분석학 등의 심리학적 이론에 바탕을 둔 개인 상담은 개인의 문제에 초점을 맞추고 개인 안에서 문제를 이기는 힘을 찾는 데 주력한다. 반면 가족 체계 이론에 기초한 가족 상담은 가족을 맥락과 상호작용하고 끊임없이 변화하는 체계로 파악하고 가족 문제를 가족의 상호작용 패턴에서 찾고자 한다(Becvar & Becvar, 2000). 가족 상담에 의하면, 개인이 보이는 문제 자체는 문제가 아니며, 이러한 문제가 나타나는 가족 맥락 자체가 문제가 된다는 것이다. 가족 상담에 의하면 가족관계에 대한 개인의 적응방식이나 인식이 바뀌더라도 개인이 속한 가족 체계가 그대로라면 결국 문제는 해결되지 않는다. 가족관계의 역기능을 해결하기 위하여 가족 상담 전문가는 개인의 특성에 집중하기보다는 가족 성원들이 서로를 대하는 방식, 의사소통 방식 등 특정한 가족이 가지고 있는 상호작용의 패턴을 발견하고 가족들이 인지하지 못하는 흐름을 찾고자 한다.

표 12-1 개인 상담과 가족 상담 기본 가정의 비교

	개인 상담	가족 상담
기본 질문	문제가 왜 발생했는가 (Why)	문제가 무엇인가 (What)
인과관계	선형적인 원인과 결과	순환적인 인과관계
기본 가정	주체와 객체의 이원적 접근 양분법적 결정론적/반작용적	전체적 접근 변증법적 선택론적/순향적
상담자의 입장	객관적, 상담자 효과 통제	주관적, 지각적
상담의 초점	규범 및 외적인 사실 과거에 일어난 일들에 초점	패턴 지금-여기에 초점
상담의 접근 방법	개인적 접근 단순화된 문제 이해(환원적) 결정론적	관계적 접근 맥락적 접근 상대적

출처 : Becvar & Becvar(2000).

Becvar와 Becvar(2000)는 가족 상담을 설명함에 있어서 가족 전체의 참여만을 대상으로 하는 것이 아님을 분명히 하였다. 즉, 가족 상담에 기초가 되는 체계 이론은 가족의 상호작용 패턴과 관계에 대한 이해를 돕는 것으로 가족 상담의 본질은 관계에 있으며, 이는 가족 전체를 대상으로 하지 않고 개인을 대상으로 하더라도 변하지 않는다는 것이다.

2) 가족 상담의 발전

19세기 말 프로이드가 정신분석 이론에서 아동기의 중요성과 부모-자녀 관계에 대하여 다룸으로써 가족 상담에 대한 필요성이 처음 대두되기 시작하였다. 초

기 가족 상담은 1950년대에 아동 상담의 일환으로 부모 면담을 하면서 시작되었으며, 1960년대에 들어서는 독립적인 상담의 영역으로 자리 잡기 시작하였다(정문자 외, 2011). 초기 가족 상담은 미국의 폴로알토그룹(Palo Alto Group)에 의해 주도되었는데, 폴로알토그룹은 정신분열증 환자를 연구하던 상담자들로 이루어진 모임으로 아동 및 청소년 문제의 연구를 위하여 상담의 폭을 가족으로 넓히기 시작하였다.

1970년대와 80년대 초기는 가족 상담 발전의 중기로 가족의 다양한 문제에 대한 가족 치료적 접근이 본격적으로 이루어졌으며, 많은 상담 모델들이 계발되었다. 활발한 임상 활동과 연구 활동이 이루어졌다. 가족을 역동적인 체계로 인식한 Don Jackson, 가족 상담에 가계도 사용을 활성화하고 가족의 삼각관계를 파악하고자 한 Bowen, 치료에 전략적 지시를 사용한 Haley, 치료에 창의적인 임상 기술을 적용한 Satir, 가족 구조에 초점을 맞추고 위계, 경계 등의 개념을 체계화 한 Minuchin이 이 시기에 활발하게 활동한 가족 상담가들이다(송성자, 2004; 정문자 외, 2011)

각 모델을 중심으로 개입이 이루어지던 가족 상담은 1980년대 후반에 들면서 그 양상이 변화하기 시작하였다. 포스트모더니즘의 영향으로 한 가지의 기법에 의존하지 않는 통합적이고 융통적인 상담기법이 사용되기 시작하였으며 가족들의 경험을 중심으로 구성되는 의미를 중심으로 상담의 목적이 설정되었다. 1980년대부터 현재에 이르는 시기를 가족 상담의 후기로 볼 수 있으며, 후기 발전된 가족 상담기법에는 해결 중심적 단기 가족 치료, 이야기 치료 등이 있다.

2. 가족 상담을 통한 가족관계 개입

1) 접수 상담 및 탐색

가족 상담의 시작은 내담자가 기관에 상담을 의뢰하면서 시작된다. 첫 상담의 의뢰는 내담자 혹은 관계자가 전화를 하거나 직접 기관에 방문을 하면서 이루어지며 가족 중 한 명에게 문제가 발생하여 이를 해결하고자 상담을 요청하는 경우가 많다. 접수 상담의 단계에서 전문가는 문제를 보이는 당사자뿐 아니라 보호자 및 다른 가족 성원들과의 면접을 통해 가족과의 신뢰적인 관계(라포)를 형성해야 한다. 다음으로 알코올, 가정 폭력, 이혼 등 개인 및 가족의 발달사를 알아보고 사회적 관계망 및 주변과의 관계를 파악해야 한다. 또한 가족의 강점과 약점 등을 파악함으로써 정확하게 가족의 문제를 진단해야 하며 가족에 대한 정보와 진단을 바탕으로 치료 목표와 계획을 설정하게 된다(정문자 외, 2011; 한미현 외, 2011).

2) 문제의 사정

문제를 사정하는 단계는 접수 상담과정에서 파악된 정보를 조직화하고 분석하는 단계로 단순한 개인 및 가족의 문제뿐 아니라 그 맥락을 파악하고자 한다. 사정 단계에서 상담자가 고려해야 하는 문제들은 살펴보면, 우선 가족이 가져온 문제에 대한 사정이 필요하다. 즉, 문제가 언제부터 나타났는지, 나타나는 것을 어떻게 알 수 있는지, 문제에 대하여 가족 성원들이 어떠한 반응을 보이는지, 그동안 문제를 해결하기 위하여 어떠한 것을 해 왔는지 등을 파악하는 것이다. 상담 의뢰 경로 및 과거 치료 경험을 파악하는 것 역시 문제 사정의 단계에 해당되는 사항이다. 즉, 내담자의 상담 의뢰의 자발성 여부, 누가 상담을 결정했는지를 파악하고 과거에 치료 경험 여부와 치료 형태 등을 파악하여 과거와 상반되는 치료 계획을 세우지 않도록 해야 한다.

다음으로 가족에 대한 사정이 필요하다. 가족에 대한 사정 단계에서는 가족생활주기에 대한 파악이 우선되어야 한다. 즉, 가족이 어떠한 발달 단계를 거치고 있는지를 이해하고 가족생활주기에 따른 문제와 도전 과제 등을 이해해야 한다. 이와 더불어 의사소통 방식, 가족 구조, 가족의 역할 등에서 나오는 가족의 상호작용 패턴에 대한 파악이 이루어져야 한다. 상호작용을 이해할 때는 가족의 사이버네틱스(cybernetics)를 이해할 필요가 있다. 사이버네틱스란 인공두뇌학에서 나온 개념으로 가족 성원 사이에 피드백을 받고 정보를 생성하며, 이를 기반으로 다시 피드백을 주는 일종의 상호작용의 고리를 의미한다.

♥ 사이버네틱스의 개념

사이버네틱스란 인공두뇌학에서 시작된 개념으로 가족 상담에서는 맥락과 관련된 인간 행동의 변화를 설명하기 위해 적용되었다. 사이버네틱스를 설명하기 위한 두 가지 핵심 개념으로 반복성(Recursiveness)과 피드백(feedback)을 들 수 있다(Keeny, 1986).

사이버네틱스 이론의 관점에 의하면 가족은 계속적인 영향을 주고받는 반복적 구조를 가지고 있다. 가족 상담은 문제의 원인(why)에 관심이 있는 것이 아니며 사람과 사건을 쌍방적인 상호작용과 영향의 맥락에서 파악하고자 한다.

피드백이란 체계를 안정 상태로 유지하거나 미리 설정한 목표를 달성하기 위해 개인의 행동에 대한 정보가 체계로 되돌아오는 순환적 과정을 의미한다. 피드백은 체계의 변화 여부에 따라 긍정적 피드백(positive feedback)과 부정적 피드백(negative feedback)으로 나뉜다. 긍정적 피드백과 부정적 피드백은 그 자체로 좋고 나쁨을 의미하는 것이 아니다. 피드백으로 인해 체계에 변화가 일어날 경우 긍정적 피드백으로 정의하며 피드백이 변화를 일으키지 않고 체계를 원래 상태로 복귀시키려 할 경우 부정적 피드백으로 정의한다.

예를 들어 사이버네틱스의 개념은 히터와 에어컨이 자동으로 작동하는 원리로 이해할 수 있는데, 실내의 온도가 올라가거나 떨어질 경우 (정보) 자동으로 에어컨이나 히터가 작동하고(positive feedback) 집안의 온도는 항상성을 유지하기 위해 일정한 상태로 되돌아가게 된다(change). 하지만 다시 실내 온도가 특정 기온보다 떨어지거나 올라가면 에어컨과 히터는 꺼지며 기온이 변화하지 못하도록 작용한다(negative feedback).

마지막으로 맥락에 대한 사정이 필요하다. 가족과 개인이 자라고 살고 있는 환경은 그들의 가족 구조, 부모의 자녀 양육방식, 성 역할, 의사소통 방식, 문제를 파악하는 방식 등 생활 전반에 걸쳐 영향을 미친다. 따라서 사정 단계에서 가족의 사회 문화적 맥락을 파악하고, 그에 따라 상담자의 태도나 문제에 대한 접근 등 치료 계획 및 목적을 달리 할 필요가 있다.

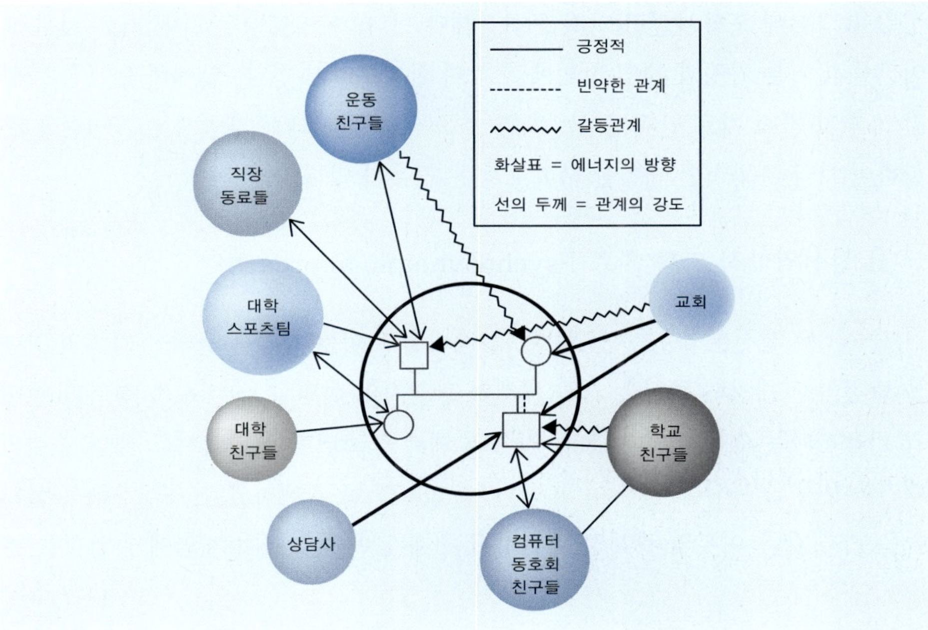

그림 12-1 사회적 지지 체계 그리기 예

문제의 정확한 사정을 위해서는 다양한 기법이 사용될 수 있다. 우선 내담자와의 심층적인 면접 및 가족 관찰법 등의 질적인 접근기법이 사용되며 가계도, 사회적 지지 체계에 관한 생태도 및 투사적 가족 그림 등의 도식이 활용되기도 한다. 양적인 검사도구 역시 사정 단계에서 흔히 사용되는데, MBTI, 애니어그램 등의 개인 심리 검사도구나 ENRICH 등의 가족관계 검사도구 그리고 PACI(Parent -Adolescent Communication Inventory) 등의 의사소통 측정도구가 그것이다.

3) 치료적 개입

가족관계에 치료적 개입을 실시하기 위해서는 초기 단계에서 얻어진 정보를 바탕으로 구체적인 개입 목표를 설정해야 한다. 또한 여러 가지 상담기법을 중심으로 개입 방법을 구체화하고 가족의 상호작용 패턴을 바탕으로 하여 어떤 가족 성원을 상담에 포함시킬 것인지를 결정해야 한다. 여기에서는 가족 치료 시 주요 이론들의 기본 가정과 개입 방법에 대하여 살펴보고자 한다. 앞에서 언급한 바와 같이 후기 가족 치료 단계에서는 흔히 가족 치료 이론에서 제공하는 기법들을 혼합하여 보다 효과적인 개입을 하고자 하는 경우가 많다.

(1) 정신역학적 가족 치료(Psychodynamic approach)

Bowen은 정신분열증을 연구하던 중 증상을 보이는 개인을 둘러싼 가족의 영향을 발견하고 개인의 증상은 가족 체계와 관련지어 설명할 때 비로소 정확한 이해가 가능하다는 점을 역설하였다. 가족의 체계를 고려함에 있어서도 개인 중심의 핵가족 위주의 관심을 원가족(family of origin)으로 확대하였다. 즉, 가족 구성원들은 현재 생존 여부와 관계없이 정서적 체계 안에서 살아서 개인에게 영향을 준다는 것으로 개인은 원가족을 포함한 가족 성원들과의 의존과 독립 사이의 힘겨루기를 통해 관계를 형성한다는 것이다. 개인이 다른 가족 성원에 대해 보이는 의존성과 독립성은 자기 분화(differentiation of self)를 통해 나타나는데, 자기 분화가 잘 된 사람은(solid self) 외부의 영향에 쉽게 흔들리지 않으며 유연한 사고를 할 수 있는 능력을 갖추게 된다는 것이다. Bowen은 자기 분화가 덜 된 사람(pseudo self)의 특징으로 삼각화(triangulation)를 들었는데, 삼각화란 두 가족 성원(주로 부부) 사이에 불화가 있을 경우 자신을 지지하는 다른 제3의 인물(주로 자녀)을 끌어들이는 정서적 융합을 의미한다. 이러한 삼각화를 통한 정서적 융합이나 단절은 세대 간에 나타난다. 즉, 부부관계의 불안은 세대를 거쳐 전달되어 자녀의 문제로 나타나며 자녀의 출생순위나 가족에서의 위치에 따라 영향을 받는 정도에 차이가 나타난다.

Bowen의 가족 치료의 궁극적 목적은 가족 성원 간의 적절한 분화를 통하여 개인이 미분화된 가족 자아의 집합체로부터 벗어나도록 돕는 데 있다. 치료과정에서는 가계도를 활용하여 세대 간 전수 및 가족 성원들 간의 관계 패턴을 파악한다. 또한 삼각관계를 수정하는 등의 다양한 방법으로 가족관계에 개입한다.

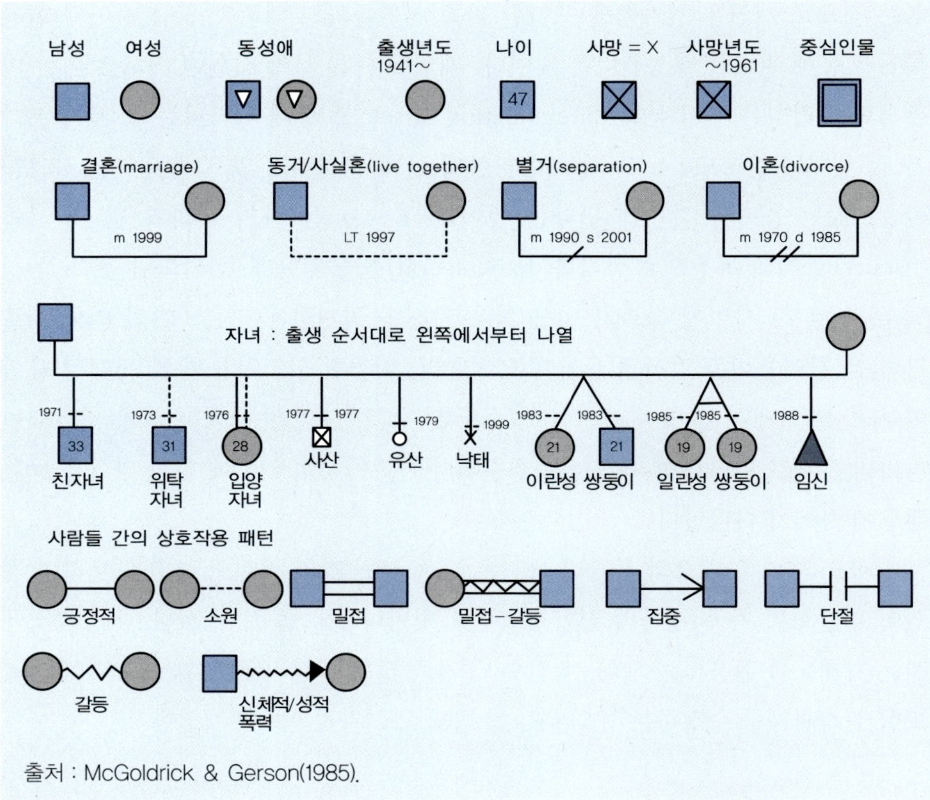

그림 12-2 가계도 구성 요소

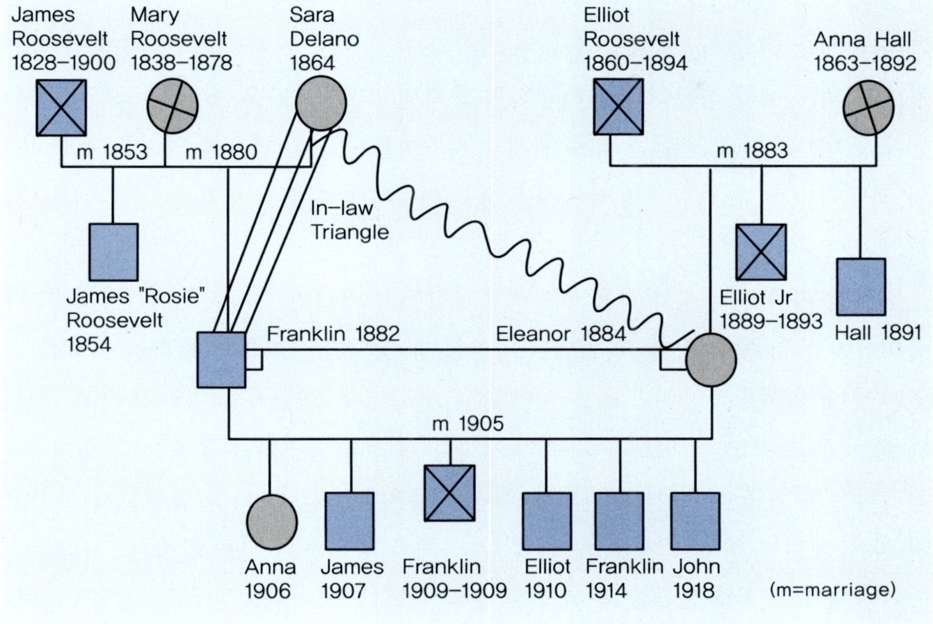

그림 12-3 Roosevelt 가족 가계도

(2) 전략적 가족 치료

전략적 가족 치료에 의하면 가족은 그들의 맥락과 틀 안에서 형성된 무언의 규칙을 가지고 있으며 가족관계에 문제가 생길 때 가족 성원들은 이러한 규칙에 기반을 두고 해결책을 찾으려 한다. 하지만 가족은 기본적으로 항상성과 평행성을 가진 체계로 현재의 상태를 유지하고자 하는 방향으로 움직인다. 즉, 기존의 개념적 틀 안에서 문제를 해결하고자 하는 행동들은 문제를 증가시키는 긍정적 피드백으로 작용하기 쉽다. 전략적 가족 치료에 의하면 가족관계에 있어서의 문제 자체는 문제가 아니며 문제를 다루는 가족 성원들의 방식이 문제가 된다.

전략적 가족 치료의 대표적 학자인 Haley는 가족관계에 있어서의 변화를 1차적 수준의 변화와 2차적 수준의 변화로 구분하였다. 1차적 변화란 하나의 체계 내에서 행동의 변화를 의미한다. 예를 들어 부부 체계나 부모-자녀 체계 각각에서 관계의 문제를 해결하고자 하는 행동의 변화가 그것이다. 이러한 1차적 수준의 변화가 관계의 문제를 성공적으로 해결하지 못하면 2차적 수준의 변화를 도모해야 하는데, 2차적 수준의 변화란 가족 체계를 지배하는 규칙의 변화를 의미한다. Haley는 적극적 조정과 전략기법의 사용을 통하여 2차적 수준의 변화를 이끌어내고자 하였다.

전략적 가족 치료에서 사용되는 치료기법에는 역설법, 시련기법, 가장기법, 가족의식 만들기 등이 있다. 역설법을 사용할 때 상담자는 가족의 변화가 지속될 것인가에 대해 회의적인 태도를 보이며 지금 하고 있는 행동들을 바꾸지 말고 더 세게 할 것을 요구한다. 역설은 가족의 저항을 유발하여 변화를 유도할 수 있다. 시련기법은 변화를 하지 않고 현재의 패턴을 유지하는 것이 더욱 힘들도록 고치고자 하는 패턴의 행동을 했을 때 더 힘든 과제를 부여하는 것을 말한다. 사람들은 놀이나 가장의 형태로 목표 행동을 할 경우 변화를 더 빠르게 받아들인다. 이렇듯 사람들로 하여금 문제가 해결된 상태를 가상으로 체험하게 하는 기법을 가장기법이라고 한다. 이외에도 가족의 위계나 경직된 체계를 반격하거나 과장하기 위한 규칙을 만들어 시행하도록 하는 가족의식 만들기 등의 기법이 사용되기도 한다.

(3) 구조적 가족 치료

구조란 가족이 상호작용하는 방식을 조직하는 보이지 않는 일련의 기능적인 요구들로 가족의 반복적인 행동방식으로 파악된다. Minuchin은 정상가족을 기능적인 구조를 가진 가족이라고 정의하였는데, 이는 가족의 하위 체계들(부부 하위 체계, 부모-자녀 하위 체계, 형제자매 하위 체계) 간에 그리고 가족 체계와 외부와의 명확하고 융통적인 경계선이 발달한 가족을 의미한다(Chapter 2. 가족학 이론 참조). 경계선이란 보이지는 않지만 개인들과 하위 체계들의 관계를 설명하는 개념으로 가족 성원들 간의 접촉 빈도와 종류를 결정한다. 분명한 경계선을 확립함으로써 하위 체계 간의 관계를 분명하게 정의 하고 가족 간의 효과적인 위계가 형성되도록 돕는 것이 구조적 가족 치료의 목적이다. 즉, 가족 기능적인 구조를 가지게 되면 가족이 보이는 여러 문제에 대한 자동적인 해결책을 찾을 수 있다는 것이다.

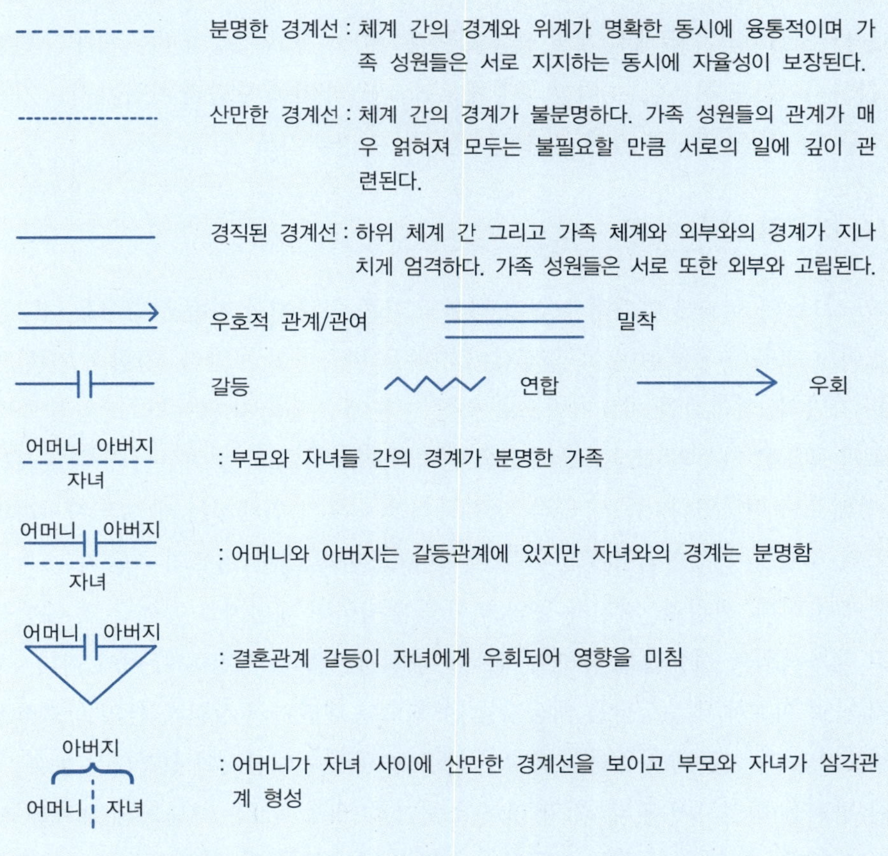

출처 : Becvar & Becvar(2000).

그림 12-4 Minuchin의 가족 구조 그리기

이러한 목적을 위하여 구조적 가족 치료의 상담자는 적극적으로 가족에 합류하여 리더의 위치에 서고 가족의 내재적인 구조를 확인하고 구조를 바꾸는 역할을 하게 된다. 우선 질문과 실연(enactment)을 통해 가족 간의 상호작용 흐름을 직접 보여준다. 예를 들어 가족 간에 묻고 답하는 방식을 파악하고 치료 중에 직접 생각을 말하고 대화를 나눠보도록 한다. 또한 상담 중에 상호작용 방식을 수정하여 직접 실연해 보도록 하며, 특정 상호작용을 부각시켜 조정하기도 한다. 체계 간 경계선을 뚜렷하게 하기 위해서 개별 상담을 병행하기도 하고 특정한 하위체계의 연합을 강화시키기도 하는데, 이러한 과정에서 Bowen의 가족 상담과 마찬가지로 가족 구조를 보여주는 지도를 함께 그려보는 전략을 사용하기도 한다.

(4) 경험적 가족 치료

Whitaker와 Satir에 의해서 발전된 경험적 가족 치료에서 가족은 경험을 나누는 장소이며 교육이나 훈련이 아닌 경험이 가족을 바꾼다고 보았다. 경험적 가족 치료는 자발적, 실리적인 치료기법으로 특정 이론에 기인하지 않는다. 경험적 가족 치료의 목적은 가족의 성장으로 개인의 성격과 가족이 조화를 이루는 상태를 기능적 상태로 정의하였다. 즉, 궁극적 치료 목적을 이루기 위해서는 개인의 자주성과 가족의 일체성이 조화되어야 한다는 것이다. 경험적 가족 치료의 치료자는 치료 상황에서 리더, 관찰자, 지지자 등의 역할을 담당하며 내담자로 하여금 옛 패턴을 깨고 재조직화와 재통합을 통하여 새로운 패턴을 찾도록 도움을 주어야 한다. 경험적 가족 치료에서는 상담을 내담자들 간에 또는 내담자와 상담자 간의 상호작용 과정으로 보기 때문에 상담자의 역할이 매우 중요하며 내담자와 상담자는 매우 긴밀한 관계를 형성하게 된다. 이와 더불어 경험적 가족 치료는 내담자의 내재된 힘을 강조한다. 즉, 개인의 행동은 긍정적 성장과 발전을 위한 것이며 가족 성원들은 긍정적 성장을 할 수 있는 자원을 가지고 있다는 것이다.

경험적 가족 치료 전문가들 중 특히 Satir는 기능적이며 건강한 가족을 위한 가족 성원들 간의 기능적 의사소통을 강조하였다. 상담자는 내담자의 역기능적 의사소통 유형을 찾아내어 재구조화하도록 돕는데, 이 과정에서 과거의 일이나 느낌이나 생각을 지금 여기(here-and-now)로 가져와서 직접 몸으로 표현해 보는 조각기법, 역할 연기 등을 통해 느껴보도록 한다. 이 과정에서 상담자는 문제 지적, 감정 다루기, 기능적 상호작용 패턴 알려주기 등의 방법으로 직접 문제에 개입하고 지지적 맥락을 구성하여 내담자가 문제해결을 위한 내적 힘을 발견하도록 돕는 역할을 한다.

표 12-2 Satir의 역기능적 의사소통 유형

의사소통 유형	특성
비난형	어떤 경우에도 반대 의견을 내고, 항상 상대방의 잘못을 찾아낸다. 상대방을 무시하고 통제하며 명령한다.
회유형	약하고 수동적이며 언제나 다른 사람의 의견에 동조한다. 자신의 생각이나 감정은 무시하며, 늘 사과하고 변명하는 등 필요 이상으로 착한 행동을 보인다.
산만형	정신적으로 혼란스럽고 산만하며, 늘 풀어져 있다. 자신이나 다른 사람과의 대화에 상관하지 않으며 말이 되지 않는 이야기를 한다.
초이성형	컴퓨터와 같은 정확함을 중시하며 겉보기에는 매우 논리적이며 지적이다. 자신과 타인의 감정을 무시하고 객관적인 상황과 규칙만을 중요시한다.

(5) 해결 중심적 단기 가족 치료

해결 중심적 단기가족 치료는 1970년대 말에 발전된 후기 가족 상담기법으로 매우 실용적이며 효과적이고 명료하여 실제적인 적용이 용이하다. 또한 상담이 매우 단기간(10회 이내)에 걸쳐 진행되므로 내담자들이 금전적인 부담 없이 상담에 참여할 수 있다는 현실적 특성을 지닌다. 전략적 가족 치료의 영향을 받은 이

기법은 문제에 중심을 두는 기존의 방식에서 벗어나 해결 방법에 초점을 맞추고 있으며 내담자에게 효과적이지 않은 것이 아닌 효과적이었던 방법에 초점을 맞추는 철저한 내담자 중심의 기법이라 할 수 있다. 다시 말해 이는 내담자에게 이미 문제를 해결할 수 있는 능력이 있음을 가정하는 것이다. 이 기법에서는 다른 상담 기법에서 중요하게 생각하는 원가족이나 문제의 영속 패턴 등에는 관심을 갖지 않는다. 가족 역동이나 패턴에 초점을 맞추지 않으므로 상담 진행 시 가족 모두의 참석을 요구하지 않고 가족문제에 관심이 있는 사람이 오기를 권한다.

해결 중심적 단기 가족 치료의 치료적 개입은 방문 및 사정 단계부터 시작되는데, 상담자는 내담자의 특성을 문제에 대하여 불평하며 해결하려는 의지를 보이는 고객형, 문제에 대해 불평하지만, 해결하려 하지 않는 불평형 그리고 문제에 대한 불평도 없고 치료도 원하지 않는 방문자형으로 나눈다. 첫 방문 단계에서부터 내담자가 문제해결에 매우 중요하다는 인식을 심어줌으로써 고객형으로 바꾸도록 동기를 부여하는 것이 치료의 시작이라는 것이다. 해결 중심적 단기 가족 치료에서는 추구하는 상담의 목적 또한 상대적인데, 상담자가 생각하는 정상가족의 개념을 내담자에게 강요하지 않으며 정상가족에 대한 절대적 기준을 내세우지 않는다. 즉, 치료 목적 및 목표를 내담자가 직접 설정하며 상담자는 내담자로 하여금 정확하고 구체적인 목표를 세우도록 척도 질문, 기적 질문 등을 사용한다. 기적 질문이란 '밤새 기적이 일어나서 모든 문제가 해결이 된다면 그것을 무엇으로 알 수 있습니까?' 라고 묻는 것으로 모호한 말을 구체적으로 표현하도록 하는 데 효과적이다. 척도 질문은 '현재 상황을 1부터 10로 봤을 때 어디에 해당되며 척도에서 숫자가 얼마 정도가 되면 만족하겠는가? 또한 그 숫자가 된 것을 어떻게 알 수 있는가?' 를 질문하는 것이다.

치료과정에서 역시 내담자가 이미 사용하는 방법을 위주로 문제해결에 효과가 있었던 해결 방법을 강화하고자 한다. 이때 사용되는 기법으로 문제 상황이 나타나지 않은 예외적인 상황을 묻고 예외적인 상황을 확장시키는 예외 질문기법, 어러운 상황을 겪으면서도 지금까지 어떻게 견뎌왔는지를 묻고 그 대처 능력을 인정해 주는 대처 질문기법 등이 있다. 또한 이러한 문제가 해결되는 상황을 일상생활에 적용하도록 하는 간단한 과제를 부여하기도 한다.

4) 평가 및 종결

치료적 가족관계 개입의 종결은 여러 가지 경우에 일어날 수 있다. 상담의 종결 시기는 몇 가지 판단기준에 의해서 결정되는데(한미현, 2011; Maholick & Turner, 1979), 가장 이상적인 형태는 설정된 목표가 달성됨에 따른 종결이라고 볼 수 있다. 즉, 가족관계가 개선되며 상호작용 패턴이 기능적으로 변하여 가족 구성원들이 갈등을 풀어갈 능력을 가지게 된 경우가 이에 해당된다. 이외에도 계약 기간 만료에 의해 강제적으로 종결하는 경우가 있으며 내담자나 상담자의 상황 변화로 조기에 종결하게 되는 경우가 있다.

상담이 종결될 때 상담자는 개인적 부적응, 가족 상호작용 등의 설정된 문제가 얼마나 개선되었는지를 평가하여야 하며 내담자로 하여금 종결을 준비할 수 있도록 도움을 주어야 한다. 종결을 준비함에 있어서 내담자가 갑작스러운 종결을 맞이하지 않도록 일정 시기부터 상담의 간격을 넓히고 종결 시기를 합의하는 등의 준비를 해야 한다. 이외에도 변화를 유지하기 위한 장기적 계획을 수립하고 격려할 필요가 있으며 실생활에서 예상되는 어려움과 이에 대한 대처 전략을 함께 고려하는 것이 좋다. 종결 후 몇 개월 내에 사후 평가 및 면접계획을 세우는 것도 부드러운 종결에 도움을 줄 수 있다.

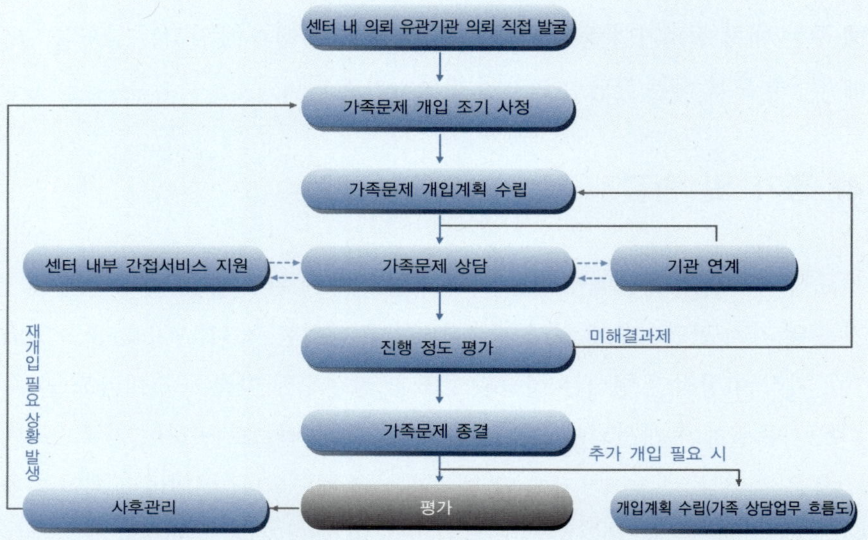

출처 : 건강가정지원센터.

그림 12-5 상담을 통한 가족관계 개입의 단계

참고문헌

강우란 · 배노조 · 정지영(2006). 경영의 새 화두: 일과 생활의 균형(WLB). CEO Information, 558, 1-21.

강은령(1989). 부부의 결혼적응에 관한 연구: 취업주부/비취업주부를 중심으로. 이화여자대학교 대학원 석사학위논문.

강주희(2005). 2005년도 전국 결혼 및 출산 동향조사. 저출산 고령사회 위원회, 보건복지부, 한국보건사회연구원 연구보고서.

강혜련 · 최서연(2001). 기혼여성 직장-가정 갈등의 예측변수와 결과변수에 관한 연구. 한국심리학회지, 6(1), 23-42.

고선주 · 이현아 · 이기영 · 최진아 · 유우영(2003). 가족 및 관리의 통합적 접근에 기반한 결혼준비교육 프로그램: 행복한 부부생활을 위한 결혼준비교육 프로그램. 대한가정학회지, 41(4), 47-61.

고용노동부(2018). 2018 시간선택제 일자리 안내서

고정자(1999). 오늘날의 결혼과 가족. 서울: 형설출판사.

고지영(2008). 생애단계별 부부갈등의 실태 및 원인분석. 한국여성정책연구원 제1회 여성가족패널 학술대회 논문집, 327-346.

공세권(1987). 한국가족구조의 변화. 한국인구보건연구원.

공정환. (2020) "결혼전 준비교육을 통한 이혼예방에 대한 기독교적 고찰." 백석대학교 기독교전문대학원 국내박사학위논문.

곽소현(2011). 부부 교육 프로그램. 한국가족 상담교육연구소 편, 가족생활교육(pp. 118-138). 경기: 교문사.

곽형식 · 백경숙 · 김민정 · 김혜금 · 김혜영 · 박희현(2008). 아동복지론. 경기도: 공동체.

국립특수교육원(2009). 특수교육학 용어사전. 서울: 하우.

국립국어원(2020). 표준국어대사전. https://stdict.korean.go.kr/search/searchView.do에서 인출, 2020.05.24.

권민균 · 문혁준 · 권희경 · 성미영 · 신유림 · 안선희 · 안효진 · 이경옥 · 천희영 · 한유미 · 한유진 · 황혜신(2012). 아동발달. 서울: 창지사.

권윤아 · 김득성(2008a). 부부간 역기능적 의사소통 행동 척도 개발: Gottman의 네 기수(騎手) 개념을 중심으로. 대한가정학회지, 46(6), 101-113.

______________(2008b). 부부싸움에서 사용하는 의사소통 행동이 결혼만족도에 미치는 영향: 부부를 분석단위로 하여. 대한가정학회지, 46(10), 83-96.

권정혜 · 최규만(2000). 부부 적응 프로그램의 개발과 그 효과에 관한 연구. 한국심리학회지: 임상, 19(2), 207-218.

권중돈(2010). 노인복지론. 서울: 학지사.

권중돈 · 조주연(2000). 노년기의 삶의 만족도에 영향을 미치는 요인. 한국노년학, 20(3), 61-76.

기획재정부(2010). 시사경제용어사전.

김갑숙 · 최외선(1992). 아내가 인지한 부부갈등에 관한 연구. 한국가정관리학회지, 10(2), 133-143.

김경미 · 김영희(2009). 부부의 성격특성과 갈등의 상호작용이 결혼만족도에 미치는 영향. 한국가족관계학회지, 14(3), 327-352.

김경신(1997). 편모가족에 대한 가족생활교육 실태분석 및 교육프로그램 개발. 대한가정학회지, 35(2), 187-199.

김광혁 · 김예성(2008). 빈곤이 아동학대 및 방임에 영향을 미치는 경로분석: 부모의 우울 및 부부관계, 양육 행동의 매개효과를 중심으로. 한국사회복지학회 2008년 춘계학술대회, 236-232.

김대빈(2006). 우리나라 고령자 고용활성화정책에 관한 연구. 상명대학교 대학원 박사학위논문.

김두헌(1969). 한국가족제도연구. 서울: 서울대학교 출판부.

김명자 · 송말희(1998). 중년기 주부의 가족관계향상을 위한 가족생활요구도 분석. 대한가정학회지, 36(3), 61-75.

김미숙 · 박해경 · 박상헌 · 홍석균 · 조병은 · 원영희(2000). 저소득 편부모 가족의 생활실태와 정책과제. 한국보건사회연구원 정책보고서.

김미혜 · 신경림(2005). 한국노인의 성공적 노후 척도 개발에 관한 연구. 한국노년학, 25(2), 35-53.

김민녀 · 채규만(2006). 가족생활주기에 따른 기혼자의 결혼만족도. 한국심리학회지, 11(4), 655-671.

김순기(2000). 성인자녀-부모관계의 결속과 갈등에 관한 이론적 고찰. 고황논집, 27, 65-76.

김승권(2000). 한국가족의 변화와 대응방안. 한국보건사회연구원 2000-07, 522-551.

김양호 · 배선희 · 송말희(2001). 중년남성 대상 가족생활교육 프로그램 개발 및 평가: 평등한 부부관계 정립을 목적으로. 한국가정관리학회지, 19(2), 1-12.

김양희(1991). 가족관계학. 서울: 수사학.

______(1991). 가족학 연구와 갈등 이론적 접근-가족학연구의 이론적 접근: 미시이론을 중심으로. 한국가족학연구회 편. 서울: 교문사.

김양희 · 이형실(1997). 결혼과 가족. 서울: 중앙대학교 출판부.

김영순(2006). 노년기 형제자매 관계의 특성이 성공적 노화에 미치는 영향 연구. 성신여자대학교 대학원 석사학위논문.

김영희 · 정선영(2007). 부부갈등과 결혼만족도: 갈등대처방식의 조절효과. 한국가정관리학회지, 25(5), 65-82.

김은숙(2009). 일과 생활의 조화(Work & Life Balance)를 위한 해외 정책: 녹색성장과 가족친화적 사회환경. 강원광장, 88, 96-103.

김익균(2008). 가족관계학. 서울: 교육과학사.

김익균 · 고승덕 · 이용환 · 이현기 · 장세철(2002). 노인복지론. 서울: 대학출판사.

김정운 · 이장주(2005). 여가와 삶의 질에 대한 비교문화 연구. 한국심리학회지, 19(2), 1-15.

김종관 · 이윤경(2009). 업무구조, 조직문화, WLB제도가 조직유효성에 미치는 영향: 일과 생활의 균형의 매개효과를 중심으로. 인적자원관리연구, 16(4), 57-77.

김진희 · 김경신(1998). 부부간의 의사소통 효율성과 스트레스 인지 수준. 대한가정학회지, 36(8), 63-76.

김태현 · 박주희(2005). 부부의 성 역할 태도에 따른 부부관계 향상. 한국가족관계학회지, 10(3), 79-106.

김태현 · 전길양 · 김양호(2002). 사회변화와 결혼. 서울: 성신여자대학교 출판부.

김태현 · 전길양 · 이영자 · 임선영(2004). 현대가족복지. 서울: 하우.

김태현 · 한희선(1996). 노년기의 부부관계. 성신여대 생활문화연구, 9, 15-27.

김태홍 · 고인아(2001). 가족친화적인 고용정책의 현황과 활성화 방안. 서울: 한국여성개발원.

김현옥(2006). 아동학대 예측모형 개발을 위한 생태체계적 변인연구. 부산대학교 대학원 박사학위논문.

김혜경(1987). 결혼 초기 부부의 갈등에 관한 연구. 이화여자대학교 대학원 석사학위논문.

김혜경 · 도미향 · 문혜숙 · 박충선 · 손홍숙 · 오정옥 · 홍달아기(2008). 가족복지론(2판). 경기: 공동체.

김혜금(2006). 아동의 위험감수 행동과 위험에 대한 인지와 두려움과의 관계. 방과후 아동 지도연구, 3(2), 1-16.

김혜선 · 김경신(2003). 맞벌이부부의 부모 역할갈등과 심리적 복지. 한국가정관리학회지, 21(4), 117-131.

김호식 · 정미녀 · 손경숙(2005). 고령화 사회의 노인문제에 대한 세대 간 해결방안. 한국정책과학학회보, 9(1), 73-93.

김홍은(1986). 부부의 자원과 부부 권력과의 관계 연구. 대한가정학회지, 24(4), 179-188.

김효순(2016). 재혼가족 관계향상을 위한 프로그램 효과: 청소년기 자녀를 둔 재혼자를 중심으로. 보건사회연구, 36(3), 239-269.

김희성 · 나용선 · 김충식 · 박경아 · 곽미영(2009). 건강가정론. 경기: 양서원.

김희진(1995). 자녀양육에 대한 한국과 미국 어머니들의 신념 비교 연구. 유아교육연구, 15(2), 5-22.

나무위키(2019). 주례 없는 결혼식. https://namu.wiki/w/%EC%A3%BC%EB%A1%80%20%EC%97%86%EB%8A%94%20%EA%B2%B0%ED%98%BC%EC%8B%9D.

남기민(2006). 고령화 사회와 노인복지. 경기: 양서원.

동아일보(2011. 05. 16). 중년 이혼율 27%, 4년 이하 신혼부부 첫 추월.

류점숙 · 조옥희(1995). 현대가족의 변화와 노인문제. 서강대논문집, 14, 227-244.

모선희 · 원영희 · 최희경(2009). 노년사회학. 서울: 학지사.

문아람(2007). 노년기 가족관계 특성이 노인생활만족도에 미치는 영향. 중앙대학교 대학원 석사학위논문.

문혁준 · 김진이 · 양성은 · 이은주 · 천희영 · 황옥경(2010). 가족복지. 서울: 창지사.

박미숙(2010). 노인이 인지하는 가족관계가 성공적 노화에 비치는 영향. 청주대학교 대학원 석사학위논문.

박선희(2005). 노인이 지각하는 가족관계가 자아존중감 및 삶의 만족도에 미치는 영향. 청주대학교 대학원 석사학위논문.

박성연 외(2007). 부모 자녀 관계: 부모교육의 이해. (Jerry J. Bigner 지음). 경기: 교문사.

박수선(2011). 결혼준비교육 프로그램. 한국가족 상담교육연구소 편, 가족생활교육(pp. 104-117). 경기: 교문사.

박옥임(1997). 농촌가정의 노부모-성인자녀 간의 결속도 및 노부모의 자아존중감에 관한 연구. 농업교육과 인적자원개발, 29(4), 51-71.

박정윤 · 장영은(2010). 유자녀 취업여성의 일-가정 균형에 영향을 주는 변인에 대한 연구. 한국여성정책연구원 제2회 여성가족패널 학술대회 논문집, 149-166.

박주희(2005). 가족과 일. 상담과 선교, 48, 98-115.

박혜경(1992). 여성의 경험을 통해본 결혼과 사랑의 관계에 관한 연구. 이화여자대학교 대학원 석사학위논문.

방현주 · 이기숙(2002). 부부관계향상 프로그램을 통한 결혼 초기 부부의 의사소통 능력 증진에 관한 연구. 대한가정학회지, 40(11), 39-54.

배선희(2011). 가족생활교육의 방향. 한국가족 상담교육연구소 편, 가족생활교육(pp. 3-19). 경기: 교문사.

배영기 · 손남숙(1997). 결혼문화와 예절. 서울: 학문사.

변화순(1997). 이혼가족을 위한 대책 연구. 한국여성개발원.

_____(2010). 제2차 경제위기 동안 가족 내 부부관계에 영향을 미치는 요인분석. 한국여성정책연구원 제2회 여성가족패널 학술대회 논문집, 203-231.

변화순 · 송다영 · 김영란(2000). 가족유형에 따른 생활실태와 복지요구에 관한 연구. 한국여성개발원 연구보고서.

변화순 · 황정임 · 조숙현 · 전지현(2005). 건강가정기본법 개정안 마련을 위한 연구. 한국여성개발원 연구보고서.

보건복지가족부(2009). 2009년 전국 결혼 및 출산동향조사.

보건복지부(2005). 건강가정기본법.

서울대학교 경영연구소(2010). 기업의 유연근무제 도입 · 확산 지원방안 연구. 서울: 여성가족부.

성정현 · 여지영 · 우국희 · 최승희(2009). 가족복지론(개정판). 경기: 양서원.

손승영(2005). 저출산, 고령화 사회의 가족관계의 변화. 동덕여성연구, 10, 5-24.

손현숙(1995). 주부의 가정생활에서의 의사결정 공동참여와 가정생활만족도. 한국가정관리학회지, 13(1), 35-46.

송성자 (2004). 가족과 가족 치료. 서울: 법문사.

송시내(1999). 결혼생활 만족과 부부 의사소통에 관한 연구. 성신여자대학교 대학원 석사학위논문.

송정애 · 이양훈 · 정해은(2008). 가족과 생활문화. 서울: 창지사.

안지연(1998). 성공적 노화를 위한 선택 · 적정화 · 보상 · 책략과 대처행동양식 및 삶의 만족도의 관계. 연세대학교 대학원 석사학위논문.

양동두(1993). 형제 수 및 출생순서에 따른 아동의 성격특성 비교. 건국대학교 대학원 석사학위논문.

양영숙(2008). 부부갈등과 심리적 부적응과의 관계에서 공감과 용서의 매개효과. 숙명여자대학교 대학원 석사학위논문.

양옥경 · 김연수 · 권자영(2006). 탄력적 부모되기 프로그램의 효과성 연구. 한국사회복지학, 58(1), 143-173.

양육비이행관리원(2020). 양육비 이행확보 지원. http://www.childsupport.or.kr/lay1/S1T8C9/contents.do 에서 2020년.7.2 인출.

여성가족부(2006). 가족친화 기업모델 및 사례연구.

_________(2010). 2010년 제2차 가족실태조사. 연구보고 2010-15.

_________(2015). 2015년 가족실태조사 분석 연구

__________(2016b). 가족실태조사. http://kosis.kr/statisticsList/statisticsListIndex.do?menuId=M_01_01&vwcd=MT_ZTITLE&parmTabId=M_01_01#SelectStatsBoxDiv.

__________(2019). 2018년 한부모가족 실태조사 결과 발표. http://www.mogef.go.kr/nw/rpd/nw_rpd_s001d.do?mid=news405&bbtSn=706302에서 2020년 1월 29일 출력

__________(2020). 한부모가족 자녀양육비 지원. http://www.mogef.go.kr/sp/ fam/sp_fam_f006.do.

여성가족부 공식블로그(2020). 양육비 미지급 시, 운전면허 정비처분 가능해진다. https://blog.naver.com/mogefkorea/222019061112.

여성가족부 보도자료(2011. 2. 11). 판결 후에도 절반만 자녀 양육비 받고 있어.

여성가족부 보도자료(2016a. 9. 26). 작은결혼 '셀프 웨딩촬영 명소'를 소개합니다!. 여성가족부.

여성가족부 정책뉴스(2020). 지난 5년간 양육비 이행건수 4배, 이행금액 10배 늘어. http://www.mogef.go.kr/nw/enw/nw_enw_s001d.do?mid=mda700.

여성신문(2011. 4. 22). 호주제 폐지 3년.

오병훈(2004). 성공적 노화의 개념과 모델. 노인 정신의학, 8(1), 33-36.

오선주(2002). 본인과 배우자의 성격특성이 결혼의 질에 미치는 영향: 남편과 부인의 비교연구. 대한가정학회지, 40(10), 201-215.

오영희 · 송영란 · 김종선(2002). 현대 사회의 부모와 자녀 관계. 서울: 동문사.

오종희(2008). 성의식이 결혼만족도에 미치는 영향에 관한 연구. 21세기 사회복지연구, 5(1), 137-158.

옥선화(1997). '가족생활교육' 교과과정 평가 및 개발: 미국대학 교과과정분석을 중심으로. 한국가족관계학회지, 2, 29-50.

옥선화 · 정민자 · 고선주(2006). 결혼과 가족. 서울: 하우.

유계숙 · 천혜정 · 김양호 · 전길양(2003). 부부탐구. 서울: 신정.

유성호 · 모선희 · 김형수 · 윤경아(2002). 노인복지론. 서울: 아시아 미디어리서치.

유영주(1989). 신가족관계학. 서울: 교문사.

______(1999). 건전가정과 건강가족의 개념설정에 대한 논의. 한국가정관리학회지, 17(3), 93-102

유영주 · 김경신 · 김순옥(1996). 가족관계학. 서울: 교문사.

유영주 · 김순옥 · 김경신(2008). 가족관계학(2판). 경기: 교문사.

____________________(2010). 가족관계학. 경기: 교문사.

유영주 · 오윤자(1998). 가족생활교육 프로그램 개발-계획, 설계, 실행, 그리고 평가. 한국가족관계학회편, 가족생활교육: 이론 및 프로그램(pp. 39-85). 서울: 하우.

유영주 · 이정연 · 오윤자(1998). 건강한 가족생활을 위한 결혼 준비 프로그램. 한국가족관계학회편, 가족생활교육: 이론 및 프로그램(pp. 89-112). 서울: 하우.

윤현숙 · 유희정 · 이주일 · 김동현 · 김영범 · 박군석 · 유경 · 장숙랑(2008). 인생의 보람과 후회-성공적 노화여부에 따른 비교. 정신보건과 사회사업, 28, 5-35.

윤혜미(2000). 부모 교육과 사회적 지지 프로그램이 부모의 자녀와의 관계에 대한 태도, 부모 역할 만족도 및 체벌에 대한 태도에 미치는 영향. 한국사회복지학, 43, 89-111.

윤희 · 한경혜(1994). 노년기 형제 지원망에 대한 탐색적 연구. 한국노년학, 14(1), 117-139.

이경화 · 모지연(2008). 부부생활과 자녀와의 관계에 대한 기혼여성의 인식 분석. 한국여성정책연구원 제1회 여성가족패널 학술대회 논문집, 549-573.

이경희(1998). 부인이 지각한 갈등과 친밀감에 따른 부부관계유형. 서울대학교 대학원 박사학위논문.

이계탁(1997). 복지행정학 강의. 서울: 나남출판사.

이광규(1992). 가족과 친족. 서울: 일조각.

이기숙 · 김득성 · 공미혜 · 김은경 · 전영주 · 손태홍 · 오경희(2009). 결혼의 기술(2판). 서울: 신정.

이데일리(2011. 08. 15). 서울 1-2인 소핵가족 급증, 결혼 늦고 이혼 늘어.

이도화 · 정두영(2010). 가족친화경영과 조직 구성원 성과의 관계에 있어서 일-가정 갈등과 조직지원인식의 매개효과. 인적자원관리연구, 17(4), 265-283.

이두원(2009). 부부간 의사소통 행태의 세대별 특성과 변천과정 연구. 커뮤니케이션학 연구, 17(1), 129-151.

이미숙 · 고선주 · 권희경(2000). 경제위기 상황에서의 경제적 스트레스와 부부갈등 및 생활의 질. 대한가정학회지, 38(6), 117-133.

이병훈 · 김종성(2009). 가족친화경영의 조직성과에 관한 연구. 산업관계연구, 19(2), 153-175.

이선미(2003). 노년기 부부관계 향상을 위한 가족생활교육 프로그램 개발 및 평가. 한국노년학, 23(1), 93-112.

이선미 · 전귀연(2001). 결혼초기 남편과 아내의 부부갈등과 갈등대처방식이 결혼만족도에 미치는 영향. 한국가정관리학회지, 19(5), 203-220.

이성희 · 한은주 · 왕석순 · 임선영(2019). 가족복지론. 서울: 창지사.

이소영 · 김은정 · 박종서 · 변수정 · 오미애 · 이상림 · 이지혜(2018). 2018년 전국 출산력 및 가족보건 · 복지 실태조사. 연구보고서 2018-37. 한국보건사회연구원.

이세인 · 이숙현 · 권영인(2007). 가족의 지원 및 가족친화적 조직 문화가 사무직 취업모의 일-가족 갈등에 미치는 영향. 한국가족관계학회지, 12(3), 29-58.

이여봉(2010). 부부역할과 여성의 결혼만족도: 연령범주별 분석. **한국인구학**, 33(1), 103-131.

이영숙(2009). 노인의 신앙성숙도가 성공적인 노화에 미치는 영향. 대구한의대학교 대학원 박사학위논문.

이영자(2011). 가족생활교육의 이해. 한국가족 상담교육연구소 편, **가족생활교육**(pp. 20-37). 경기: 교문사.

이영환(2005). 새로운 아버지 역할. 2005 한국아동학회 춘계학술대회 자료집.

이재연(2004). 형제자매 지위 변인에 따른 형제관계의 질과 부모애착 및 또래애착. 인하대학교 대학원 석사학위논문.

이재연 · 김경희(1993). **부모교육**. 서울: 양서원.

이현정 · 조성연(2002). 형제자매 관계에 따른 아동의 사회적 능력. **아동학회지**, 23(3), 139-148.

이현진 · 이수빈(2019. 04. 06). "주례 없애고 결혼식 건너뛰고…" 밀레니얼 세대의 新 결혼 풍속도. 한국경제, https://www.hankyung.com/society/article/201904055670i.

이혜원(1996). **노인복지론**. 서울: 유풍출판사.

______(1999). 노인에 대한 사회복지사의 태도 조사. **한국 사회복지학**, 39, 266-289.

이효재(1983). **가족과 사회**. 서울: 경문사.

이희미 · 김영진(2009). 일과 삶의 갈등에 관한 실증적 연구: 수도권 사무관리직 종사자를 중심으로. **산업노동연구**, 15(1), 219-245.

임선영 · 김태현(1994). 노년기 형제관계에 관한 연구. **한국노년학**, 14(1), 33-49.

임인숙(1997). 성 역할과 부부 권력관계의 재구성: 재미교포 맞벌이 부부를 중심으로. **한국사회학**, 31(4), 817-844.

임정미 · 이명조(2000). 한국 및 일본 유치원 학부모의 자녀 양육: 한국의 Y 유치원, 일본의 K 유치원을 중심으로. **미래유아교육학회지**, 7(1), 137-159.

임정아 · 유은광(2002). 산후 아버지 교실이 산욕기관리와 신생아 돌보기의 지식정도와 자신감에 미치는 영향에 관한 연구. **여성건강간호학회지**, 8(3), 345-357.

장선주 · 서병숙(1991). 노부모와 기혼자녀 간의 생활감정 연구. **한국생활과학연구**, 1, 135-161.

장영철 · 김은정(2010). 가족친화적 조직문화, 조직후원인식, 일과 가정 갈등과 직무만족의 영향력에 대한 실증연구: 한국, 싱가폴, 일본, 중국 4개국 국제 비교. 서울: 경희대학교 산학협동재단.

장하진(2002). 직장 가정 병존형 사회에서의 가정의 기능. **한국가정과교육학회 2002년도 동계학술대회**, 5-16.

장휘숙(2008). 가족심리학. 서울: 박영사.

______(2008). 기질과 애착이 형제자매 관계와 친구관계에 미치는 영향. 한국심리학회지: 발달, 21(1), 69-87.

전귀연 · 임주영(2006). 형제관계. 서울: 신정

전지현(2004). 취업모의 직장-가정 갈등이 조직성과에 미치는 영향. 연세대학교 사회복지대학원 석사학위논문.

전혜정(1993). 노년기 형제자매 관계의 특성에 관한 연구: 결손과 갈등을 중심으로. 연세대학교 대학원 석사학위논문.

정경희 · 오영희 · 강은나 · 김경래 · 이윤경 · 오미애 · 황남희 · 김세진 · 이선희 · 이석구 · 홍송이(2017). 2017년도 노인실태조사. 보건복지부, 한국보건사회연구원 정책보고서

정문자 · 제경숙 · 이혜란 · 신숙재 · 박진아(2011). 아동심리상담. 경기: 양서원.

정순둘(2007). 고령화 시대를 성공적으로 살기–고령화 사회의 심리학: 고령화 사회 노인복지서비스. 한국심리학회 추계심포지엄, 47-62.

정연수(2000). 형제의 성 구성, 연령 터울에 따른 형제 간 갈등과 어머니의 해결 전략에 관한 연구. 숙명여자대학교 대학원 석사학위논문.

정영금(2004). 가족친화적 정책을 통한 일-가족 균형에 관한 연구. 한국가정관리학회지, 22(5), 91-100.

정옥분(2002). 아동발달의 이해. 서울: 학지사.

정현숙(2001). 한국형 결혼만족도 척도 개발 연구. 대한가정학회지, 39(12), 205-224.

정현숙(2004). 공동체 형성의 기초로서의 동북아 가족론–동북아 공동체를 향하여. 한국동북아 지식인연대 편, 299-340, 서울: 동아일보사.

______(2007). 가족생활교육. 서울: 신정.

정현숙 · 유계숙(2001). 가족관계. 서울: 신정.

정현숙 · 유계숙 · 임춘희 · 전춘애 · 천혜정(2000). 재혼준비교육프로그램의 개발과 평가. 대한가정학회지, 38(3), 1-9.

정현숙 · 유계숙 · 최연실(2003). 결혼학. 서울: 신정.

조병은(2007). 노년기 가족관계에 대한 선행연구 고찰: 현황과 과제. 한국가정관리학회지, 25(1), 59-65.

조선일보(2020. 06. 24.). 아이 둘 있으면 6년간 재택근무… 한국에도 이런 회사가.

조성경 · 최연실(2006) 결혼초기 기혼남녀의 원가족특성과 갈등 및 상담요구의 관계. 한국가정관리학회지, 24(5), 17-35.

조성연 · 백경숙 · 옥경희 · 전효정 · 전연진(2009). 가족관계. 경기: 양서원.

조정문(1997). 정보사회에서의 가족 및 세대 공동체. 사회조사연구, 12(1), 46-71.

조정문 · 장상희(2001). 가족사회학. 서울: 아카넷.

조혜선(2003). 결혼만족도의 결정요인: 경제적 자원, 성 역할관, 관계성 모델의 비교. 한국사회학, 37(1), 91-115.

주혜진 · 함은미(2008). 일 · 가정 균형을 위한 가족친화환경 조성에 관한 연구. 대전: 대전발전연구원.

채영문(2009). 부부의 애착유형과 자녀양육방식의 결합형태에 따른 유아의 사회정서 발달. 충북대학교 대학원 박사학위논문.

천혜정 · 최혜경 · 강인(2006). 결혼지속년수에 따른 부부갈등 및 갈등대처방법의 차이와 결혼불안정성에 미치는 영향. 한국가족관계학회지, 11(1), 179-202.

최규련(1989). 한국도시부부의 결혼만족도요인에 관한 연구. 고려대학교 대학원 박사학위논문.

_____(1993). 맞벌이 부부의 결혼만족도와 우울증에 관한 연구: 학동기 자녀를 둔 맞벌이 부부를 중심으로. 대한가정학회지, 31(3), 61-84.

_____(1997). 부부대화법 프로그램의 한국에서의 적용효과. 한국가족관계학회지, 2, 141-166.

_____(2007). 가족관계론. 경기: 공동체.

_____(2009). 부부상담 프로그램 개발 및 효과성 연구: 부부갈등해결을 위한 통합적 접근 적용. 한국가정관리학회지, 27(3), 181-200.

최성재 · 장인협(2010). 고령화시대의 노인복지학. 서울: 서울대학교 출판문화원.

최수찬 · 우종민 · 윤영미 · 김상아 · 박웅섭(2006). 남녀근로자의 직장-가정 간 갈등과 직무만족도에 관한 연구: 가족친화적 기업복지제도의 도입을 위한 논의. 한국가족복지학, 17, 143-171.

최외선 · 유향기(1985). 가족의 권력구조와 부부역할에 관한 연구. 인문연구, 7(3), 681-712.

최재석(1982). 현대가족연구. 경기: 일지사.

최혜경 · 백지은 · 서선영(2005). 노인들의 인식을 통한 한국적인 성공적 노화의 개념. 한국가정관리학회지, 23(2), 1-10.

최혜경 · 정현숙 · 송정아 · 오윤자(1998). 부부 교육. 한국가족관계학회편, 가족생활교육: 이론 및 프로그램(pp. 113-174). 서울: 하우.

최희진(2011). 프로그램 개발의 기초. 한국가족 상담교육연구소 편, 가족생활교육(pp. 38-54). 경기: 교문사.

통계청(2010). 2010년 가족실태조사.

_____(2011). 2011 통계로 보는 여성의 삶.

_____(2011). 결혼생활에 대한 태도.

______(2011a). 2010년 사회보고서.

______(2011b). 전국(시도별) 평균초혼연령.

______(2011c). 시군구별 혼인형태.

______(2012). 2010 인구, 가구 구조와 주거 특성 변화.

______(2012). 2011 한국의 사회지표.

______(2018). 2017 인구 · 주택 총조사.

______(2018). 2018년 사회조사 결과(가족, 교육, 보건, 안전, 환경).

______(2019). 국제 통계연감 : 기대수명.

______(2019). 국제 통계연감 : 부양비 및 노령화 지수.

______(2019). 사회조사(2008~2018). http://kosis.kr/statHtml/statHtml.do?orgId=101&tblId=DT_1SSFA070R&conn_path=I3에서 2020년 1월 29일 출력.

______(2019). 2019 통계로 보는 여성의 삶.

______(2020). 2019년 11월 인구 동향.

______(2020a). 2019년 출생 · 사망통계 잠정 결과.

(2020a). 2019년 혼인· 이혼 통계. http://kostat.go.kr/portal/korea/kor_nw/1/1/index.board?bmode=read&aSeq=381203에서 2020년 1월 29일 출력.

______(2020b). 2019년 하반기 지역별고용조사(맞벌이 가구 및 1인 가구 고용 현황).

(2020b). 인구동향조사. http://kosis.kr/statHtml/statHtml.do?orgId= 101&tblId=DT_1B85004&conn_path=I3에서 2020년 1월 29일 출력

통계청 보도자료(2010. 04. 22). 2009년 이혼통계결과.

______________(2011. 12. 13). 2011년 맞벌이가구 및 경력단절여성 통계 집계 결과.

______________(2012. 02. 27). 2011년 출생 · 사망통계(잠정).

______________(2016. 11. 15). 2016년 사회조사 결과(가족, 교육, 보건, 안전, 환경). http://kosis.kr/search/search.do." "

하정연(2003). 성공적인 노화를 위한 관련변인 연구. 경희대학교 대학원 석사학위논문.

한경혜 · 이정화 · 전미정(2009). 한국 가족의 변화와 아동 삶의 질. 아동학회지, 30(6), 1-14.

한국가족관계학회(2009). 가족생활교육사 자격규정.

한국노인문제연구소(2002). 고령자취업과 자원봉사활동. 서울: 한국노인문제연구소.

한국보건사회연구원(2012). 전국출산력및가족보건복지실태조사. HYPERLINK"http//kosis.kr/statisticsList/statisticsListIndex.do\?menuId=M_01_02&vwcd=MT_OTITLE&parmTabId=M_01_02#SelectStatsBoxDiv"http://kosis.kr/statisticsList/statisticsListIndex.do? menuId=M_01_02&vwcd=MT_OTITLE&parmTabId=M_ 01_02#SelectStatsBoxDiv

한국보건사회연구원(2015). 전국출산력및가족보건복지실태조사. http://kosis.kr/statisticsList/

statisticsListIndex.do?menuId=M_01_01&vwcd=MT_ZTITLE&parmTabId=M_01_01#SelectStatsBoxDiv

한국여성개발원(2001). 21세기 성주류화를 위한 국민여론 및 전문가 의견조사. 서울: 한국여성개발원.

한국인구보건복지협회(2019). 인구보건복지협회 결혼 의향에 대한 조사.

한국청소년개발원(1994). 프로그램의 개발과 운영. 서울: 한국청소년개발원.

한국청소년정책연구원 (2019). 청년사회 · 경제실태조사. http://meta.narastat.kr

한미현 · 문혁준 · 강희경 · 공인숙 · 김상희 · 안선희 · 안효진 · 양성은 · 이경열 · 이경옥 · 이진숙 · 천희영 (2011). 아동복지. 서울: 창지사.

현은민(2003). 재혼가족 아동의 가족적 · 사회적 측면에서 경험하는 문제와 대책 고찰. 한국가족관계학회지, 8(2), 101-126.

행정안전부(2019). 연령별 인구 현황. 주민등록 인구통계.

홍달아기 · 채옥희 · 이남주(2010). 다문화가족을 위한 가족통합교육 프로그램개발과 평가. 한국생활과학회지, 19(1), 75-89.

홍승아 · 류연규 · 김영미 · 최숙희 · 김현숙 · 송다영(2008). 일가족양립정책의 국제비교연구 및 한국의 정책과제. 서울: 한국여성정책연구원.

홍승우(2001). 노인의 일상생활과 성공적인 노화. 이화여자대학교 대학원 석사학위논문.

홍연림(2000). 형제지위 변인과 형제관계가 아동의 성격형성에 미치는 영향. 숙명여자대학교 대학원 석사학위논문.

홍현방(2002). 성공적인 노화개념정의를 위한 문헌연구. 이화여자대학교 대학원 박사학위논문.

황진수(1993). 현대복지행정론. 서울: 대영문화사.

Abramovitch, R., Corter, C., Pepler, D. J., & Stanhope, L.(1986). Sibling and peer interaction: A final follow-up and a comparison. *Child Development, 57*, 217-229.

Adams, B. N.(1998). *The family: A sociological interpretation*. New York: Harcourt Brace.

Adelman, P. K., Chadwick, K., & Baerger, D. R.(1996). Marital quality of black and White adults over the life course. *Journal of Social and Personal Relationships, 13*, 361-384.

Adler, A.(1956). *The individual psychology*. New York: Harper & Row.

Allen, T. D.(2001). Family-supportive work environments: The role of organizational perceptions. *Journal of Vocational Behavior, 58*(3), 414-435.

Anderson, M. L.(1983). *Thinking about women: Sociological and feminist perspectives.* New York: Macmillan.

Anderson. E. R.(1999). Sibling, half sibling, and stepsibling relationships in remarried families. *Monographs of the Society for Research in Child Development, 64*(4), 101-126.

Applebaum, E., & Milkman, R.(2006). *Achieving a workable balance: New Jersey employers' experiences managing employee leaves and turnover.* Rutgers University, New Brunswick: Center for Women and Work.

Atchley, R. C.(1992). Retirement and marital satisfaction. In M. Szinovacz, D. Ekerdt, & B. H. Vinick(Eds.), *Families and retirement*(pp. 148-158). Newbury Park, CA: Sage.

Azimitia, M., & Hesser, J.(1993). Why siblings are important agents of cognitive development: A comparison of sibling and peers. *Child Development, 64*, 430-444.

Bank, S., & Kahn, M. D.(1975). Sisterhood-brotherhood is powerful: Sibling subsystems and family therapy, *Family Process, 14*, 311-317.

______________________(1982). Intense sibling loyalties. In M. Lamb & B. Sutton-Smith (Eds.), *Sibling relationship: Their nature and significance across the life span*(pp.251-266). Hillsdale, NJ: Erlbaum.

Barnett, R. C.(1994). Home-to-work spillover revisited: A study of full-time employed women in dual-earner couples. *Journal of Marriage and the Family, 56*, 647-657.

Becvar, D. S., & Becvar, R. J.(2000). *Family therapy: A systemic integration*(4th ed.). MA: Allyn & Bacon.

Belsky, J.(1984). The determinants of parenting: A process model. *Child Development, 55*(1), 83-96.

Benokraitis, N. V.(2011). *Marriages and families*(7th ed.). NJ: Prentice Hall.

Berk, R., & Berk, S. F.(1979). *Labor and leisure at home.* Beverly Hills, CA: Sage.

Berry, R. E., & Williams, F. L.(1987). Assessing the relationship between quality of life and marital and income satisfaction: A path analytic approach. *Journal of Marriage and the Family, 49*(1), 107-116.

Bigner, J. J.(2002). Parent-child relations: An introduction to parenting. Prentice Hall.

Birren, J. E.(1959). Principles of Research on Aging. In J. E., Birren(Ed.), *Handbook of aging and the individual.* Chicago: University of Chicago Press.

Blau, P. M.(1964). *Exchange and power in social life*. NY: Wiley.

Blood, R. O., & Wolfe, D. M.(1960). *Husbands and wives: The dynamics of married living*. New York: The Free Press.

Bohannan, P.(1970). *Divorce and after: An analysis of the emotional and social problems of divorce*. Garden City, NY: Anchor.

Bolger, N., Delongis, A., Kessler, R. C., & Wethington, E.(1989). The contagion of stress across multiple roles. *Journal of Marriage and the Family, 51*, 175-183.

Booth, A., & Edwards, J. N.(1992). Starting over. *Journal of Family Issues, 13*(2), 179-194.

Bossard, H. S., & Boll, E. S.(1960). *The sociology of child development*. New York: Harper & Row.

Bowman, M. L.(1990). Coping efforts and marital satisfaction: Measuring marital coping and its correlates. *Journal of Marriage and the Family, 52*, 463-474.

Bradbury, T. N., Fincham, F. D., & Beach, S. R. H.(2000). Research on the nature and determinants of marital satisfaction: A decade in review. *Journal of Marriage and the Family, 62*, 964-980.

Broderick, C., & Smith, J.(1979). The general systems approach to the family. In W. R. Burr, R. Hill, F. I. Nye, & I. L. Reiss(Eds.), *Contemporary theories about the family: Vol. II. General theories/theoretical orientations*(pp. 112-129). NY: Free Press.

Brody, G., Stoneman, Z., McCoy, J. K., & Forehand, R.(1994). Contemporaneous and longitudinal associations of sibing conflict with family conflict assessments and family discussion about sibing problems. *Child Development, 63*, 391-400.

Brown, J., Cohen, P., Johnson, J. G., & Salzinger, S.(1998). A longitudinal analysis of risk factors for child maltreatment: Findings of a 17-year prospective study of officially recorded and self-reported. *Child Abuse and Neglect, 22*(11), 1065-1078.

Bryant, B.(1989). Correlates and dimensions of social behavior: Study of female siblings with their mothers. *Child Development, 51*, 529-544.

Burgess, E. W.(1926). The family as a unity of interacting personalities. *The Family, 7*, 3-9.

Burke, R. J.(1986). Occupational and life stress and the family: Conceptual frameworks and research findings. *International Review of Applied Psychology, 35*, 347-369.

Burke, R. J.(1994). Stressful events, work-family conflict, coping, psychological burnout, and well-being among police officers. *Psychological Reports, 75*, 787-800.

Burr, W. R.(1972). Role transitions: A reformulation of theory. *Journal of Marriage and the Family, 34*, 407-416.

Centers, R., Raven, B. H., & Rodrigues, A.(1971). Conjugal power structure: A reexamination. *American Sociological Review, 36*, 264-278.

Champoux, J. E.(1978). Perceptions of work and nonwork: A reexamination of the compensatory and spillover models. *Sociology of Work and Occupations, 5*(4), 402-422.

Chung, Y. L.(1988). Time management strategy, job satisfaction, research productivity, and life satisfaction of university faculty. Unpublished Doctoral Dissertation, Iowa State University.

Cicirelli, V. G.(1972). The effect of sibling relationships on concept learning of young children taught by child teachers. *Child Development, 43*, 292-287.

Cicirelli, V. G.(1985). The role of siblings as family caregivers. In W. J. Sauer & R. T. Coward(Eds.), *Social support networks and the care of the elderly*(pp.93-107). New York: Springer Verlag.

__________(1991). What is meant by a connection between siblings? *Marriage and Family Review, 16*, 291-310.

__________(1994). Sibling relationships in cross-cultural perspective on siblings. *Journal of Marriage and the Family Relations, 56*(1), 7-20.

Cicirelli, V. G.(1995). *Sibling relationships across the life span*. Plenum press.

Clake, J. I., & Dawson, C.(1989). *Growing up again: Parenting ourselves, parenting our children*. Minneapolis: Hazelden.

Clark, S. C.(2000). Work/family border theory: A new theory of work/life balance. *Human Relations, 53*(6), 747-770.

Coleman, D. H., & Straus, M. A.(1990). Marital power, conflict, and violence in a nationally representative sample of American couples. In M. A. Straus & R. J. Gelles(Eds.), *Physical violence in American families: Risk factors and adaptations to violence in 8,145 families*(pp. 287-304). New Brunswick, NJ: Transaction Publishers.

Conndis, I. A.(2001). *Family ties and aging*. Thousand Oaks, CA: Sage.

Denmark, F. L., Shaw, J. S., & Ciali, S. D.(1985). The relationship among sex roles, living arrangements and the division of household responsibilities. *Sex Roles, 1*, 617-625.

Doherty, W. J.(1995). Boundaries between parent and family education and family therapy: The levels of family involvement model. *Family Relations, 44*, 353-358.

Dubin, R.(1973). Work and non-work: Institutional perspectives. In M. D. Dunnette (Ed.), *Work and non-work in the year 2001*. Monterey, Calif: Brooks/Cole.

Dunn, J.(1983). Sibling relationships in early childhood. *Child Development, 54*, 787-811.

Dunn, J., & Kendrick, C.(1980). Caring for a second baby: Effect on interaction between mother and firstborn. *Developmental Psychology, 16*, 303-311.

________________(1982). The speech of two-and three-year-olds to infant siblings: "Baby talk" and the context of communication. *Journal of Child Language, 9*, 579-595.

Duvall, E. A.(1980). *Marriage and family development*(5th ed.). Philadelphia: J. B. Lippicott.

Elloy, D., & Mackie, B.(2002). Overload and work-family conflict amongst Australian dual-career families: Moderating effects of support. *Psychological Reports, 91*(3), 907-914.

Eriksen, S., & Gerstel, N.(2002). A labor of love or labor itself: Care work among adult brothers and sisters. *Journal of Family Issues, 23*, 836-856.

Erikson, E. H.(1963). *Childhood and society*(2nd ed.). NY: W. W. Norton & Company Inc.

Eshleman, J. R., & Bulcroft, R. A.(2010). *The family*. Boston, MA: Allyn & Bacon.

Evenhouse, E., & Reilly, S.(2004). A sibling study of stepchild well-being. *Journal of Human Resources, 39*(1), 248-276.

Fincham, F. D.(2003). Marital conflict: Correlates, structure, and context. *Current Directions in Psychological Science, 12*(1), 23-27.

Fitzpartrick, M. A., & Ritchie, D.(1994). Communication schemata within the family: Multiple perspectives on family interaction. *Human Communication Research 29*, 275-301.

Frone, M. R., Russell, M., & Cooper, M. L.(1992). Prevalence of work-family conflict: Are work and family boundaries asymmetrically permeable? *Journal of Organizational Behavior, 13*, 723-729.

Galinsky, E.(1987). *The six stages of parenthood*. Perseus Books Group.

Galinsky, E., Friedman, D. E., & Hernandez, C. A.(1991). *The corporate reference guide to work-family programs*. Families and Work Institute.

Galvin, K. M., & Brommel, B. J.(1991). *Family communication: Cohesion and change*(3rd ed.). NY: Harper Collins.

________________(1995). 가족관계와 의사소통: 응집성과 변화. (노영주 · 서동인 · 원효종 역). 서울: 도서출판 하우.

Goetting, A.(1986). The developmental tasks of sibling over the life cycle. *Journal of Marriage and the Family, 48*, 703-714.

Gold, D. T.(1989). Sibling relationships: A typology. *International Journal of Aging and Human Development, 28*, 37-51.

Gottman, J. M.(1993). A theory of marital dissolution and stability. *Journal of Family Psychology, 7*(1), 57-75.

________(1994a). *Why marriages succeed or fail*. New York: Simon & Schuster.

________(1994b). *What predicts divorce?: The relationship between marital processes and marital outcomes*. Hillsdale, NJ: Erlbaum.

________(1999). *The marriage clinic: A scientifically based marital therapy*. NY: W.W. Norton & Company.

Gottman, J. M., & Krokoff, L. J.(1989). Marital interaction and satisfaction: A longitudinal view. *Journal of Consulting and Clinical Psychology, 57*(1), 47-52.

Gottman, J. M., & Levenson, R. W.(2000). The timing of divorce: Predicting when a couple will divorce over a 14-year period. *Journal of Marriage and the Family, 62*(3), 737-745.

Gottman, J. M., & Notarius, C. I.(2000). Observing marital interaction. *Journal of Marriage and the Family, 62*(4), 927-947.

Gottman, J. M., Markman, H. J., & Notarius, C. I.(1977). The topography of marital conflict: A sequential analysis of verbal and nonverbal behavior. *Journal of Marriage and the Family, 39*, 466-477.

Greenhaus, J. H., & Beutell, N. J.(1985). Sources of conflict between work and family roles. *Academy of Management Review, 10*(1), 76-88.

Guest, D. E.(2002). Perspectives on the study of work-life balance. *Social Science Information, 41*(2). 255-279.

Gutek, B. A., Searle, S., & Klepa, L.(1991). Rational versus gender role explanations for work-family conflict. *Journal of Applied Psychology, 76*(4), 560-568.

Hahlweg, K., & Markman, H. J.(1998). Prevention of marital distress: Results of a German prospective longitudinal study. *Journal of Family Psychology, 12*(4), 543-556.

Hawkins, J. L., Weisberg, C., & Ray, D. W.(1980). Spouse differences in communication style preference, perception, behavior. *Journal of Marriage and the Family, 42*(3), 585-593.

Heck, R. K. Z., Winter, M., & Stafford, K.(1992). Managing work and family in home-based employment. *Journal of Family and Economic Issues, 13*(2), 187-212.

Heer, D. M.(1963). The measurement and bases of family power: An overview. *Marriage and Family living, 25*, 133-139.

Herbst, P. G.(1954). Conceptual framework for studying the family. In O. A. Oeser & S. B. Hammond(Eds.), *Social structure and personality in a city*(pp. 126-137). London: Routledge & Kegan Paul.

Higgins, C. A., Duxury, L. E., & Irving, R. H.(1992). Work-family conflict in the dual career family. *Organizational Behavior and Human Decision Processes, 51*, 51-75.

Hochschild, A. R.(1997). *The time bind: When work becomes home and home becomes work*. NY: Henry Holt.

Hoelter, J., & Harper, L.(1987). Structural interpersonal influence on adolescent self-conception. *Journal of Marriage and the Family, 49*, 129-139.

Huston, T., & Robin, E.(1982). Conceptual and methodological issues in studying close relationship. *Journal of Marriage and the Family, 44*, 902-905.

Jiao, S., Ji, G., & Jing, Q.(1986). Comparative study of behavioral qualities of only children and sibling children. *Child Development, 57*, 357-361.

Kahn, L. R., Wolfe, M. D., Quinn, P. R., Snoek, D. J., & Rosenthal, A. R.(1964). *Organizational stress: Studies in role conflict and ambiguity*. NY: Wiley.

Kail, R. V., & Cavanaugh, J. C.(2007). *Human development. Belmont*, CA: Wadsworth.

Keene, J. R., & Reynolds, J. R.(2005). The job costs of family demands: Gender differences in negative family-to-work spillover. *Journal of Family Issues, 26*(3), 275-299.

Keeny, B. P.(1986). Cybernetic foundations of family therapy. In I. Piercy, D. Sprenkle, & Associates(Eds.), *Family therapy sourcebook*(pp. 262-287). NY: Guilford Press.

Kerckhoff, A. C., & Davis, K. E.(1962) Value consensus and need complementarity in mate selection. *American Sociological Review, 27*, 295-303.

Kiecolt-Glaser, J. K., Fisher, L. D., Ogrocki, P., Stout, J. C., Speicher, C. E., & Glaser, R.(1987). Marital quality, marital disruption, and mimune function. *Psychosomatic Medicine, 49*(1), 13-34.

Knox, D., & Schacht, D.(1999). *Marriage and the family*. Belmont, CA: Wadsworth Publishing Company.

Kornhaber, A., & Woodward, K. L.(1981). *Grandparents/grandchildren: The vital connection*. Garden city, NY: Anchor.

Kouros, C. D., Merriless, C. E., & Cummings, E. M.(2008). Marital conflict and children' s emotional security in the context or parent depression. *Journal of Marriage and the Family, 70*(3), 684-697.

Kurdek, L. A.(1993). Predicting marital dissolution: A 5-year prospective longitudinal study of newlywed couples. *Journal of Personality and Social Psychology, 64*(2), 221-241.

__________(1994). Conflict resolution styles in gay, lesbian, heterosexual nonparent, and heterosexual parent couples. *Journal of Marriage and the Family, 56*(3), 705-722.

Lamb, M. E.(1978). The development of sibling relationships in fancy: A short-term longitudinal study. *Child Development, 49*, 1189-1196.

Lamb, M. E., Pleck, J. H., Charnov, E. L., & Levine, J. A. (1985). Paternal behavior in humans. *American Zoologist, 25*, 883-894.

Laverty, R.(1962). Reactivation of sibling rivalry in older people. *Social Work, 7*, 23-30.

Lee, H. S.(1987). A study of maternal developmental expectations in Korea and the United States. Unpublished Doctoral Dissertation, State University of New York, Buffalo.

Lee, T. R.(1990). Sibling relationships adulthood: Contact patterns and motivations. *Journal of Marriage and the Family, 52*, 431-440.

LeMaster, E., & DeFrain, J.(1983). *Parents in contemporary America*. Homewood, IL: Dorsey.

Levine, J. A., & Pittinsky, T. L.(1997). *Working fathers: New strategies for balancing work and family*. NY: Addison-Wesley.

Lewis, R. A., & Spanier, G. B.(1979). Theorizing about the quality and stability of marriage. In W. R. Burr, R. Hill, F. I. Nye, & I. L. Reiss(Eds.), *Contemporary theories about the family: Research-based theories*(Vol. 1. pp. 268-294). NY: The Free Press.

Lobel, S. A.(1992). A value-laden approach to integrating work and family life. *Human Resource Management, 31*(3), 249-265.

Maccoby, E. E.(1990). Gender and relationships: A developmental account. *American*

Psychologist, 45, 513-520.

Maccoby, E. E., & Martin, J. A.(1983). Socialization in the context of the family: Parent-child interaction. In P. H. Mussen & E. M. Hetherington(Eds.), *Handbook of child psychology: Vol. 4. Socialization, personality, and social development*(4th ed.). NY: Wiley.

MacDonald, G. W.(1980). Parental power and adolescents' parental identification: A reexamination. *Journal of Marriage and the Family, 42*, 289-296.

Mace, D. R., & Mace, V.(1976). Marriage enrichment: A preventative group approach for couples. In D. H. Olson(Ed.), *Treating relationships*(pp. 321-336). Lake Mills, Iowa: Graphic Publishing Company.

Maddox, G. L.(1964). Disengagement theory: A critical evaluation. *The Gerontologist, 4*, 80-82.

Maholick, L. T., & Turner, D. W.(1979). Termination: That difficult farewell. *American Journal of Psychotherapy, 33*(4), 583-591.

Markman, H., Stanley, S., & Blumberg, S. L.(2001). *Fighting for your marriage: Positive steps for preventing divorce and preserving a lasting love*. San Francisco: Jossey-Bass.

McGoldrick, M., & Gerson, R.(1985). *Genograms in family assessment*. NY: W. W. Norton & Company.

McLoyd, V. C.(1989). Socialization and development in a changing economy: The effects of parental job and income loss on children. *American Psychologist, 44*, 293-302.

McLoyd, V. C.(1990). The impact of economic hardship on Black families and children: Psychological distress, parenting, and socioemotional development. *Child Development, 61*, 311-346.

Meaning of Work Team(1996). *The meaning of work*. London: Academic Press.

Mennino, S. F., Rubin, B. A., & Brayfield, A.(2005). Home-to-job and job-to-home spillover: The impact of company policies and workplace culture. *The Sociological Quarterly, 46*(1), 107-135.

Murdock, G. P.(1949). *Social structure*. NY: Macmillian.

Murstein, B. I.(1980). Mate selection in the 1970's. *Journal of Marriage and the Family, 42*, 777-792.

Mussen, P. H., Conger, J. J., Kagan, J., & Huston, A. C.(1984). *Essencial of child development and personality*. NY: Harper & Row, Publishers.

Myers-Walls, J. A., Ballard, S. M., Darling, C. A., & Myers-Bowman, K. S.(2011). Reconceptualizing the domain and boundaries of family life education. *Family Relations, 60*(2), 357-372.

National Council on Family Relations(NCFR). (n.d.). What is family life education? Retrieved from http://www.ncfr.org/cfle-certification.

NCFR (2020). NCFR Fact Sheet. https://www.ncfr.org/sites/default/files/2017-01/fle_fact_sheet_2011.pdf

Neal, M. B., Chapman, N. J., Ingersoll-Dayton, B., & Emlen, A. E.(1993). *Balancing work and care for children, adults, and elders*. Newbury Park, CA: Sage Publications.

Netemeyer, R. G., Boles, J. S., & McMurrian, R.(1996). Development and validation of work-family conflict and family-work conflict scales. *Journal of Applied Psychology, 81*, 400-410.

Newgarten, B. L., & Weinstein, K. K.(1964). The changing American grandparent. *Journal of Marriage and the Family, 26*, 199-204.

NICHD Early Child Care Research Network(2000). Factors associated with fathers' caregiving activities and sensitivity with young children. *Journal of Family Psychology, 14*(2), 200-219.

Nieva, V. F., & Gutek, B. A.(1981). *Women and work: A psychological perspective*. NY: Praeger.

Noller, P., & Fitzpatrick, M.(1993). *Communication in family relationships*. Englewood Cliff, NJ: Prentice.

O' Driscoll, M., Ilgen, D., & Hildreth, K.(1992). Time devoted to job and off-job activity, inter-role conflict and affective experiences. *Journal of Applied Psychology, 77*(3), 272-279.

Olson, D. H.(1977). Insiders' and outsiders' views of relationships: Research strategies. In G. Levinger & H. L. Raush(Eds.), *Close relationships: Perspectives on the meaning of intimacy*(pp. 115-135). Amherst: University of Massachusetts Press.

__________(2002). *Prepare/enrich counselor' s manual*. Minneapolis, MN: Life Innovations, Inc.

Olson, D. H., & DeFrain, J.(1994). *Marriage and the famiily: Diversity and strengths*. Mountain View, CA: Mayfield Publshing Co.

__________________________(1999). *Marriage and the family: Diversity and strengths*(3rd ed.). Mountain View, CA: Mayfield Publishing Co.

Olson, D. H., Fournier, D., & Druckman, J.(1982). *Enriching relationship issues, communication, and happiness.* Minneapolice: University of Minnesota.

Orbuch, T. L., House, J. S., Mero, R. P., & Webster, P. S.(1996). Marital quality over the life course. *Social Psychology Quarterly, 59*(2), 162-171

Parsons, T.(1955). The American family. In T. Parsons & R. F. Bales(Eds.), *Family, socialization and interaction process.* Glencoe, Illinois: The Free Press.

_________(1970). *Social structure and personality.* NY: The Free Press.

Payton-Miyazaki, M., & Brayfield, A. H.(1976). The good job and the good life: Relation of characteristics of employment to general well-being. In A. D. Biderman & T. F. Drury(Eds.), *Measuring work quality for social reporting* (pp. 105-150). Beverly Hills: Sage.

Perry-Smith, J. E., & Blum, T. C.(2000). Work-family human resource bundles and perceived organizational performance. *Academy of Management Journal, 43*, 1107-1117.

Peterson, C. D., Baucom, D. H., Elliott, M. J., & Farr, P. A.(1989). The relationship between sex role identity and marital adjustment. *Sex Roles, 21*, 775-787.

Pleck, J. H.(1985). *Working wives, working husbands.* Beverly Hills, CA: Sage.

Prager, K. J.(1991). Intimacy status and couple conflict resolution. *Journal of Social and Personal Relationships, 8*, 505-526.

Raghuram, S., & Wisenfeld, B.(2004). Work-nonwork conflict and job stress among virtual workers. *Human Resource Management, 43*, 259-278.

Repetti, R. L.(1987). Linkages between work and family roles. *Applied Social Psychology Annual, 7*, 98-127.

Rice, F. P.(1990). *Intimate relationships, marriage and families.* CA: Mayfield Pub. Co.

Rodman, H.(1972). Marital power and the theory of resources in cultural context. *Journal of Comparative Family Studies, 3*, 50-69.

Rokeach, M.(1973). *The nature of human values.* NY: Free Press.

Rollings, B. D., & Feldman, H.(1970). Marital satisfaction over the family life cycle. *Journal of Marriage and the Family, 32*(1), 20-27.

Ross, H. G., & Milgram, J. I.(1982). Important variable in adult sibling relationships: A qualitative study. In M. E. Lamb & B. Stuuton-Smith(Eds.), *Silbing relationships: Their nature and significance across the lifespan*(pp. 225-249). Hillsdale, NJ: Erlbaum.

Rowe, J., & Kahn, R.(1998). *Successful aging*. New York: Dell publishing a divisoin of Random House.

Scanzoni, J.(1979). Social processes and power in families. In W. R. Burr, R. Hill, F. I. Nye, & I. L. Reiss(Eds.), *Contemporary theories about the family: Research-based theories*(Vol. 1. pp. 295-316). NY: The Free Press.

Schvaneveldt, J. D., & Ihinger, M.(1979). Sibling relationships in the family. In W. R. Burr, W. R. Burr, R. Hill, F. I. Nye, & I. L. Reiss(Eds.), *Contemporary theories about the family: Research-based theories*(Vol. 1, pp. 446-492). NY: The Free Press.

Small, S., & Riely, D.(1990). Toward a multidimensional assessment of work spillover into family life. *Journal of Marriage and the Family, 52*, 51-61.

Spanier, G. B.(1976). Measuring dyadic adjustment: New scales for assessing the quality of marriage and similar dyads. *Journal of Marriage and the Family, 38*(1), 15-38.

Spitze, G., & Trent, K.(2006). Gender difference in adult sibling relations in two-child families. *Journal of Marriage and the Family, 68*, 977-992.

Sprey, J.(1969). The family as a system in conflict. *Journal of Marriage and the Family, 31*, 699-706.

Staines, G. L.(1980). Spillover versus compensation: A review of the literature on the relationship between work and nonwork. *Human Relations, 33*(2), 111-129.

Staines, G. L., & Pleck, J. H.(1983). *The impact of work schedules on the family*. Ann Arbor, MI: University of Michigan, Institute for Social Research.

Stanley, S. M.(2001). Making a case for premarital education. *Family Relations, 50*(3), 272-280.

Steinberg, L., & Silverberg, S. B.(1987). Influences on marital satisfaction during the middle stages of the family life cycle. *Journal of Marriage and the Family, 49*, 751-760.

Stocker, C. M., Lanthier, R. P., & Fuman, W.(1997). Sibling relationships in early adulthood. *Journal of Family Psychology, 11*(2), 210-221.

Stocker, C., & McHale, S.(1992). The nature and family correlates of preadolescents' perceptions of their sibling relationships. *Journal of Social and Personal Relationships, 9*, 180-195.

Story, T. N., Berg, C. A., Smith, T. W., Beveridge, R., Henry, N. J. M., & Pearce, G.(2007). Age, marital satisfaction, and optimism as predictors of positive sentiment override in middle-aged and older married couples. *Psychology and Aging, 22*(4), 719-727.

Strong, B., & DeVault, C.(1994). *Human sexuality*. Mountain View, CA: Mayfield Publishing Co.

Thomas, K.(1976). Conflict and conflict management. In M. D. Dunnette(Ed.), *Handbook of industrial and organizational psychology*(pp. 889-935). Chicago: Rand McNally.

Thomas, L. T., & Ganster, D. C.(1995). Impact of family-supportive work variables on work-family conflict and strain: A control perspective. *Journal of Applied Psychology, 80*(1), 6-15.

Tilly, L., & Scott, J.(1978). *Women, work and family*. NY: Holt, Rinehart & Winston.

Torres, S.(2002). A preliminary empirical test of a culturally-relevant theoretical framework for the study of successful aging. *Journal of Cross-Cultural Gerontology, 18*(1), 79-100.

U. S. Census Bureau(2010). The United States' census 2010.

Umberson, D., Williams, K., Powers, D. A., Chen, M. D., & Campbell, A. M.(2005). As good as it gets? A life course perspective on marital quality. *Social Forces, 84*(1), 493-511.

Ungerson, C., & Yeandle, S.(2005). Care workers and work-life balance: The example of domiciliary careworkers. In D. M. Hounston(Ed.), *Work-life balance in the 21st century*. Hampshire: Palgrave Macmillan.

Visher, E.(1994). Lessons from remarriage families. *The American Journal of Family Therapy, 22*(4), 327-336.

Visher, E., & Visher, J.(1990). Dynamics of successful stepfamilies. *Journal of Divorce & Remarriage, 14*(1), 3-12.

Visher, E., & Visher, J.(1996). *Therapy with stepfamilies*. NY: Brunner/Mazel.

Volling, B. L.(2005). The transition to siblinghood: A developmental ecological systems perspective and directions for future research. *Journal of Family Psychology, 19*(4), 542-549.

Voydanoff, P.(1988). Work role characteristics, family structure demands, and work/family conflict. *Journal of Marriage and the Family, 50*, 749-761.

____________(2005). Work demands and work-to-family and family-to-work conflict and strain: Direct and indirect relationships. *Journal of Family Issues, 26*, 707-726.

Vuchinich, S.(1987). Starting and stopping spontaneous family conflicts. *Journal of Marriage and the Family, 49*(3), 591-601.

Wallerstein, J. S.(1986). Child of divorce: An overview. *Behavioral Sciences & the Law, 4*(2), 105-118.

White, B. L.(1975). The first three years of life. Englewood Cliff, New Jersey: Pretice-Hall.

White, L. K., & Booth, A.(1991). Divorce over the life course. *Journal of Family Issues, 12*, 5-21.

Williams, K. J., & Allinger, G. M.(1994). Role stressors, mood spillovers, and perceptions of work-family conflict in employed parents. *Academy of Management Journal, 37*, 837-868.

Wong, P. T. P.(1989). Personal meaning and successful aging. *Canadian Psychology, 30*(3), 516-525.

Yelsma, P.(1984). Functional conflict management in effective marital adjustment. *Communication Quarterly, 32*, 56-61.

Young, M. E., & Long, L. L.(1998). *Counseling and therapy for couples*. Belmont, CA: Thomson Brooks/Cole Publishing Co.

Zajonc, R. B., & Markus, G. B.(1975). Birth order and intellectual development. *Psychological Review, 82*, 74-88

Zedeck, S., & Mosier, K. L.(1990). Work in the family and employing organization. *American Psychologist, 45*(2), 240-251.

국립국어원 표준국어대사전 http://stdweb2.korean.go.kr/search/view.jsp

Census Bureau(2010). http://2010.census.gov/2010census/

저자 소개

문혁준 가톨릭대학교 아동학전공 교수

양성은 인하대학교 아동심리학과 교수

김혜금 동남보건대학교 아동보육복지과 교수

천희영 고신대학교 아동복지학과 교수

권영인 연세대학교 아동가족학과 객원교수

조한숙 칼빈대학교 아동보육과 교수

2판

가족관계

초 판 1쇄 발행 2012년 7월 18일
초 판 3쇄 발행 2017년 1월 18일
제2판 1쇄 발행 2020년 9월 23일

지은이 | 문혁준 · 양성은 · 김혜금 · 천희영 · 권영인 · 조한숙
펴낸이 | 김기섭
편집인 | 이윤희
펴낸곳 | 창지사 www.changjisa.com
08589 서울시 금천구 가산디지털1로 83 파트너스타워 1차 9층
전화 (02) 719-2211~3
팩스 (02) 701-9386
등 록 | 1977년 4월 28일 · 제1-421호

ISBN 978-89-426-1380-9 (93330)

값 20,000원

이 도서의 국립중앙도서관 출판예정도서목록(CIP)은 서지정보유통지원시스템 홈페이지(http://seoji.nl.go.kr)와 국가자료공동목록시스템(http://www.nl.go.kr/kolisnet)에서 이용하실 수 있습니다.(CIP제어번호: CIP2020040587)